国家示范性高等职业院校建设规划教材
建筑工程技术专业理实一体化特色教材

# 建筑工程项目管理

## （修订版）

主　编　魏应乐　刘先春　包海玲
主　审　满广生

黄河水利出版社
·郑　州·

## 内 容 提 要

本书是国家示范性高等职业院校建设规划教材、建筑工程技术专业理实一体化特色教材,是安徽省地方高水平大学理实一体化项目建设系列教材之一,根据高职高专教育建筑工程项目管理课程标准及理实一体化教学要求编写完成。本书主要内容包括7个学习任务:建筑工程项目的组织与管理、建筑工程项目施工成本控制、建筑工程项目进度控制、建筑工程项目质量控制、建设工程职业健康安全与环境管理、建筑工程合同与合同管理、建筑工程项目信息管理。

本书可供高职高专建筑工程技术、建筑工程管理等专业教学使用,也可供土建类相关专业及从事建筑工程专业的技术人员学习参考。

### 图书在版编目(CIP)数据

建筑工程项目管理/魏应乐,刘先春,包海玲主编. —郑州:黄河水利出版社,2018.1 (2022.1 修订版重印)
国家示范性高等职业院校建设规划教材
ISBN 978 - 7 - 5509 - 1929 - 7

Ⅰ.①建… Ⅱ.①魏… ②刘…③包… Ⅲ.①建筑工程 – 项目管理 – 高等职业教育 – 教材 Ⅳ.①TU71

中国版本图书馆 CIP 数据核字(2017)第 320251 号

组稿编辑:王路平 电话:0371 – 66022212 E-mail:hhslwlp@163.com

出 版 社:黄河水利出版社　　　　　　　　　网址:www.yrcp.com
地址:河南省郑州市顺河路黄委会综合楼 14 层　　邮政编码:450003
发行单位:黄河水利出版社
发行部电话:0371 – 66026940、66020550、66028024、66022620(传真)
E-mail:hhslcbs@126.com
承印单位:河南育翼鑫印务有限公司
开本:787 mm × 1 092 mm　1/16
印张:15.5
字数:360 千字　　　　　　　　　　印数:2 001—4 000
版次:2018 年 1 月第 1 版　　　　　　印次:2022 年 1 月第 2 次印刷
　　　2022 年 1 月修订版

定价:38.00 元

# 前 言

本书是根据高职高专教育建筑工程技术专业人才培养方案和课程建设目标,并结合安徽省地方高水平大学立项建设项目的建设要求进行编写的。

本套教材在编写过程中充分汲取了高等职业教育探索培养技术应用性专门人才方面取得的成功经验和研究成果,使教材编写更符合高职学生培养的特点;教材内容体系上坚持"以够用为度,以实用为主,注重实践,强化训练,利于发展"的理念,淡化理论,突出技能培养这一主线;教材内容组织上兼顾"理实一体化"教学的要求,吸纳、融合了工程监理相关的知识,将理论教学和实践教学进行有机结合,便于教学组织实施;注重课程内容与现行规范和职业标准的对接,及时引入行业新技术、新材料、新设备、新工艺,注重教材内容设置的新颖性、实用性、可操作性。

为了不断提高教材质量,编者于2022年1月,根据近年来在教学实践中发现的问题和错误,对全书进行了修订完善。

"建筑工程项目管理"是一门理论与实践性很强的综合性核心课程,综合运用了施工组织、施工技术、概预算等课程体系知识。本教材在阐述基本概念和基本原理的基础上,以建筑工程项目为载体,以应用为重点,基于建筑工程项目管理过程,系统介绍了建筑工程项目管理的主要内容;结合建筑工程项目管理岗位的任职要求,特别是一级建造师、二级建造师考证的需求,提倡学习中勤动手、勤动脑、勤动口、勤查阅资料,重视课内实训、集中实训及协岗、定岗、顶岗相结合,实现"做中学、学中做、边做边学",使学生成为善经营、会管理、懂技术的高等职业技术应用型人才。

本书由安徽水利水电职业技术学院承担编写工作,编写人员及编写分工如下:魏应乐编写学习任务1、2;刘先春编写学习任务3、4、5;包海玲编写学习任务6、7。本书由魏应乐、刘先春、包海玲担任主编,由刘先春统稿。本书由满广生教授主审。

本书的编写出版,得到了安徽水利水电职业技术学院各级领导、建筑工程系领导及专业老师,以及黄河水利出版社的大力支持,在此一并表示衷心的感谢!

由于编者水平有限,书中难免存在错漏和不足之处,恳请广大师生及专家、读者批评指正。

编 者

2022 年 1 月

# 目　录

# 学习任务1　建筑工程项目的组织与管理

## 【学习目标】

通过学习,了解工程项目管理的起源、发展和工程项目组织概念;熟悉工程项目管理各方的目标和任务,熟悉工程项目组织结构类型及选择;掌握建筑工程项目管理的主要内容和建设程序;掌握建设工程项目的采购模式。

## 学习单元1.1　工程项目管理的起源与发展

### 工作任务表

| 能力目标 | 主讲内容 | 学生完成任务 |
| --- | --- | --- |
| 通过学习训练,使学生了解工程项目管理的起源与发展 | 着重介绍国内外工程项目管理的起源与发展及重要性 | 根据本单元的基本条件,在学习过程中完成项目管理起源和重要性的认识 |

### 1.1.1　建设工程项目管理的起源和发展

项目管理通常被认为是第二次世界大战的产物,项目管理学科起源于20世纪50年代,早期主要应用于国防和军事项目,而后应用于建筑和其他领域。

#### 1.1.1.1　国外建设工程项目管理的发展背景

(1)在20世纪60年代末期和70年代初期,工业发达国家开始将项目管理的理论和方法应用于建设工程领域,并于70年代中期前后在大学开设了与工程管理相关的专业。

(2)项目管理首先应用在业主方的工程管理中,而后逐步在承包商、设计方和供货方中得到推广。

(3)在20世纪70年代中期前后兴起了项目管理咨询服务,项目管理咨询公司的主要服务对象是业主,但它也服务于承包商、设计方和供货方。

(4)国际咨询工程师联合会(FIDIC)于1980年颁布了《业主方与项目管理咨询公司的项目管理合同条件》(FIDIC IGRA 80PM)。该文本明确了代表业主方利益的项目管理方的地位、作用、任务和责任。

(5)在许多国家,项目管理由专业人士——建造师担任。建造师可以在业主方、承包商、设计方和供货方从事项目管理工作,也可以在教育、科研和政府等部门从事与项目管理有关的工作。建造师的业务范围并不限于在项目实施阶段的工程项目管理工作,还包括项目决策阶段的管理和项目使用阶段的物业管理(设施管理)工作。

### 1.1.1.2　我国建设工程项目管理的发展背景

(1)早在 20 世纪 60 年代由华罗庚教授创立的"统筹法",即现在的网络计划技术可以认为是我国项目管理的启蒙,但那时只是项目管理技术的应用。

(2)1980 年邓小平同志亲自主持我国最早的与世界银行合作的教育项目,世界银行和一些国际金融机构要求接受贷款的业主方应用项目管理的思想、组织、方法和手段组织实施建设工程项目,项目管理才真正开始引入并应用于中国。

(3)我国于 1983 年由原国家计划委员会提出推行项目前期项目经理负责制。

(4)我国于 1988 年开始推行建设工程监理制度。

(5)1995 年建设部颁发了《建筑施工企业项目经理资质管理办法》,推行项目经理负责制。

(6)为了加强建设工程项目总承包与施工管理,保证工程质量和施工安全,根据《中华人民共和国建筑法》和《建设工程质量管理条例》的有关规定,2002 年人事部和建设部颁布了人发〔2002〕111 号《建造师执业资格制度暂行规定》的通知,决定对建设工程项目总承包及施工管理的专业技术人员实行建造师执业资格制度。

(7)2003 年建设部发出《关于建筑业企业项目经理资质管理制度向建造师执业资格制度过渡有关问题的通知》(建市〔2003〕86 号)。

(8)2003 年建设部发出《关于培育发展工程总承包和工程项目管理企业的指导意见》(建市〔2003〕30 号),鼓励具有工程勘察、设计、施工、监理资质的企业,通过建立与工程项目管理业务相适应的组织机构、项目管理体系,充实项目管理专业人员,按照有关资质管理规定在其资质等级许可的工程项目范围内开展相应的工程项目管理业务。

(9)为了适应投资建设项目管理的需要,经人事部、国家发改委研究决定,对投资建设项目高层专业管理人员实行职业水平认证制度。2004 年人事部与国家发展和改革委员会颁布了国人部发〔2004〕110 号关于印发《投资建设项目管理师职业水平认证制度暂行规定》和《投资建设项目管理师职业水平考试实施办法》的通知。

(10)2006 年 6 月发布了《建设工程项目管理规范》(GB/T 50326—2006)。

### 1.1.1.3　建设工程项目管理的发展趋势

(1)项目管理作为一门学科,多年来不断地在发展,传统的项目管理是该学科的第一代,第二代是多个相互有关联的项目的项目管理,第三代指的是多项目(不一定有关联)的组合管理,第四代指的是变更管理。

(2)将项目决策阶段的开发管理、实施阶段的项目管理和使用阶段的设施管理集成为项目全寿命管理。

(3)在项目管理中应用信息技术,包括项目管理信息系统和项目信息门户,即业主和项目各参与方在互联网平台上进行工程管理等。

## 1.1.2　建设工程项目管理的重要性

当今社会是一个项目化社会,我们居住的房屋、使用的电器等都是通过项目的形式完成的,人类活动中一半以上是通过项目来开展的,可见项目管理的重要性。

项目管理的理论来自于一些专家和一线项目管理人员的实践总结,但是当前还有许多项目管理人员仍在不断地重新发现并积累这些专业知识,通常,他们要在相当长的时间(5~10年)内付出昂贵的代价后,才能成为合格的项目管理专业人员;同时,随着科学进步和经济发展,需要建设许多大型、巨型项目,这些项目技术复杂、工艺要求高、投资额大,投资者和建设者都难以承担由于项目组织和管理的失误而造成的损失。项目管理的重要性已为越来越多的组织(包括各类企业、社会团体,甚至政府机关)所认识,为减少项目进行过程中的盲目性和偶发性,于是这些组织要求他们的雇员系统地学习项目管理知识。在西方发达国家高等学府中陆续开设了项目管理硕士、博士学位教育,其毕业生往往比MBA毕业生更受各大公司的欢迎。项目管理的理论与实践方法在各行各业的大小项目中被广泛应用。

# 学习单元 1.2　　建筑工程项目管理的基本知识

**工作任务表**

| 能力目标 | 主讲内容 | 学生完成任务 |
| --- | --- | --- |
| 通过学习训练,使学生理解建筑工程项目管理的基本知识 | 着重介绍工程项目、建筑工程项目、建筑工程项目管理的概念 | 根据本单元的基本条件,在学习过程中完成工程项目、建筑工程项目、建筑工程项目管理的概念,以及工程各参与方的任务的对比 |

## 1.2.1　工程项目

### 1.2.1.1　工程项目的含义

项目是指在一定的约束条件下,具有特定的明确目标和完整组织的一次性任务或工作。"项目"如今广泛地存在于我们的工作和生活中,比如开发一种新产品、安排一场演出、建设一幢房子都可以称为一个项目。

工程项目是指在一定的约束条件(限定资源、限定时间、限定质量)下,具有特定的明确目标和完整组织的一次性工程建设任务或工作。一个工程项目的建成,需要多单位、多部门的参与配合,不同的参与者对同一个工程项目的称呼不同,如投资项目、开发项目、设计项目、工程项目、监理项目等。从工程项目建设程序来看,工程项目属于工程项目建设的实施阶段,是工程项目的核心内容。

### 1.2.1.2　工程项目的特点

(1)在一定的约束条件下,以形成固定资产为特定目标。任何项目都是在一定的约束条件(人力、物力和财力等)下进行的。其中,质量目标、进度目标和费用目标是工程项目普遍存在的三个主要约束条件。

(2)具有特定的对象和明确的目标。所有工程项目都具有特定的对象(可能是一家商场、一所学校或一座污水处理厂),工程项目的建设周期、造价和功能都是独特的,建成后所发挥的作用和效益也是独一无二的。

（3）工程项目的建设需要遵循必要的建设程序和经过特定的建设过程。

（4）有资金限制和经济性要求。任何一个项目，其投资方都不可能无限投入资金，为追求最大的利益，他们总希望投入的越少越好，而产出的越多越好。项目只能在资金许可的范围内完成其项目所追求的目标即项目的功能要求，包括建设规模、产量和效益等经济性要求。

（5）一次性。任何工程项目作为总体来说是一次性的、不重复的。它经历前期策划、批准、设计和计划、实施、运行的全过程，最后结束。即使两幢建筑造型和结构形式完全相同的房屋，也必然存在着差异与区别，比如实施时间不同、环境不同、项目组织不同、风险不同。

（6）复杂性和系统性。现代工程项目具有规模大、范围广、风险大、建设周期长和不确定因素多等特点，其专业的组成、协作单位众多，建设地点、人员和环境不断变化，加之项目管理组织是临时性的组织，大大增加了工程项目管理的复杂性。因此，要把项目建设好，就必须采用系统的理论和方法，根据具体的对象，把松散的组织、人员、单位组成有机的整体，在不同的限制条件下，圆满地完成项目的建设目标。

### 1.2.1.3　工程项目的分类

工程项目的分类方法很多，可按照管理主体和内容的不同、专业的不同、工程项目建设性质的不同及工程项目用途的不同等简单划分如下：

（1）按管理主体和内容的不同可分为业主项目、设计项目和工程项目。

（2）按专业的不同可分为建筑工程、安装工程、桥梁工程、公路工程、铁路工程、水电工程等。

（3）按工程项目建设性质的不同可分为新建项目、扩建项目、改建项目、恢复项目和迁建项目。

（4）按工程项目用途的不同可分为生产性建设项目和非生产性建设项目。

（5）按工程项目资金来源不同可分为国家投资项目、银行信贷项目、自筹资金项目、引进外资项目、利用资本市场融资项目。

### 1.2.1.4　工程项目的组成

工程项目即建设项目按照层次从大到小的顺序可将其组成分解为：建设项目→单项工程→单位工程→分部工程→分项工程。

1. 建设项目

统计意义上的建设项目是指在一个总体设计范围内，经济上实行独立核算，行政上具有独立的组织形式的建设工程，可由一个或数个单项工程组成。

2. 单项工程

单项工程是建设项目的组成部分，指在一个建设项目中，具有独立的设计文件，独立施工，建成后能够独立发挥生产能力或效益的工程。如××工厂的某一生产车间，××学校的教学楼、图书馆等，都是能够独立发挥其生产能力或使用功能的单项工程。

3. 单位工程

单位工程是单项工程的组成部分，指具有独立组织施工条件及单独作为计算成本对象,但建成后不能独立进行生产或发挥效益的工程。一个工程项目,按照它的构成可分为土建工程和安装工程等单位工程。

**4.分部工程**

分部工程是单位工程的组成部分,是按单位工程的结构部位、使用的材料、工种或设备种类和型号等的不同而划分的工程。

**5.分项工程**

分项工程是分部工程的组成部分,是按照不同的施工方法、不同的材料及构件规格,将分部工程分解为一些简单的施工过程,是建设工程中最基本的单位内容,即通常所指的各种实物工程量。

## 1.2.2　建筑工程项目

建筑工程项目是工程项目的重要组成内容,我们也称之为建筑产品。建筑产品的最终形式为建筑物和构筑物,它除具有工程项目的一般特点外,还有以下特点。

### 1.2.2.1　**庞大性**

建筑产品与一般产品相比,从体积、占地面积和自重上看相当庞大,从耗用的资源品种和数量上看也是相当巨大的。

### 1.2.2.2　**固定性**

建筑产品由于相当庞大,移动非常困难。它又是人类主要的活动场所,不仅需要舒适,更需满足安全、耐用等功能上的要求,这就要求与大地固定在一起。

### 1.2.2.3　**多样性**

建筑产品的多样性体现在功能不同、承重结构不同、建造地点不同、参与建设人员不同、使用材料不同等,使得建筑产品具有人一样的个性,即多样性。

### 1.2.2.4　**持久性**

建筑产品由于是人们生活、工作的主要场所,不仅建造时间长,使用时间更长。房屋建筑的合理使用年限短则几十年,多则上百年。有些建筑距今已有几百年的历史,仍然完好无损。

## 1.2.3　建筑工程项目管理

### 1.2.3.1　**工程项目管理的时间范畴**

建设工程项目的全寿命周期包括项目的决策阶段、实施阶段和使用阶段(或称运营阶段)。建设工程管理则涉及项目全寿命期的管理,它涵盖了决策阶段的管理(开发管理DM)、实施阶段的管理(项目管理PM)、使用阶段的管理(设施管理FM)。建设工程管理工作是一种增值服务工作,其核心任务是为工程的建设和使用增值。工程项目管理只是建设工程管理的一个组成部分,工程项目管理工作仅限于在实施阶段的工作。也就是说,项目的实施阶段即为工程项目管理的时间范畴,包括设计准备阶段、设计阶段、施工阶段、动用前准备阶段和保修阶段,如图1.2-1所示,其核心任务是项目的目标控制。招标投标工作分散于设计前的准备阶段、设计阶段和施工阶段,可以不单独列为招标投标阶段。

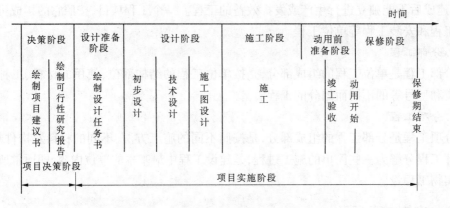

**图 1.2-1 建设工程项目的实施阶段的组成**

#### 1.2.3.2 工程项目管理的概念

现行规范《建设工程项目管理规范》(GB/T 50326—2006)中对工程项目管理的解释为:"运用系统的理论和方法,对建设工程项目进行的计划、组织、指挥、协调和控制等专业化活动,简称为项目管理。"其内涵为:自项目开始至项目完成,通过项目策划和项目控制,以使项目的费用目标、进度目标和质量目标得以实现。其中部分字段的含义为:"自项目开始至项目完成"指的是项目的实施阶段;"项目策划"指的是目标控制前的一系列筹划和准备工作;"费用目标"对业主而言是指投资目标,对施工方而言是指成本目标。

#### 1.2.3.3 建筑工程项目管理的概念

建筑工程项目管理是针对建筑工程而言,是在一定的约束条件下,以建筑工程项目为对象,以最优实现建筑工程项目目标为目的,以建筑工程项目经理负责制为基础,以建筑工程承包合同为纽带,对建筑工程项目进行高效率的计划、组织、协调、控制和监督的系统管理活动。

### 1.2.4 建筑工程各参与方项目管理的目标和任务

#### 1.2.4.1 建筑工程项目管理的类型

由于工程项目管理的核心任务是项目的目标控制,因此按照项目管理学的基本理论,没有明确目标的建设工程不是项目管理的对象。从工程实践的意义上讲,如果一个建设项目没有明确的费用目标、进度目标和质量目标,就没有必要进行管理,事实上也无法进行定量的目标控制。

一个工程项目往往是由许多参与单位承担不同的建设任务,而各参与单位的工作性质、工作任务和利益不同,因此也就形成了不同类型的项目管理。按工程项目不同参与方的工作性质和组织特征划分,工程项目管理包括业主方的项目管理、设计方的项目管理、施工方的项目管理、供货方的项目管理、建设项目工程总承包方的项目管理。

#### 1.2.4.2 建筑工程各参与方项目管理的目标和任务

1. 业主方项目管理的目标和任务

业主方的项目管理是指投资方、开发商的项目管理,或由咨询公司提供的代表业主方利益的项目管理服务。业主方的项目管理往往是该项目项目管理的核心。业主方项目管理的目标包括项目的投资目标、进度目标和质量目标。其中,投资目标指的是项目的总投资目标,是项目筹建到竣工投入使用为止发生的全部费用(包括建筑安装工程费、设备工器具购置费、工程建设其他费、预备费、建设期贷款利息、固定资产投资方向调节税)。进度目标指的是项目动用的时间目标,也就是项目交付使用的时间目标,如工厂建成开始投产,道路建成可以通车,办公楼可以启用,旅馆开始营业的时间目标等。项目的质量目标不仅涉及施工质量,还包括设计质量、材料质量、设备质量和影响项目运行或运营的环境质量等。质量目标包括满足相应的技术规范和技术标准的规定以及业主方相应的质量要求。

建设项目的投资目标、进度目标、质量目标之间是对立统一的关系。要加快进度往往需要增加投资,要提高质量往往也需要增加投资,过度地加快进度则会影响质量,这些反映了三大目标之间的对立关系;通过有效的管理,在不增加投资的前提下,也有可能缩短工期和提高工程质量,增加一些投资可能减少将来为弥补质量缺陷而进行的追加投资,还可以赶进度提前竣工带来良好时机的乐观收益等,这些反映了三大目标之间的统一关系。

业主方的项目管理涉及项目实施阶段的全过程,即在设计前准备阶段、设计阶段、施工阶段、动用前准备阶段和保修阶段分别进行以下任务:

(1)安全管理。

(2)投资控制。

(3)进度控制。

(4)质量控制。

(5)合同管理。

(6)信息管理。

(7)组织与协调。

2.设计方项目管理的目标和任务

设计方作为项目建设的参与方之一,其项目管理主要服务于项目的整体利益和设计方本身的利益。其项目管理的目标包括设计的成本目标、设计的进度目标和设计的质量目标,以及项目的投资目标。项目的投资目标能否实现与设计工作密切相关。

设计方的项目管理工作主要在设计阶段进行,但它也涉及设计前准备阶段、施工阶段、动用前准备阶段和保修阶段。设计方项目管理的任务包括:

(1)与设计工作有关的安全管理。

(2)设计成本控制和与设计工作有关的工程造价控制。

(3)设计进度控制。

(4)设计质量控制。

(5)设计合同管理。

(6)设计信息管理。

(7)与设计工作有关的组织和协调。

3.施工方项目管理的目标和任务

施工方为项目建设的一个重要参与方,施工方的项目管理(包括施工总承包方、施工总承包管理方和分包方的项目管理,不包括项目总承包)主要服务于项目的整体利益和施工方本身的利益,其项目管理的目标为施工成本目标、进度目标和质量目标。

施工方的项目管理工作主要在施工阶段进行,但它也涉及设计准备阶段、设计阶段、动用前准备阶段和保修期。由于在工程实践中,设计阶段和施工阶段往往是交叉的,因此施工方的项目管理工作也涉及设计阶段。施工方项目管理的任务包括:

(1)施工安全管理。

(2)施工成本控制。

(3)施工进度控制。

(4)施工质量控制。

(5)施工合同管理。

(6)施工信息管理。

(7)与施工有关的组织与协调等。

在工程实践中,建设项目的施工管理和该项目施工方的项目管理是两个相互有关联,但内涵并不相同的概念。施工管理是传统的较广义的术语,它包括施工方履行施工合同应承担的全部工作和任务,既包含项目管理方面专业性的工作(专业人士的工作),也包含一般的行政管理工作。

20 世纪 80 年代末和 90 年代初开始,我国的大中型建设项目引进了为业主方服务(或称代表业主利益)的工程项目管理的咨询服务,这属于业主方项目管理的范畴。然而,在国际上,工程项目管理咨询公司不仅为业主提供服务,也向施工方、设计方和供货方提供服务。因此,施工方的项目管理不能被片面地认为只是施工企业对项目的管理。施工企业委托工程项目管理咨询公司对项目管理的某个方面提供的咨询服务也属于施工方项目管理的范畴。

4. 供货方项目管理的目标和任务

供货方的项目管理(材料和设备供应方的项目管理)主要服务于项目的整体利益和供货方本身的利益。其项目管理的目标包括供货方的成本目标、供货的进度目标和供货的质量目标。

供货方的项目管理工作主要在施工阶段进行,但它也涉及设计准备阶段、设计阶段、动用前准备阶段和保修期。供货方项目管理的任务包括:

(1)供货方的安全管理。

(2)供货方的成本控制。

(3)供货方的进度控制。

(4)供货方的质量控制。

(5)供货合同管理。

(6)供货信息管理。

(7)与供货方有关的组织与协调。

5. 建设项目工程总承包方项目管理的目标和任务

建设项目工程总承包方的项目管理(如设计和施工任务综合承包,或设计、采购和施工任务综合承包的项目管理)主要服务于项目的整体利益和建设项目总承包方本身的利益。其项目管理的目标包括项目的总投资目标和总承包方的成本目标、项目的进度目标和项目的质量目标。

建设工程项目总承包方项目管理工作涉及项目实施阶段的全过程,即设计前的准备阶段、设计阶段、施工阶段、动用前准备阶段和保修期。建设工程项目总承包方项目管理的任务包括:

(1)安全管理。

(2)投资控制和总承包方的成本控制。

(3)进度控制。

(4)质量控制。

(5)合同管理。

(6)信息管理。

(7)与建设工程项目总承包方有关的组织和协调。

## 学习单元1.3 建筑工程项目的组织

### 工作任务表

| 能力目标 | 主讲内容 | 学生完成任务 |
| --- | --- | --- |
| 通过学习训练,使学生理解建筑工程项目组织的基本知识 | 着重介绍工程项目管理的组织结构形式、特点 | 根据本单元的基本条件,在学习过程中完成建筑工程项目管理的组织结构形式、特点、工作流程组织的归纳总结 |

系统可大可小,宇宙是最大的系统,粒子是最小的系统。一个学校、一个企业、一个研发项目或一个建筑工程项目管理都可以叫作一个系统,但各种系统运行的方式是不同的。影响一个系统目标实现的主要因素有组织、人的因素(如管理人员和生产人员的数量和质量)、方法与工具(如管理的方法与工具和生产的方法与工具)。系统的目标决定了系统的组织,或者说组织是目标能否实现的决定性因素。同理,建筑工程项目管理的组织是建筑工程项目管理的目标能否实现的决定性因素。

组织论作为一门学科,其主要研究系统的组织结构模式、组织分工和工作流程组织,它是与项目管理学相关的一门非常重要的基础理论学科。

组织结构模式反映一个组织系统(如项目管理班子)中各子系统之间或各元素(如各工作部门或各管理人员)之间的指令关系,反映的是各工作单位、各工作部门和各工作人员之间的组织关系。指令关系指的是哪一个工作部门或哪一个工作人员可以对哪一个工作部门或哪一个工作人员下达工作指令。

组织分工反映了一个组织系统中各子系统或各元素的工作任务分工和管理职能分工。组织结构模式和组织分工都是一种相对静态的组织关系。

工作流程组织反映一个组织系统中各项工作之间的逻辑关系,是一种动态关系。

### 1.3.1　项目结构分析

#### 1.3.1.1　项目结构图

项目结构图(WBS)是一个组织工具,它通过树状图的方式对一个项目的结构进行逐层分解,以反映组成该项目的所有工作任务。其描述的是工作对象之间的关系。

同一建设项目结构分解可有不同的方法,并没有统一模式,但应结合项目的特点和参考以下的原则进行:

(1)考虑项目进展的总体部署。

(2)考虑项目的组成。

(3)有利于项目实施任务的发包和进行,并结合合同结构。

(4)有利于项目目标的控制。

(5)结合项目管理的组织结构。

#### 1.3.1.2　项目结构的编码

一个建设项目有不同类型和不同用途的信息,为了有组织地存储信息、方便信息的检索和信息的加工整理,必须对项目的信息进行编码。编码是由一系列符号和数字组成的,编码工作是信息处理的一项重要的基础工作。

### 1.3.2　项目管理的组织结构

对一个项目的组织结构进行分解,并用图的方式表示,就形成项目组织结构图,或称为项目管理组织结构图。项目组织结构图(OBS)反映项目经理和费用(投资或成本)控制、进度控制、质量控制、合同管理、信息管理和组织与协调等主管工作部门或主管人员之间的组织关系。与项目管理组织机构设置同时进行的工作是项目管理组织形式的确定,就是要解决"以什么样的结构方式"去处理层次、跨度、部门设置和上下级关系。

常用的项目管理组织结构形式包括部门控制式、混合工程队式、矩阵式和事业部式。

#### 1.3.2.1　部门控制式项目管理组织

对于专业性较强、只涉及个别少数部门的小型工程项目,可选择部门控制式组织形式。它是按职能原则建立的项目组织,没有打乱企业现行的建制,是把项目委托给企业某专业部门或施工队,由被委托的部门(混合工程队)领导,在本单位选人组合,负责实施项目管理,项目终止后恢复原职。部门控制式项目管理组织机构形式如图1.3-1所示。

1.部门控制式项目管理组织的特征

(1)人员素质一般、力量不大、人员构成单一。

(2)基础工作能力、管理水平和施工经验一般即可。

2.部门控制式项目管理组织的优点

(1)因为是由熟人组合办熟悉的事,所以人事关系容易协调,人才作用发挥较充分。

(2)从接受任务到组织运转启动,时间短。

(3)职责明确,职能专一,关系简单,项目经理无需专门训练便可进入状态。

3.部门控制式项目管理组织的缺点

(1)不能适应大型工程项目管理的需要。

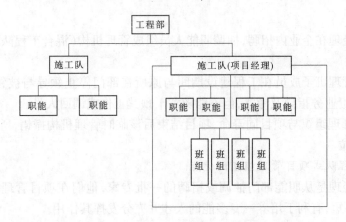

**图 1.3-1 部门控制式项目管理组织机构形式示意图**

(2)不利于对计划体系下的组织体制(固定建制)进行调整。

(3)不利于精简机构。

### 1.3.2.2 混合工程队式项目管理组织

对于大型项目、工期要求紧迫的项目、要求多工种多部门密切配合的项目,可选择混合工程队式项目管理组织形式。混合工程队式项目管理组织是按照对象原则组织的项目管理机构,可独立地完成任务,相当于一个"实体"。混合工程队式项目管理组织机构形式如图 1.3-2 所示。

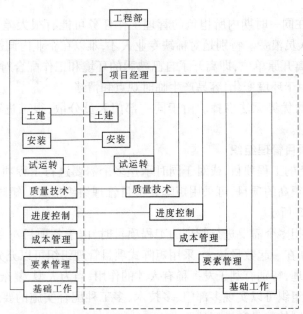

说明:图中虚线内表示项目管理组织,其人员与原部门脱离

**图 1.3-2 混合工程队式项目管理组织机构形式示意图**

1.混合工程队式项目管理组织的特征

(1)专业人才多、人员素质高、管理经验丰富、管理水平和技术水平较高、基础工作能

力较强。

（2）项目经理在企业内招聘，抽调职能人员组成管理机构（混合工程队），由项目经理指挥，独立性大。

（3）项目管理班子成员在工程建设期间与原所在部门停止领导与被领导关系，原单位负责人员负责业务指导及考察，但不能随意干预其工作或调回人员。

（4）项目管理组织与项目同寿命，项目结束后该临时管理机构撤销，所有人员仍回原所在部门和岗位。

2. 混合工程队式项目管理组织的优点

（1）项目经理是从职能部门抽调或招聘的一批专家，他们在项目管理中协同配合工作，可以取长补短，有利于培养一专多能的人才并充分发挥其作用。

（2）各专业人才集中在现场办公，减少了扯皮和等待时间，办事效率高，问题解决得快。

（3）项目经理权力集中，受到的干扰少，故决策及时，指挥灵便。

（4）由于减少了项目与职能部门的结合部，项目与企业的结合部关系弱化，故关系易于协调，行政干预减少，项目经理的工作易于开展。

（5）不打乱企业的原建制，企业的管理组织形式仍然存在。

3. 混合工程队式项目管理组织的缺点

（1）各类人员来自不同部门，具有不同的专业背景和经历，配合不熟悉，难免配合不力。

（2）各类人员在同一时期内所担负的管理工作任务可能有很大差别，因此很容易产生忙闲不均，导致人员浪费。特别是对稀缺专业人才，难以在企业内调剂使用。

（3）职工长期离开原单位，即离开了自己熟悉的环境和工作配合对象，容易影响其积极性的发挥，而且由于环境变化，容易产生临时观点和情绪。

（4）职能部门的优势无法发挥。由于同一部门人员分散，很难进行有效的培养、指导，削弱了职能部门。

### 1.3.2.3　矩阵式项目管理组织

对于大型、复杂的工程项目，或对于同时承担多个需要进行工程项目管理的企业，或对于管理效率要求很高的项目，可采用矩阵式项目管理组织形式。矩阵式项目管理组织机构形式如图1.3-3所示。

当企业同时承担多个需要进行管理的工程项目时，由于各项目对专业技术人才和管理人员都有需求，加在一起数量较大，采用矩阵式项目管理组织可以充分利用有限的人才对多个项目进行管理，特别有利于发挥稀有人才的作用；当为大型、复杂的工程项目时，采用矩阵式项目管理组织可以实现多部门、多技术、多工种配合实施的要求，以及在不同阶段对不同人员有不同的数量和搭配的要求。

1. 矩阵式项目管理组织的特征

（1）项目管理组织是按照职能原则和对象原则相结合建立起来的，既发挥职能部门的纵向优势，又发挥项目组织的横向优势，多个项目与职能部门的结合形成了矩阵结构。

（2）企业专业职能部门是相对稳定的，项目管理组织是临时性的。职能部门负责人

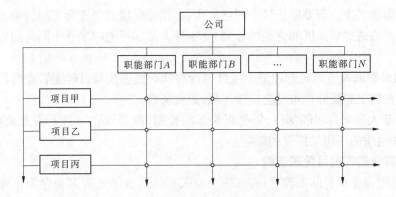

**图1.3-3　矩阵式项目管理组织机构形式示意图**

对参与项目组织的人员有组织调配、业务指导和管理考察的责任。项目经理和参与项目组织的职能人员在横向上有效地组织在一起,为实现项目目标协同工作。

(3)矩阵中的每个成员接受原部门负责人和项目经理的双重领导,但部门的控制力大于项目的控制力。部门负责人有权根据不同项目的需要,在项目之间调配本部门人员。一个专业人员可能同时为几个项目服务,特殊人才可充分发挥作用,大大提高人才利用率。

(4)项目经理对"借"到本项目经理部来的人员有权控制和使用。当感到人力不足或某些成员不得力时,他可以向职能部门求援或要求调换,辞退回原部门。

(5)项目经理部的工作有多个职能部门支持,项目经理没有人员包袱,但要求在水平方向和垂直方向有良好的信息沟通和协调配合,对整个企业组织和项目组织的管理水平和组织渠道畅通提出了较高的要求。

2.矩阵式项目管理组织的优点

(1)兼有部门控制式和混合工程队式两种项目组织形式的优点,把职能原则与对象原则融为一体,解决了传统模式中企业组织和项目组织相互矛盾的状况,求得了企业长期例行性管理和项目一次性管理的一致性。

(2)能通过对人员的及时调配,以尽可能少的人力实现多个项目管理的高效率。通过职能部门的协调,一些项目上的闲置人才可以及时转移到需要这些人才的项目上去,防止人才短缺,项目组织因此具有弹性和应变力。

(3)有利于人才的全面培养。不同知识背景的人在合作中相互取长补短,知识面大大拓宽,纵向的专业优势得到发挥,为人才培养奠定了深厚的基础。

3.矩阵式项目管理组织的缺点

(1)矩阵式项目管理组织的结合部多,组织内部的人际关系、业务关系、沟通渠道等都较复杂,容易造成信息量膨胀,使信息梗塞或失真。这就要求在协调组织内部的关系时,必须要有强有力的组织措施和规章制度来规范管理,管理层次、职责、权限要明确划分。当项目经理和职能部门负责人双方产生严重分歧时,需要有企业领导及时出面协调。

(2)双重领导。项目组织中的成员既要接受项目经理的领导,又要接受企业中原单位负责人的领导。在这种情况下,当领导双方发生矛盾,意见和目标不一致时,当事人将无所适从,影响工作。若要防止这一问题产生,必须加强项目经理和部门负责人之间的沟通,还要有严格的规章制度和详细的计划,使工作人员尽可能明确在不同时间内应当干什么工作。

（3）如果管理人员同时管理多个项目、身兼数职,便往往难以确定管理项目的优先顺序,尤其是在施工的高峰期难免会应接不暇、顾此失彼。

（4）由于人员来自职能部门,仍受职能部门控制,故凝聚在项目上的力量减弱,往往使项目管理组织的作用发挥受到影响。

### 1.3.2.4　事业部式项目管理组织

对于大型企业承包的工程项目,在一个地区有长期市场或有多种专业化施工力量的企业承包的工程项目,远离企业基地的工程项目,应选择事业部式项目管理组织形式。事业部式项目管理组织机构形式如图1.3-4所示。

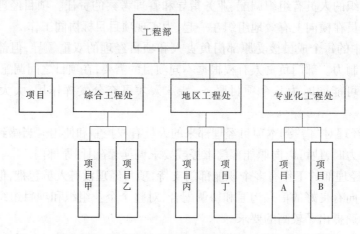

图1.3-4　事业部式项目管理组织机构形式示意图

1. 事业部式项目管理组织机构的特征

（1）企业下设事业部,事业部对企业来说是职能部门,对企业外来说可以是一个独立单位,享有相对独立的经营权。事业部可以按地区设置,也可以按工程类型或经营内容设置。

（2）事业部中的工程开发部,或对外工程公司的海外部下边设置项目经理部,项目经理由事业部委派,一般对事业部负责,也可以直接对业主负责,但要经特殊授权才可以。

2. 事业部式项目管理组织机构的优点

（1）事业部式项目管理组织能充分调动与发挥事业部的积极性和独立经营作用,有利于延伸企业的经营职能,扩大企业的经营业务领域,还有利于迅速适应环境变化以加强项目管理。

（2）事业部式项目管理组织形式能较迅速地适应环境变化,提高企业的应变能力,调动部门积极性。当企业向大型化、智能化发展并实行作业层和经营管理层分离时,既可以加强经营战略管理,又可以加强项目管理。

3. 事业部式项目管理组织机构的缺点

（1）在事业部式项目管理组织中,企业对项目经理部的约束力减弱,协调指导的机会减少,容易造成企业结构松散。

(2)事业部的独立性强,导致企业的综合协调难度大,因此必须加强制度约束和规范化管理。

## 1.3.3　项目管理的工作任务分工

项目的所有参与方(业主方、设计方、施工方、供货方和工程管理咨询单位)都有各自的项目管理任务,都应编制各自的项目管理任务分工表,是组织设计文件的一个组成部分。在编制项目管理任务分工表前,应结合项目特点,对项目管理任务进行详细分解。在项目管理任务分解的基础上,明确项目经理和费用(投资或成本)控制、进度控制、质量控制、信息管理和组织协调等主管工作部门或主管人员的工作任务,从而编制工作任务分工表。在工作任务分工表中,应明确各项工作任务由哪个工作部门(或个人)负责,由哪个工作部门(或个人)配合或参与。在项目进展的过程中,应视需要对工作任务分工表进行调整。

## 1.3.4　项目管理的管理职能分工

管理是由多个环节组成的过程,即:提出问题;筹划、提出解决问题的可能的方案,并对多个可能的方案进行分析;决策;执行;检查。这些组成管理的环节就是管理的职能。管理的职能在一些文献中也有不同的表述,但其内涵是类似的。

业主方和项目各参与方,如设计单位、施工单位、供货单位和工程管理咨询单位等都有各自的项目管理的任务和其管理职能分工,上述各方都应该编制各自的项目管理职能分工表。

同样,项目的所有参与方都应编制各自的管理职能分工表,主要用来反映项目管理班子内部项目经理、各工作部门和各工作岗位对各项工作任务的项目管理职能分工。管理职能分工表也可以用于企业管理。

## 1.3.5　项目管理的工作流程组织

项目的所有参与方都有各自的工作流程组织的任务。工作流程组织包括:管理工作流程组织,如投资控制、进度控制、合同管理、付款和设计变更等流程;信息处理工作流程组织,如月进度报表;物质流程组织,如钢结构深化设计工作流程、弱电工程物质采购工作流程、外立面施工工作流程。

### 1.3.5.1　工作流程组织的任务

每一个建设项目应根据其特点,从多个可能的工作流程方案中确定以下几个主要的工作流程组织:设计准备工作的流程;设计工作的流程;施工招标工作的流程;物资采购工作的流程;施工作业的流程;各项管理工作(投资控制、进度控制、质量控制、合同管理和信息管理等)的流程;与工程管理有关的信息处理的流程。这也是工作流程组织的任务,即定义工作的流程。

工作流程图应视需要逐层细化,如投资控制工作流程可细化为初步设计阶段投资控制工作流程图、施工图阶段投资控制工作流程图和施工阶段投资控制工作流程图等。

业主方和项目各参与方,如工程管理咨询单位、设计单位、施工单位和供货单位等都有各自的工作流程组织的任务。

#### 1.3.5.2　工作流程图

(1)工作流程图服务于工作流程组织,它用图的形式反映一个组织系统中各项工作之间的逻辑关系。

(2)在项目管理中可运用工作流程图来描述各项项目管理工作的流程,如投资控制工作流程图、进度控制工作流程图、质量控制工作流程图、合同管理工作流程图、信息管理工作流程图、设计的工作流程图、施工的工作流程图、物资采购的工作流程图等。

(3)工作流程图可视需要逐层细化,如初步设计阶段投资控制工作流程图、施工图阶段投资控制工作流程图、施工阶段投资控制工作流程图等。

### 1.3.6　合同结构图

合同结构图反映业主方和项目各参与方之间,以及项目各参与方之间的合同关系。通过合同结构图可以非常清晰地了解一个项目有哪些合同,或将有哪些合同,以及了解项目各参与方的合同组织关系。如果两个单位之间有合同关系,在合同结构图中用双向箭杆联系。

## 学习单元 1.4　建设工程项目采购的模式

#### 工作任务表

| 能力目标 | 主讲内容 | 学生完成任务 |
| --- | --- | --- |
| 通过学习训练,使学生掌握建筑工程项目采购模式的基本知识 | 着重介绍工程项目的采购模式类型、特点,适用范围 | 根据本单元的基本条件,在学习过程中通过对工程项目的几种采购模式归纳和对比完成相关知识点的掌握 |

建设项目承发包模式主要有以下几种。

### 1.4.1　施工任务委托的模式

#### 1.4.1.1　施工总承包模式

施工总承包简称为 GC(General Contractor),指的是业主方委托一个施工单位或由多个施工单位组成的施工联合体或施工合作体作为施工总包单位,经业主同意,施工总承包单位可以根据需要将施工任务的一部分分包给其他符合资质的分包人。施工总承包的合同结构如图 1.4-1 所示。

施工总承包模式具有如下几个方面的特点。

1.投资控制方面

一般以施工图设计为投标报价的基础,投标人的投标报价较有依据;在开工前就有较明确的合同价,有利于业主的总投资控制,若在施工过程中发生设计变更,可能会引发

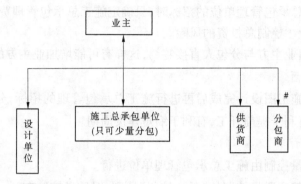

注：#为业主自行发包的部分。

**图 1.4-1  施工总承包的合同结构**

索赔。

**2.进度控制方面**

由于一般要等施工图设计全部结束后,业主才进行施工总承包的招标,因此开工日期不可能太早,建设周期会较长。这是施工总承包模式的最大缺点,限制了其在建设周期紧迫的建设工程项目上的应用。

**3.质量控制方面**

建设工程项目质量的好坏在很大程度上取决于施工总承包单位的管理水平和技术水平。

**4.合同管理方面**

业主只需要进行一次招标,与施工总承包商签约,因此招标及合同管理工作量将会减小。

在很多工程实践中,采用的并不是真正意义上的施工总承包,而采用所谓的"费率招标",这实质上是开口合同,对业主方的合同管理和投资控制十分不利。

**5.组织与协调方面**

由于业主只负责对施工总承包单位的管理及组织协调,其组织与协调的工作量比采用平行发包模式会大大减少,这对业主有利。

### 1.4.1.2  施工总承包管理模式

施工总承包管理模式简称 MC( Managing Contractor ),意为管理型承包,其内涵是:业主方委托一个施工单位或由多个施工单位组成的施工联合体或施工合作体作为施工总包管理单位来负责整个项目的施工组织与管理,业主方另委托其他施工单位作为分包单位进行施工。一般情况下,施工总承包管理单位不参与具体工程的施工,但如施工总承包管理单位想承担部分工程的施工,也可以参加该部分工程的投标,通过竞争取得施工任务。

**1.施工总承包管理模式的特点**

1)投资控制方面

一部分施工图完成后,业主就可单独或与施工总承包管理单位共同进行该部分工程的招标,分包合同的投标报价和合同价以施工图为依据。

在进行对施工总承包管理单位的招标时,只确定施工总承包管理费,而不确定工程总造价,这可能成为业主控制总投资的风险。

多数情况下,由业主方与分包人直接签约,这样有可能增加业主方的风险。

2)进度控制方面

不需要等待于施工图设计完成后再进行施工总承包管理的招标,分包合同的招标也可以提前,这样就有利于提前开工,有利于缩短建设周期。

3)质量控制方面

对分包人的质量控制由施工总承包管理单位进行。

分包工程任务符合质量控制的"他人控制"原则,对质量控制有利。

各分包之间的关系可由施工总承包管理单位负责,这样就可减轻业主方管理的工作量。

4)合同管理方面

一般情况下,所有分包合同的招标投标、合同谈判以及签约工作均由业主负责,业主方的招标及合同管理工作量较大。

对分包人的工程款支付可由施工总包管理单位支付或由业主直接支付,前者有利于施工总包管理单位对分包人的管理。

5)组织与协调方面

由施工总承包管理单位负责对所有分包人的管理及组织协调,这样就大大减轻了业主方的工作。这是采用施工总承包管理模式的基本出发点。

2. MC 与 GC 相比的优点

合同总价不是一次确定的,某一部分施工图设计完成以后,再进行该部分施工招标,确定该部分合同价,因此整个项目的合同总额的确定较有依据。

所有分包合同和分供货合同的发包,都通过招标获得有竞争力的投标报价,对业主节约投资有利。

MC 单位只收取总包管理费,不赚总包与分包之间的差价。

如果采用工程施工总承包或工程施工总承包管理模式,施工总承包方或施工总承包管理方必须按工程合同规定的工期目标和质量目标完成建设任务。当采用指定分包商时,不论指定分包商与施工总承包方或施工总承包管理方乃至业主方签订合同,由于指定分包商合同在签约前都必须得到施工总承包方或施工总承包管理方的认可,因此施工总承包方或施工总承包管理方都应对合同规定的工期目标和质量目标负责。分包方则必须按工程分包合同规定的工期目标和质量目标完成建设任务。而对于成本目标来说,施工总承包方、施工总承包管理方或分包方均须完成由施工企业根据内部生产和经营的情况自行确定的成本目标。

### 1.4.1.3　平行承包管理模式

1. 平行承包

平行承包是指业主把任务分别委托给多个设计者和多个施工单位,各设计单位之间的关系是平行的,各施工单位之间的关系也是平行的。

2.平行承包模式的特点

采用平行承包模式对投资控制不利,因为总造价要等签了最后一个合同才知道;采用平行承包模式,建设单位需要和多个设计单位、多个施工单位签订合同,为控制项目的总目标,建设单位协调工作量相当大,对进度协调不利。因为建设单位不仅要协调各个设计单位的进度,还要协调各个施工单位的进度,也要协调施工单位与设计单位的进度,协调工作量大;对合同管理来说,要签的合同太多,不便于进行管理。

但采用这种模式也有有利的一面:有利于边设计边施工,从而缩短整个项目的建设工期;有利于质量控制;有利于业主选择承建单位。

## 1.4.2 建设项目工程总承包的模式

### 1.4.2.1 项目总承包模式

建设项目工程总承包主要有以下两种方式:

(1)设计—施工总承包(Design – Build)。设计—施工总承包是指工程总承包企业按照合同约定,承担工程项目设计和施工,并对承包工程的质量、安全、工期、造价全面负责。

DB模式有效地解决了设计与施工分离导致的问题:设计单位忽视设计的经济性,投资额高,设计费大;较少考虑可施工性;不能结合施工单位的特点和能力进行设计;施工图完成以后再进行施工任务的发包,项目建设周期长;建设单位的组织、协调工作量大。

(2)设计采购施工总承包(EPC—Engineering,Procurement,Construction)。设计采购施工总承包是指工程总承包企业按照合同约定,承担工程项目的设计、采购、施工、试运行服务等工作,并对承包工程的质量、安全、工期、造价全面负责。

在EPC模式中,它不仅包括具体的设计工作,而且可能包括整个建设工程内容的总体策划以及整个建设工程实施组织管理的策划和具体工作。EPC模式将承包范围进一步向建设工程前期延伸,也就是我们所说的通常意义下的决策阶段。

1.EPC模式的特征

(1)承包商承担大部分风险。

(2)业主或业主代表管理工程的实施。

(3)采用总价合同。

2.EPC模式的适用条件

(1)由于承包商承担了工程建设的大部分风险,因此在招标阶段,业主应给予投标人充分的资料和时间,以使承包人能够仔细审核"业主的要求",从而详细地了解该文件规定的工程目的、范围、设计标准和其他技术要求,向业主提交一份技术先进可靠、价格和工期合理的投标书。

(2)虽然业主或业主代表有权监督承包商的工作,但不能过分地干预承包商的工作,也不要审批大多数的施工图纸。

(3)由于采用总价合同,因而工程的期中支付款应由业主直接按照合同规定支付。

在 EPC 模式中,材料和工程设备的采购完全由 EPC 承包单位负责。EPC 模式都特别强调适用于工厂、发电厂、石油开发和基础设施等建设项目。

### 1.4.2.2　建设项目工程总承包的内涵

工程总承包企业受业主委托,按照合同约定对工程建设项目的勘察、设计、采购、施工、试运行等实行全过程或若干阶段的承包。

工程总承包企业按照合同约定对工程项目的质量、工期、造价等向业主负责。工程总承包企业可依法将所承包工程中的部分工作发包给具有相应资质的分包企业;分包企业按照分包合同的约定对总承包企业负责。

建设项目工程总承包的基本出发点是借鉴工业生产组织的经验,实现建设生产过程的组织集成化,以克服由于设计与施工的分离致使投资增加,以及由于设计和施工的不协调而影响建设进度等弊病。

建设项目工程总承包的主要意义并不在于总价包干和"交钥匙",其核心是通过设计与施工过程的组织集成,促进设计与施工的紧密结合,以达到为项目建设增值的目的。应该指出,即使采用总价包干的方式,稍大一些的项目也难以用固定总价包干,而多数采用变动总价合同。

### 1.4.2.3　建设项目工程总承包从招标开始至确定合同价的基本工作程序

工业建设项目、民用建筑项目和基础设施项目的工程总承包各有其特点,但其从招标开始至确定合同价的基本工作程序是类似的,以下工作步骤仅供参考。

(1)业主方自行编制,或委托顾问工程师编制项目建设纲要或设计纲要,它是建设项目工程总承包方编制项目设计建议书的依据。项目建设纲要或设计纲要可包括如下内容:

①项目定义;

②设计原则和设计要求;

③项目实施的技术大纲和技术要求;

④材料和设施的技术要求等。

(2)建设项目工程总承包方编制项目设计建议书和报价文件。

(3)设计评审。

(4)合同洽谈,包括确定合同价。

在国际上,民用建筑项目工程总承包的招标多数采用项目功能描述的方式,而不采用项目构造描述的方式,因为项目构造描述的招标依据是设计文件,而工程总承包招标时业主方还不可能提供具体的设计文件。

### 1.4.2.4　建设项目工程总承包方的工作程序

建设项目工程总承包方的工作程序如下(参考《建设项目工程总承包管理规范》(GB/T 50358—2005):

(1)项目启动:在工程总承包合同条件下,任命项目经理,组建项目部。

(2)项目初始阶段:进行项目策划,编制项目计划,召开开工会议;发表项目协调程序,发表设计基础数据;编制采购计划、施工计划、试运行计划、财务计划和安全管理计划,确定项目控制基准等。

(3)设计阶段:编制初步设计或基础工程设计文件,进行设计审查,编制施工图设计文件或详细工程设计文件。

(4)采购阶段:采买、催交、检验、运输,与施工办理交接手续。

(5)施工阶段:施工开工前的准备工作,现场施工,竣工试验,移交工程资料,办理管理权移交,进行竣工决算。

(6)试运行阶段:对试运行进行指导和服务。

(7)合同收尾:取得合同目标考核证书,办理决算手续,清理各种债权债务;缺陷通知期限满后取得履约证书。

(8)项目管理收尾:办理项目资料归档,进行项目总结,对项目部人员进行考核评价,解散项目部。

#### 1.4.2.5 工程施工总承包与建设工程项目总承包的区别

首先,工程总承包是指从事工程总承包的企业受业主委托,按照合同约定对工程项目的勘察、设计、采购、施工、试运行(竣工验收)等实行全过程或若干阶段的承包。工程总承包企业对承包工程的质量、安全、工期、造价全面负责。施工总承包是指建筑工程发包方将全部施工任务发包给具有相应资质条件的施工总承包单位。根据《中华人民共和国建筑法》规定:大型建筑工程或者结构复杂的建筑工程,可以由两个以上的承包单位联合共同承包。

其次是承包范围不同。工程总承包:承包范围最广:从项目资金管理、勘察、设计、施工(包括各项目、各专业)、请施工监理、办理工程竣工验收手续,提交各项工程资料,最后交钥匙给业主,直接对业主负责。业主可以委托他方做工程总承包,也可以自己管理,分项发包。施工总承包:从业主或工程总承包处接受投资及施工图,负责整个工程所有分项;各个专业的全部施工任务,接受业主及业主委托监理及质量监督部门的监督。办理工程竣工验收手续,提交各项工程资料。最后交钥匙给业主,直接对业主或业主委托的工程总承包单位负责。施工总承包单位可以将部分分项、分专业工程再分包给其他施工单位分包,但要管理、监督分包单位的工作质量,对分包单位的施工质量向业主或工程总承包负责。

### 1.4.3 物资采购的模式

工程建设物资指的是建筑材料、建筑构配件和设备。在国际上业主方工程建设物资采购有多种模式,如:

(1)业主方自行采购。

(2)与承包商约定某些物资为指定供货商。

(3)承包商采购。

我国《中华人民共和国建筑法》对物资采购有这样的规定:按照合同约定,建筑材料、建筑构配件和设备由工程承包单位采购的,发包单位不得指定生产厂或供货商。

物资采购工作应符合有关合同和设计文件所规定的数量、技术要求和质量标准,并符合工程进度、安全、环境和成本管理等的要求。采购管理应遵循下列程序:

(1)明确采购产品或服务的基本要求、采购分工及有关责任。

(2)进行采购策划,编制采购计划。

(3)进行市场调查,选择合格的产品供应或服务单位,建立名录。

(4)采用招标或协商等方式实施评审工作,确定供应或服务单位。

(5)签订采购合同。

(6)运输、验证、移交采购产品或服务。

(7)处置不合格产品或不符合要求的服务。

(8)采购资料归档。

## 1.4.4　设计任务委托的模式

工业发达国家设计单位的组织体制与我国有区别,多数设计单位是专业设计事务所,而不是综合设计院,如建筑师事务所、结构工程师事务所和各种建筑设备专业工程师事务所等,设计事务所的规模多数也较小,因此其设计任务委托的模式与我国不相同。对工业与民用建筑工程而言,在国际上,建筑师事务所往往起着主导作用,其他专业设计事务所则配合建筑师事务所从事相应的设计工作。

我国业主方主要通过设计招标的方式选择设计方案和设计单位。而国际上不少国家有设计竞赛条例,设计竞赛和设计任务并没有直接联系。设计竞赛的结果只限于对设计竞赛成果的评奖,业主方综合分析和研究设计竞赛的成果后再决定设计任务的委托。

设计任务的委托主要有以下两种模式:

(1)业主方委托一个设计单位或由多个设计单位组成的设计联合体或设计合作体作为设计总负责单位,设计总负责单位视需要再委托其他设计单位配合设计。

(2)业主方不委托设计总负责单位,而平行委托多个设计单位进行设计。

## 1.4.5　项目管理委托的模式

在国际上项目管理咨询公司可以接受业主方、设计方、施工方、供货方和建设项目总承包的委托,提供代表委托方利益的项目管理服务。项目管理咨询公司所提供的这类服务的工作性质属于工程咨询服务。

在国际上,业主方项目管理的方式主要有以下三种:

(1)业主方自行项目管理。

(2)业主方委托项目管理咨询公司承担全部业主方项目管理的任务。

(3)业主方委托项目管理咨询公司与业主方人员共同进行项目管理,业主方从事项目管理的人员在项目管理咨询公司委派的项目经理的领导下工作。

# ■ 学习单元1.5　建筑工程项目管理规划的内容和编制方法

**工作任务表**

| 能力目标 | 主讲内容 | 学生完成任务 |
| --- | --- | --- |
| 通过学习训练,使学生理解项目管理规划的基本知识 | 着重介绍工程项目管理规划和实施规划的内容、编制方法 | 根据本单元的基本条件,在学习过程中完成工程项目管理规划大纲和实施规划的对比和掌握 |

## 1.5.1　建筑工程项目管理规划的内容

建筑工程项目管理规划是对工程项目全过程中的各种管理职能、各种管理过程及各种管理要素进行完整而全面的总体计划。作为指导项目管理工作的纲领性文件,项目管理规划应对项目管理的目标、依据、内容、组织、资源、方法、程序和控制措施进行确定。

工程项目管理规划涉及项目整个实施阶段,它属于业主方项目管理的范畴;若采用工程总承包的模式,业主方也可以委托工程总承包方编制过程项目管理规划。项目的其他参与单位为进行其项目管理也需要编制项目管理规划,可分别称为设计方项目管理规划、施工方项目管理规划和供货方项目管理规划。

项目管理规划包括项目管理规划大纲和项目管理实施规划两大类。建筑工程项目管理规划大纲是项目管理工作中具有战略性、全局性和宏观性的指导文件,也是在投标之前由企业的管理层或企业委托的项目管理单位编制的用以指导投标文件编制、满足招标文件要求和满足签订合同要求的规划性文件。建筑工程项目管理实施规划是在工程承包合同签订后,工程开工之前由项目经理主持编制的用以指导项目实施阶段管理的法规性文件。

工程项目管理规划大纲和工程项目管理实施规划的关系:后者是前者的延续、深化与具体化,前者是后者的编制依据。

编制建筑工程项目管理规划大纲的目的:对建筑工程项目的总目标、管理和投标过程进行全面规划,争取中标,并签订一个既符合发包人要求而承包商又能获得综合效益的工程承包合同。项目管理规划大纲可包括项目概况、项目范围管理规划、项目管理目标规划、项目管理组织规划、项目成本管理规划、项目进度管理规划、项目质量管理规划、项目职业健康安全与环境管理规划、项目采购与资源管理规划、项目信息管理规划、项目沟通管理规划、项目风险管理规划、项目收尾管理规划等内容,组织应根据需要选定。

编制建筑工程项目管理实施规划的目的:保证建筑工程项目安全、高效、有序地进行,全面完成工程承包合同责任,实现工程项目的目标。项目管理实施规划应包括项目概况、总体工作计划、组织方案、技术方案、进度计划、质量计划、职业健康安全与环境管理计划、成本计划、资源需求计划、风险管理规划、信息管理计划、项目沟通管理计划、项目收尾管理计划、项目现场平面布置图、项目目标控制措施、技术经济指标等内容。

实际上,建筑工程项目管理规划类似于通常所说的施工组织设计。

施工组织设计是我国长期工程建设实践中形成的一项管理制度,目前仍继续贯彻执行。当承包人以编制施工组织设计代替项目管理规划时,或者在编制投标文件中的施工组织设计时,应根据建筑工程项目管理的需要,增加相关的内容,使施工组织设计满足建筑工程项目管理规划的要求,满足投标竞争的需要。这样,当施工组织设计满足建筑工程项目管理的需要时,用于投标的施工组织设计也可称作建筑工程项目管理规划大纲,中标后编制的施工组织设计也可称为建筑工程项目管理实施规划。

## 1.5.2　建筑工程项目管理规划的编制方法

《建设工程项目管理规范》(GB/T 50326—2006)规定:

(1)项目管理规划大纲应由组织的管理层或组织委托的项目管理单位编制。

(2)项目管理实施规划应由项目经理组织编制。

### 1.5.2.1　项目管理规划大纲的编制

1. 项目管理规划大纲的编制依据

(1)可行性研究报告。

(2)设计文件、标准、规范与有关规定。

(3)招标文件及有关合同文件。

(4)相关市场信息与环境信息。

2. 项目管理规划大纲的编制工作程序

(1)明确项目目标。

(2)分析项目环境和条件。

(3)收集项目的有关资料和信息。

(4)确定项目管理组织模式、结构和职责。

(5)明确项目管理内容。

(6)编制项目目标计划和资源计划。

(7)汇总整理,报送审批。

### 1.5.2.2　项目管理实施规划的编制

1. 项目管理实施规划的编制依据

(1)项目管理规划大纲。

(2)项目条件和环境分析资料。

(3)工程合同及相关文件。

(4)同类项目的相关资料。

2. 项目管理实施规划的编制工作程序

(1)了解项目相关各方的要求。

(2)分析项目条件和环境。

(3)熟悉相关法规和文件。

(4)组织编制。

(5)履行报批手续。

# 学习单元1.6 建筑工程项目目标的动态控制

## 工作任务表

| 能力目标 | 主讲内容 | 学生完成任务 |
|---|---|---|
| 通过学习训练,使学生理解建筑工程项目目标动态控制的基本知识 | 着重介绍工程项目进度、投资动态控制的方法 | 根据本单元的基本条件,在学习过程中完成进度动态控制、投资动态控制的理解和掌握 |

## 1.6.1 项目目标动态控制的方法

我国在施工管理中引进项目管理的理论和方法已多年,但是运用动态控制原理控制项目的目标尚未得到普及,许多施工企业并不重视在施工进展过程中依据和运用定量的施工成本控制、施工进度控制和施工质量控制的报告系统指导施工管理工作,项目目标控制还处于相当粗放的状况。应认识到,运用动态控制原理进行项目目标控制将有利于项目目标的实现,并有利于促进施工管理科学化的进程。

由于项目实施过程中主客观条件的变化是绝对的,不变则是相对的;在项目进展过程中平衡是暂时的,不平衡则是永恒的,因此在项目实施过程中必须随着情况的变化进行项目目标的动态控制,项目目标的动态控制是项目管理的最基本的方法论。

### 1.6.1.1 项目目标动态控制的工作程序

(1)准备工作:目标分解;确定目标控制的计划值。

(2)动态跟踪和控制:收集、比较、纠偏。

①收集项目目标的实际值,如实际投资(成本)、实际施工进度和施工的质量状况等。

②定期(如每两周或每月)进行项目目标的计划值和实际值的比较。

③通过项目目标的计划值和实际值的比较,如有偏差,则采取纠偏措施进行纠偏。

(3)如有必要,调整项目目标。

### 1.6.1.2 项目目标动态控制的纠偏措施

(1)组织措施。分析由于组织的原因而影响项目目标实现的问题,并采取相应的措施,如调整项目组织结构、任务分工、管理职能分工、工作流程组织和项目管理班子人员等。

(2)管理措施(包括合同措施)。分析由于管理的原因而影响项目目标实现的问题,并采取相应的措施,如调整进度管理的方法和手段、改变施工管理和强化合同管理、改变施工机具的数量等。

(3)经济措施。分析由于经济的原因而影响项目目标实现的问题,并采取相应的措施,如落实加快工程施工进度所需的资金等。

(4)技术措施。分析由于技术(包括设计和施工的技术)的原因而影响项目目标实现的问题,并采取相应的措施,如调整设计、改进施工方法和改变施工机具等。

项目目标的动态控制是项目管理最基本的方法论。

当项目目标失控时,首先思考的应是采取组织措施,但是人们往往首先思考的是采取技术措施,而忽略可能或应当采取的组织措施和管理措施。

### 1.6.1.3　项目目标的事前控制

项目目标动态控制的核心是,在项目实施的过程中定期地进行项目目标的计划值和实际值的比较,当发现项目目标偏离时采取纠偏措施。为避免项目目标偏离的发生,还应重视事前的主动控制。

## 1.6.2　进度动态控制的方法

运用动态控制原理控制进度的步骤如下:

(1)工程进度目标的逐层分解。

工程进度目际的逐层分解是从项目实施开始前和在项目实施过程中,逐步地由宏观到微观,由粗到细编制深度不同的进度计划的过程。对于大型建设工程项目,应通过编制工程总进度规划、工程总进度计划、项目各子系统和各子项目工程进度计划等进行项目工程进度目标的逐层分解。

(2)在项目实施过程中对工程进度目标进行动态跟踪和控制。

①按照进度控制的要求,收集工程进度实际值。

②定期对工程进度的计划值和实际值进行比较。

进度的控制周期应视项目的规模和特点而定,一般的项目控制周期为一个月,对于重要的项目,控制周期可定为一旬或一周等。

③通过工程进度计划值和实际值的比较,如发现进度的偏差,则必须采取相应的纠偏措施进行纠偏,如分析由于管理的原因而影响进度的问题,并采取相应的措施、调整进度管理的方法和手段、改变施工管理和强化合同管理、及时解决工程款支付和落实加快工程进度所需资金、改进施工方法和改变施工机具等。

(3)如有必要(即发现原定的项目进度目标不合理,或原定的工程进度目标无法实现等),则调整工程进度目标。

## 1.6.3　投资动态控制的方法

运用动态控制原理控制投资的步骤如下:

(1)工程投资目标的逐层分解。

工程投资目际的逐层分解是指通过编制项目投资规划,分析和论证项目投资目标实现的可能性,并对项目投资目标进行分解。

(2)在项目实施过程中对工程投资目标进行动态跟踪和控制。

按照投资控制的要求,收集工程投资的实际值。

定期对工程投资的计划值和实际值进行比较。

投资的控制周期应视项目的规模和特点而定,一般的项目控制周期为一个月。投资控制包括设计过程的投资控制和施工过程的投资控制,其中前者更为重要。

在设计过程中投资的计划即工程概算与投资规划的比较,以及工程预算与概算的比较。在施工过程中投资的计划值和实际值的比较包括:工程合同价与工程概算的比较;工程合同价与工程预算的比较;工程款支付与工程概算的比较;工程款支付与工程预算的比较;工程款支付与工程合同价的比较;工程决算与工程概算的比较;工程合同价和工程预算的比较。

由上可知,投资的计划值和实际值是相对的,如相对于工程预算,工程概算是投资的计划值;相对于工程合同价,则工程概算和工程预算都可作为投资的计划值。

通过工程投资计划值和实际值的比较,如发现偏差,则必须采取相应的纠偏措施进行纠偏,如采用限额设计的方法、调整投资控制的方法和手段、采用价值工程的方法、制定节约投资的奖励措施、调整或修改设计、优化施工方法等。

(3)如有必要(即发现原定的项目投资目标不合理,或原定的工程投资目标无法实现等),则调整工程投资目标。

# 学习单元1.7　施工企业项目经理的工作性质、任务和责任

**工作任务表**

| 能力目标 | 主讲内容 | 学生完成任务 |
| --- | --- | --- |
| 通过学习训练,使学生理解项目经理部、项目经理、建造师的基本知识 | 着重介绍项目经理的工作性质、职责、权限 | 根据本单元的基本条件,在学习过程中完成工程项目经理相关概念的理解和掌握 |

## 1.7.1　施工企业项目经理部

### 1.7.1.1　施工企业项目经理部的含义

工程项目经理部(或工程项目部)是由企业选派的工程项目经理领导,以市场为指导、实行指标考核、责任经营管理的方式对工程项目进行管理的临时性管理机构,随着合同的签订而成立,随着项目的终结而解体,属于企业项目施工管理层,接受企业公司业务部门的指导,负责所承担的工程项目从开工到竣工全过程的管理工作,是企业组织生产经营的基础。

工程项目经理部是企业在某一工程上的一次性管理组织机构,是代表企业履行工程承包合同的主体,项目经理为项目部的最高领导,代表企业以业主满意的最终建设产品对业主全面负责。而工程项目经理部要当好参谋,为项目经理决策提供信息,执行工程项目经理的决策意图,对工程项目经理全面负责。工程项目经理部对作业层负有管理和服务的双重职能,其工作质量的好坏将对作业层的工作质量有重大影响。

工程项目经理部是一个管理组织,要完成项目管理任务和专业管理任务;要凝聚管理人员的力量,调动其积极性,促进合作;要协调部门之间、管理人员之间的关系,发挥每个人的岗位作用,为共同目标进行工作;要贯彻组织责任制,搞好管理;要及时沟通部门之间、工程项目经理部与作业层之间、与公司之间、与环境之间的信息。

**1.7.1.2　工程项目经理部设置的基本原则**

（1）责权利统一的原则。

不同的项目组织形式和不同的管理环境,对其管理职责有不同的要求,并有相应管理权限以及合理的利益分配,体现责权利统一的原则。

（2）组织现代化的原则。

按项目规模大小、技术复杂性的不同,按综合化、系统化设置科、组成员,反映目标要求,分工协作,达到精干和高效的目的。

（3）功能齐全的原则。

人员配置上能适应施工现场的经营、计划、合同、工程、调度、技术、质量、安全、资金、预算、核算、劳务、物资、机具以及分包管理的需要,设置专、兼职人员。

（4）弹性建制的原则。

工程项目经理部是非固定的一次性工程管理组织,无固定的管理队伍,根据施工进展,人员有进有出,应及时对组织进行优化调整,实行动态管理。

**1.7.1.3　工程项目经理部的组建**

（1）应根据所选择的项目组织形式组建工程项目经理部。

项目组织形式的不同决定了企业对项目管理方式的不同,提供的管理环境不同,以及对工程项目经理授予的权限不同。同时对工程项目经理部的管理力量配备以及管理职责的要求也不同。但不论何种项目组织形式,均要体现责权利的统一。

（2）应根据项目的规模、复杂程度和专业特点设置工程项目经理部。

如大型工程项目的工程项目经理部要设置职能部、处,中型工程项目的工程项目经理部要设置职能处、科,小型的只要设置职能人员即可。若工程项目的专业性很强,则设置相应的专业职能部门,如水电处、安装处等。工程项目经理部的设置应满足工程项目的目标要求,便于管理,有利于提高效率,体现组织现代化。

（3）应根据施工任务的需要适时调整。

工程项目经理部是弹性的、一次性的工程管理实体,不应成为一级固定组织,不设固定的管理队伍。应根据施工的进展、业务的变化,实施人员选聘进出,优化组织,适时调整,动态管理。工程项目经理部一般是在项目开工前组建,工程竣工交付使用后随之解体。

（4）工程项目经理部应适应现场施工的需要。

工程项目经理部人员配备应面向工程项目现场,可考虑设专职或兼职人员,功能上应满足施工现场的计划与调度、技术与质量、成本与核算、劳务与物资、安全与文明施工的需要。不应设置经营与咨询、研究与发展、政工与人事等与项目施工关系较少的非生产性部门。

（5）在工程项目管理机构建成后,应建立有益于组织运转的工作制度。

## 1.7.2　施工企业项目经理的工作性质

2003 年 2 月 27 日《国务院关于取消第二批行政审批项目和改变一批行政审批项目管理方式的决定》(国发〔2003〕5 号)规定:"取消建筑施工企业项目经理资质核准,由注册建造师代替,并设立过渡期"。

建筑业企业项目经理资质管理制度向建造师执业资格制度过渡的时间定为五年,即从国发〔2003〕5 号文印发之日起至 2008 年 2 月 27 日止。过渡期内,凡持有项目经理资质证书或者建造师注册证书的人员,经其所在企业聘用后均可担任工程项目施工的项目经理。过渡期满后,大中型工程项目施工的项目经理必须由取得建造师注册证书的人员担任;但取得建造师注册证书的人员是否担任工程项目施工的项目经理,由企业自主决定。

在全面实施建造师执业资格制度后仍然要坚持落实项目经理岗位责任。项目经理岗位是保证工程项目建设质量、安全、工期的重要岗位。

建筑施工企业项目经理(以下简称项目经理),是指受企业法定代表人委托,对工程项目施工过程全面负责的项目管理者,是建筑施工企业法定代表人在工程项目上的代表人。

建造师是一种专业人士的名称,而项目经理是一个工作岗位的名称。

在国际上,建造师的执业范围相当宽,可以在施工企业、政府管理部门、建设单位、工程咨询单位、设计单位、教学和科研单位等执业。施工企业项目经理的地位、作用以及特征如下:

(1)项目经理是企业任命的一个项目的项目管理班子的负责人(领导人),但并不一定是(多数不是)一个企业法定代表人在工程项目上的代表人,因为一个企业法定代表人在工程项目上的代表人在法律上赋予其的权限范围太大。

(2)项目经理的任务仅限于主持项目管理工作,其主要任务是项目目标的控制和组织协调。

(3)在有些文献中明确界定,项目经理不是一个技术岗位,而是一个管理岗位。

(4)项目经理是一个组织系统中的管理者,至于是否有人事权、财务权和物资采购等管理权限,则由其上级确定。

我国在施工企业中引入项目经理的概念已多年,取得了显著的成绩。但是,在推行项目经理负责制的过程中也有不少误区,如企业管理的体制与机制和项目经理负责制不协调,在企业利益与项目经理的利益之间出现矛盾;不恰当地、过分扩大项目经理的管理权限和责任;将农业小生产的承包责任机制应用到建筑大生产中,甚至采用项目经理抵押承包的模式,抵押物的价值与工程可能发生的风险极不相当等。

### 1.7.3　施工企业项目经理的任务

项目经理在承担工程项目施工管理过程中,履行下列四项职责:

(1)贯彻执行国家和工程所在地政府的有关法律、法规和政策,执行企业的各项管理制度。

(2)严格财务制度,加强财经管理,正确处理国家、企业与个人的利益关系。

(3)执行项目承包合同中由项目经理负责履行的各项条款。

(4)对工程项目施工进行有效控制,执行有关技术规范和标准,积极推广应用新技术,确保工程质量和工期,实现安全、文明生产,努力提高经济效益。

项目经理在承担工程项目施工的管理过程中,应当按照建筑施工企业与建设单位签订的工程承包合同,与本企业法定代表人签订项目承包合同,并在企业法定代表人授权范围内,行使以下管理权力:

(1)组织项目管理班子。

(2)以企业法人代表人的代表身份处理与所承担的工程项目有关的外部关系,受托签署有关合同。

(3)指挥工程项目建设的生产经营活动,调配并管理进入工程项目的人力、资金、物资、机械设备等生产要素。

(4)选择施工作业队伍。

(5)进行合理的经济分配。

(6)企业法定代表人授予的其他管理权力。

在一般的施工企业中设工程计划、合同管理、工程管理、工程成本、技术管理、物资采购、设备管理、人事管理、财务管理等职能管理部门(各企业所设的职能部门的名称不一,但其主管的工作内容是类似的),项目经理可能在工程管理部,或项目管理部下设的项目经理部主持工作。施工企业项目经理往往是一个工程项目施工方的总组织者、总协调者和总指挥者,它所承担的管理任务不仅依靠所在的项目经理部的管理人员来完成,还依靠整个企业各职能管理部门的指导、协作、配合和支持。项目经理不仅要考虑项目的利益,还应服从企业的整体利益。企业是工程管理的一个大系统,项目经理部则是其中的一个子系统。过分地强调子系统的独立性是不合理的,对企业的整体经营也会是不利的。

项目经理的任务包括项目的行政管理和项目管理两个方面,其在项目管理方面的主要任务是:

(1)施工安全管理。

(2)施工成本控制。

(3)施工进度控制。

(4)施工质量控制。

(5)工程合同管理。

(6)工程信息管理。

(7)工程组织与协调。

## 1.7.4　施工企业项目经理的责任

### 1.7.4.1　项目管理目标责任书

项目管理目标责任书应在项目实施之前,由法定代表人或其授权人与项目经理协商制定。编制项目管理目标责任书应根据下列资料:

(1)项目合同文件。

(2)组织的管理制度。

(3)项目管理规划大纲,组织的经营方针和目标。

项目管理目标责任书可包括下列内容:

(1)项目管理实施目标。

(2)组织与项目经理之间的责任、权限和利益分配。

(3)项目设计、采购、施工、试运行等管理的内容和要求。

(4)项目需要的资源的提供方式和核算办法。

(5)法定代表人向项目经理委托的特殊事项。

(6)项目经理部应承担的风险。

(7)项目管理目标的评价原则、内容和方法。

(8)对项目经理部奖励的依据、标准和办法。

(9)项目经理解职和项目经理部解体的条件及办法。

### 1.7.4.2　项目经理的职责

项目经理应履行下列职责：

(1)项目管理目标责任书规定的职责。

(2)主持编制项目管理实施规划,并对项目目标进行系统管理。

(3)对资源进行动态管理。

(4)建立各种专业管理体系,并组织实施。

(5)进行授权范围内的利益分配。

(6)收集工程资料,准备结算资料,参与工程竣工验收。

(7)接受审计,处理项目部解体的善后工作。

(8)协助组织进行项目的检查、鉴定和评奖申报工作。

### 1.7.4.3　项目经理的权限

项目经理应具有下列权限：

(1)参与项目招标、投标和合同签订。

(2)参与组建项目经理部。

(3)主持项目经理部工作。

(4)决定授权范围内的项目资金的投入和使用。

(5)制定内部计酬办法。

(6)参与选择并使用具有相应资质的分包人。

(7)参与选择物资供应单位。

(8)在授权范围内协调与项目有关的内、外部关系。

(9)法定代表人授予的其他权利。

项目经理应承担施工安全和质量的责任,要加强对建筑业企业项目经理市场行为的监督管理,对发生重大工程质量安全事故或市场违法违规行为的项目经理,必须依法进行严肃处理。项目经理对施工承担全面管理的责任：工程项目施工应建立以项目经理为首的生产经营管理系统,实行项目经理负责制。项目经理在工程项目施工中处于中心地位,对工程项目施工负有全面管理的责任。

在国际上,由于项目经理是施工企业内的一个工作岗位,项目经理的责任则由企业领导根据企业管理的体制和机制,以及根据项目的具体情况而定。企业针对每个项目有十分明确的管理职能分工表,在该表中明确项目经理对哪些任务承担策划、决策、执行、检查等职能,其将承担的则是相应的策划、决策、执行、检查的责任。

项目经理由于主观原因,或由于工作失误有可能承担法律责任和经济责任。政府主管部门将追究的主要是其法律责任,企业将追究的主要是其经济责任,但是,如果由于项目经理的违法行为而导致企业的损失,企业也有可能追究其法律责任。

### 1.7.5　施工企业项目经理的地位、能力要求和培养

#### 1.7.5.1　工程项目经理的地位

(1)工程项目经理是工程项目实施阶段的第一责任人。

工程项目经理是企业法人代表在工程项目上的委托负责管理和合同履行的授权代理人,是工程项目实施阶段的第一责任人。

从施工企业内部看,工程项目经理是工程项目全过程所有工作的总负责人,是工程项目动态管理的体现者,是工程项目生产要素合理投入和优化组合的组织者;从对外方面看,作为施工企业法人代表的企业经理,不直接对每个建设单位负责,而是由工程项目经理在授权范围内对建设单位直接负责。由此可见,工程项目经理是项目目标的全面实现者,既要对建设单位的成果性目标负责,又要对施工企业效益性目标负责。

(2)工程项目经理是协调各方面关系的桥梁和纽带。

工程项目经理是协调各方面关系,使之相互紧密协作、配合的桥梁和纽带,对工程项目经理目标的实现承担着全部责任,即承担合同责任,履行合同义务,执行合同条款,处理合同纠纷,受法律的约束和保护。

(3)工程项目经理对项目实施进行控制,是各种信息的集散中心。

工程项目自下、自外而来的信息,通过各种渠道汇集到项目经理的手中;项目经理又通过指令、计划和"办法"等,对上反馈信息,对下、对外发布信息,通过信息的集散达到控制的目的,使项目管理取得成功。

(4)工程项目经理是工程项目责、权、利的主体。

因为工程项目经理是项目总体的组织管理者,是项目中人、财、物、技术、信息和管理等所有生产要素的组织管理人。这一点不同于技术、财务等专业的总负责人。项目经理必须把组织管理职责放在首位,项目经理首先必须是项目的责任主体,是实现项目目标的最高责任者,而且目标的实现不应超出限定的资源条件。责任是实现项目经理责任制的核心,它构成了项目经理工作的压力,是确定项目经理权力和利益的依据。

#### 1.7.5.2　工程项目经理的素质和能力要求

工程项目经理作为工程项目的承包责任人,是工程项目的决策者、管理者和组织者。在企业内部项目经理向企业经理负责;对外,在企业经理授权时,可对业主负责。一个胜任的工程项目经理必须在政治思想素质、道德品质、知识结构、业务素质以及身心素质等方面具备良好的素质。他应在实际工作中经过了工程施工管理的锻炼,具有关于工程项目管理的实践经验(知识),具有较强的决策能力、组织能力、指挥能力和应变能力,能够带领项目经理部成员一起工作。此外,大中型项目的项目经理必须取得工程建设类相应专业注册执业资格证书。

**1. 工程项目经理的素质要求**

**1）政治思想素质**

工程项目经理应具备高度的政治思想觉悟，政策性强，有强烈的事业心、责任感，实事求是，敢于承担风险，有创新进取精神；有正确的经营管理理念，讲究经济效益；有团队精神，作风正派，能密切联系群众，发扬民主作风，大公无私，不谋私利；要言行一致，以身作则；任人唯贤，不计个人恩怨；坚持原则，奖惩分明；要有良好的职业道德和团队协作精神，遵纪守法、爱岗敬业、诚信尽责。

**2）道德品质**

工程项目具有一次性的特点，工程项目管理的成败取决于项目经理的能力和工作态度。因此，项目经理必须具有良好的职业道德，工作积极认真，任劳任怨，勇于挑战，敢于承担责任，公平正直，具有合作精神。

**3）知识结构**

工程项目经理应具备可以承担工程项目管理任务的专业技术知识，应该是土木工程专业的内行，能够鉴别项目的工艺设计、设备选型、安装调试，熟悉土建施工技术；同时还必须具有广泛的知识面，具备一定的专业管理、经济和法律法规知识，学习和掌握工程项目管理、决策论、运筹学理论、网络技术、价值工程和质量管理、领导科学、合同法等相关知识。

工程项目经理应受过有关的专门培训，取得任职资质证书，具备工程项目经理资质管理规定的工程实践经历、经验和业绩，有处理工程实际问题的能力。工程项目经理和承担涉外工程的工程项目经理最好能熟练掌握一门外语。

**4）业务素质**

工程项目经理应对项目管理过程中发生的问题和矛盾有敏锐的洞察力，能迅速做出正确的分析和判断。有解决问题的严谨思维能力；多谋善断，有当机立断的科学决策能力；在安排工作和生产经营活动时，有协调人力、物力、财力，排除干扰实现预期目标的组织控制能力；有善于沟通上下级关系、内外关系、同事之间关系，调动各方面积极性的公关能力；有知人善任、任人唯贤，以及善于发现人才、提拔使用人才的用人能力。

**5）身心素质**

工程项目经理应年富力强、精力充沛、身体健康、思维敏捷、记忆力良好，同时还要有坚强的毅力和决心，以及健康的情感和心理素质。

项目经理不应同时承担两个或两个以上未完项目领导岗位的工作。在项目运行正常的情况下，组织不得随意撤换项目经理。当有特殊原因需要撤换项目经理时，应进行审计并按有关合同规定报告相关方。

**2. 工程项目经理的能力要求**

项目经理面临的工作任务是复杂的，这就要求项目经理应具有高度的灵活性、适应性、工作协调能力、说服能力、交流技巧、处理突发事件的应变能力，以及在激烈的竞争和复杂的组织关系中寻求生存的能力。换句话说，一个成功的项目经理，需要有坚强的性格和毅力、高超的管理能力、熟练的技术手段。

项目经理应具备的能力描述如下。

1）领导能力

领导能力包括指导能力、授权能力和激励能力三个方面。指导能力是指项目经理能够指导项目团队成员去完成项目;授权能力是指项目经理能够赋予项目团队成员相应的权力,让他们可以做出与自己工作相关的决策;激励能力是指项目经理懂得怎样激励队员,并设计出一种富于支持和鼓励的工作环境。

2）决策能力

决策能力是一种综合的判断能力,即面对几个方案或错综复杂的情况时,能够迅速分析、做出正确的判断,果断采取行动。

3）沟通能力

项目经理应该是一个良好的沟通者,他需要与项目团队成员、承包商、客户、公司高层管理人员以及建设单位、政府相关职能部门定期进行交流沟通。因为只有进行充分的交流沟通,才能及时掌握工程方面的即时信息,发现潜在的问题并予以改正,保证项目的顺利进行。

4）人际交往能力

项目经理无时无刻不在和工程施工过程参与各方以及建设单位、政府职能部门发生这样或那样的关系,因此具备良好的人际交往能力,处理好与各方的关系是项目经理必备的技能。

5）人员开发能力

项目经理的人员开发能力是指一个优秀的项目经理在完成项目的同时,能对项目团队人员进行训练和培养,使他们能够将项目视为增加自身价值的机会。

### 1.7.5.3　项目经理的培养和选拔

工程项目经理是决定工程项目管理成败的关键人物,因此选择合适的项目经理是非常重要的。项目经理的选择必须遵守一定的原则,按照一定的程序进行。选择项目经理应坚持的原则:选择方式必须有利于人才选拔;项目经理产生的程序必须具有一定的资质审查和监督机制;最后决定权属于企业法定代表人;逐步采用从人才市场上竞争上岗的选拔和聘任方式。

目前,一般是从工程师、经济师以及有专业特长的工程技术管理人员中,发现那些熟悉专业技术、懂得管理知识、表现出有较强组织能力和社会能力的人,经过基本素质考察后,作为项目经理预备人才加以有组织、有目的的培训。培训的关键是在其取得专业工作经验以后,给予从事项目管理实践锻炼的机会,使之既挑担子,又接受考察,逐步具备项目经理的任职条件,然后上岗。在锻炼的过程中,重点锻炼其在项目设计、施工、采购和管理方面的技能。此外,在项目计划安排、网络计划编制、工程概预算和估算、招标投标工作、合同业务、质量检验、技术措施制定,以及财务结算等方面均要给予学习和锻炼的机会。

大中型工程的项目经理,在上岗前要在资历深的项目经理的带领下,接受项目副经理、助理或见习项目经理的锻炼,或独立承担小型项目经理工作。经过实践锻炼,确实证明其有担任大中型工程项目经理的能力后,才能委以大中型项目经理的重任。但在初期,还应给予指导、培养与考核,进一步开阔其眼界,丰富其经验,使其逐步成长为德才兼备、理论和实践兼能、法律和经济兼通、技术和管理兼行的项目经理。

# 学习单元1.8　监理工程师的工作性质和作用

**工作任务表**

| 能力目标 | 主讲内容 | 学生完成任务 |
| --- | --- | --- |
| 通过学习训练,使学生理解监理工程师的任务、责任、地位、能力要求和培养的基本知识 | 着重介绍监理工程师的任务、责任和能力要求 | 根据本单元的基本条件,在学习过程中完成监理工程师的任务、责任、能力要求的理解和掌握 |

## 1.8.1　建设工程监理的概念

监理的内涵十分丰富,但最基本的意思是指执行者为了使某项活动达到一定要求,依据这项活动应遵守的准则,对从事这项活动的人或组织的行为进行监督管理。监理包括监督、控制、咨询、指导、服务等功能。

建设工程监理是一种特定的监理活动,概括地说,就是对建设工程活动实施的监理。作为一种特定的监理活动,建设工程监理可以完整地表述为:为了保证工程建设活动符合国家规范和业主的要求,具有相应资质的社会化、专业化的建设工程监理单位接受业主的委托和授权,依据工程建设的有关批准文件、法律和法规、技术标准、经济和政策、合同文件等,对工程建设活动进行的监督管理。

我国《建筑法》对当前建筑工程监理的定位是:"建筑工程监理应当依照法律、行政法规及有关的技术标准、设计文件和建筑工程承包合同,对承包单位在施工质量、建设工期和建设资金使用等方面,代表建设单位实施监督。"

## 1.8.2　建设工程监理的性质、任务和特点

### 1.8.2.1　建设工程监理的性质

在工程建设中,建设工程监理既不同于承建单位的承建活动,也不同于政府的监督管理活动,它具有一系列独特的性质。

#### 1.服务性

监理单位是在接受业主委托的基础上,对工程建设活动实施监理。其工作的实质是为业主提供技术、经济、法律等方面的服务。监理单位在工作中既不直接参加工程的承建活动,也不对工程进行投资,而是接受业主的委托,对工程建设活动进行监督管理,所收取的监理费是提供服务的报酬。业主是监理的委托方,也是监理单位的客户和服务对象;监理单位是监理的受托方,负责处理业主委托的事务。业主和监理单位之间要订立监理委托合同(即建设工程监理合同),以明确双方的权利和义务关系。

需要指明的是,监理单位和承建单位是监理和被监理的关系,它们之间不存在合同关系;监理单位受业主的委托对承建单位进行监督管理,不存在监理单位为承建单位服务的问题;在工程建设中,监理单位为承建单位提供的技术支持是指导、控制和纠正的性质,不

是服务性质。

**2. 科学性**

在工程建设管理的发展过程中,建设工程监理能逐步成为一项专门业务,是因为它具有高技术、高智能的性质,有严密的科学性和相对的独立性,是其他工作所不能替代的。从技术角度上讲,建设工程监理涉及设计、施工、材料、设备等多方面技术,必须按照相应的科学规律办事,才能实现监理的目的;从业务范围上讲,建设工程监理不仅涉及技术,还涉及经济、法律等多方面的问题,要求监理人员具备相应的知识和能力;从服务性质方面讲,监理单位只有提供高技术、高智能的服务,才能吸引业主委托授权,成为一类独立的中介组织;从社会效益方面讲,工程建设是关系国计民生的大事,维系着人民的生命财产安全,牵涉到公众的利益,监理人员必须以科学的态度和方法,以及高度的责任感来完成这项任务。

**3. 独立性**

建设监理的独立性主要体现在以下两个方面:

一方面,监理单位虽然接受业主的委托,为业主提供服务,但它并不是业主的附属物,而是一个独立的法人单位,要在建设工程监理合同规定的范围内依法独立地行使职权和开展工作。监理单位和业主在合同中的地位是平等的,监理合同一经订立,在授权范围内,业主不得随意干预监理单位的正常工作。

另一方面,建设工程监理必须独立于承建活动,监理人员不得与承建单位发生经营性的隶属关系。监理单位及其人员不得在经济利益上和承建单位及其人员有关系。所以,监理单位是建设活动中独立于业主和承建单位,即甲、乙双方以外的第三方中介组织。

**4. 公正性**

保持建设工程监理独立性的主要目的是保证建设工程监理的公正性。工程建设的监理依据,不仅是业主的意图,还有法律、法规和技术标准等。监理单位不仅要对业主负责,还要对法律、法规和技术标准负责。当业主和承建单位发生矛盾时,监理单位要站在公正的立场上,以法律、法规、技术标准、建设合同为依据,公平地维护业主和承建单位的合法权益。建设工程监理的公正性,并不排斥其服务性,监理单位必须在法律、规范、合同允许的范围内努力实现业主的意愿。

综上所述,建设工程监理必须严格遵循工程建设的科学规律,坚持科学性的原则,提供高技术、高智能的服务,才能被社会所接受。所以,监理单位应该是知识密集型、技术密集型的组织;监理人员要具备相当的学历,丰富的工程建设实践经验,综合的技术、经济、法律方面的知识和能力,并经权威机构考核认证,注册登记。

### 1.8.2.2　建设工程监理的任务

工程建设各个阶段的监理,都是围绕质量、工期及投资控制和合同管理、安全生产管理、信息管理及组织协调等工作来展开的。所以,建设工程监理的任务可以概括为通过建设工程合同的管理和现场各方面的协调工作,实现质量、工期和投资的有效控制,达到建设工程顺利而高效进行的目的。从建设工程监理的具体业务上看,还可以把建设工程监理的任务总结为三控制、三管理和一协调。所谓三控制,即质量控制、投资控制和工期控制;所谓三管理,即合同管理、安全生产管理和信息管理;所谓一协调,即工程建设过程中各种矛盾和问题的协调。

1. 建设工程质量控制

建设工程的质量是业主最关心的问题之一,也是建设工程监理的主要任务之一。建设工程质量包括工程本身的质量和建设过程中各项活动的质量。建设工程监理的任务,就是要通过各种手段控制建设中与质量有关的各种活动和工程质量形成的过程,使其达到标准、规范和业主的要求,实现建设工程的预期功能。工程的质量取决于建设活动的质量,作为建设活动的主要承担者——承建单位,首先应该对质量进行严格自控,监理单位作为监督管理方,从另一个角度对工程质量实施控制。

工程质量控制的主要内容有:按照ISO9000的要求和全面质量管理的原理建立质量保证体系;对建设工程质量的各类因素进行控制;按照国家技术标准、规范对工程质量进行检查和评定;运用数理统计方法对工程质量的形成过程进行统计分析和质量成本分析等。

2. 建设工程进度控制

建设工程进度控制的主要目的是要保证建设工程在合理的工期内完成。建设工程是一项复杂的系统工程,受到多种因素的影响,工期往往难以控制。如果建设工程的进度无法有效控制,导致工期延误,不仅会影响投资效益的正常发挥,还会引起投资失控,这是一个令投资者十分伤脑筋的问题。建设工程监理就是要通过科学的方法,协调建设中各方面的关系,解决影响进度的各种矛盾,有效地控制进度。

建设工程进度控制的主要内容是:运用网络计划技术等科学的计划方法编排工程进度,合理安排建设中的各类资源;对工程进度计划的实施过程进行检查、监督、调整,及时纠正偏差,保证工程按计划进行;正确处理不可避免的工程延期中的各种问题,尽量降低工程延期带来的损失。

3. 建设工程投资控制

建设工程投资的多少,始终是每一位业主最关心的问题,对建设工程投资的控制也是建设工程监理的主要任务之一。由于建设工程的可变因素较多,在建设过程中投资数额完全不变化是不可能的,关键是如何控制。建设工程监理要对工程造价形成差异的各个环节进行严密监控,及时处理影响工程造价的各种问题,把投资控制在合理的范围内。

建设工程投资控制的主要内容有:正确进行投资决策,正确估算投资数额;控制设计标准,做好设计概算;认真组织施工招标、投标,准确编制施工图预算;严格控制施工过程中的工程变更,及时办理有关手续;正确处理工程索赔事件,避免不必要的损失;认真审核工程量,按进度拨付工程款;收集、整理施工的各种变更资料,正确办理工程结算。

4. 建设工程合同管理

质量、工期、投资三方面的控制是建设工程监理的最终目的,而建设工程合同管理是实现这些目的的重要手段。建设工程是一个由多方行为主体共同参与的系统,这些行为主体通过合同联系在一起。合同是工程建设得以顺利实施的纽带和基础,也是建设工程监理的主要依据。监理单位在实施监理时必须以相应阶段的建设工程合同为依据,监督管理工程建设中的各项活动,促使承建单位和业主全面履行合同,通过合同的履行实现建设工程监理的目的。

建设工程合同管理的主要内容有:选择适当的标准合同条件,协助业主和承建方协商合同的具体条款;为合同履行创造条件,促使双方正确、全面地履行合同;对双方履行合同提供咨询,协调合同履行中的矛盾和问题;正确处理合同变更,协助办理有关手续。

### 1.8.2.3 建设工程监理的意义

实施建设工程监理制,是工程建设管理方式的重大改革,是工程建设管理和国际惯例接轨、步入现代化的标志,对于提高工程质量、加快工程进度、降低工程造价、维护市场秩序、提高工程建设管理水平,都具有重要意义。

1. 有利于提高工程质量

工程质量取决于工程建设过程中各个环节的工作质量,包括工程建设准备、工程勘察设计、工程施工、后期服务等。在传统的工程建设管理模式中,由于没有实行建设工程监理,建设工程的监督和管理只能由政府或业主来实施;没有专门的监督管理机构和人员,无法实现专业化,使建设工程的监督管理工作停留在低水平的层次上,缺乏科学性。在传统的建设工程管理模式下,工程质量主要依靠建设工程各环节实施者的工作来实现,一旦实施者的工作出现失误,又没有专业人员监督把关,工程质量事故就难以避免。实施建设工程监理后,由监理工程师对建设过程进行监督管理,使工程质量多了一道保险。由于监理工程师都是各方面的专业人员,他们在技术上对建设过程进行把关,对提高工程质量无疑是具有重要意义的。

2. 有利于加快工程进度

工程项目建设的进度受到各方面因素的影响。有甲方的原因,也有乙方的原因;有自然因素的影响,也有社会因素的影响。必须对参与工程建设的各方进行有效的协调,才能保证工程进度按计划进行。没有实行建设工程监理以前,工程建设中的协调工作通常由业主自行解决,甲、乙双方经常因为工程进度问题发生矛盾,互相推诿,无法分清责任,难以保证合同工期。实行建设工程监理后,监理工程师以第三方的身份出现,站在公正的立场上,以工程合同为依据处理建设中的各种问题,协调各方关系,确保合同工期的实现,从而推动了工期进度的加快。

3. 有利于降低工程造价

工程项目在建设过程中,经常因为各种原因导致造价提高,甚至失控。究其原因,主要是由工程变更引起的。工程变更在工程建设中一般难以避免,这种变更往往会引起造价的波动。在没有实行建设工程监理的情况下,业主由于专业知识和能力上的限制,很难正确地估计工程变更带来的价格变化,从而导致造价失控。实行建设工程监理后,监理工程师有责任对每一次工程变更进行论证,测算对工程造价的影响并通知业主。对于不合理的变更或业主无法接受的价格变动,要阻止或提出修改意见,使工程造价始终处在控制之中。另外,监理工程师在保证工程质量的前提下,还可以对设计和施工方案提出有利于降低工程成本的修改意见,从而降低工程造价。

4. 有利于维护市场秩序,提高工程建设管理水平

从市场经济角度上讲,建设工程监理是一种中介行为。中介机构参与市场活动,有利于维护市场秩序和商品交易的正常进行。对于一般的简单商品而言,中介机构的意义并不大,买卖双方可以顺利完成交易。但对于建设工程这样一种复杂的商品交易活动,离开

了中介机构的参与,则难以维持正常的市场秩序。因为对于业主来说,不可能都是建设工程方面的专家,在没有中介机构参与的情况下,只能凭经验和感觉进行工程建设管理;对于承建单位来说,由于没有专业的监督管理,也很难规范自己的行为。在这样一种状况下,建筑市场的秩序是很难维持的。业主和承建单位都可能因为担心利益受损,向对方提出不合理的要求,以保护自己的利益,也容易出现欺诈行为。建设工程监理的出现,相当于在业主和承建单位之间搭起一座桥梁,协助双方规范地完成工程建设这一复杂的商品交易活动,实现各自的目的。毫无疑问,实施建设工程监理,对于建立正常的市场秩序、维护业主和承建单位双方的利益,都是大有益处的。

从建设工程管理角度上讲,建设工程监理实现了建设工程监督管理工作的专门化。这既是工程建设管理现代化的标志,也是国际惯例的要求。实施建设工程监理,意味着建设工程监督管理成为一种专门职业,这对于提高工程建设的管理水平有重要意义。一方面,业主再没有必要组建强大的建设管理队伍,只要把监督管理业务委托给监理单位即可,此时业主的注意力集中在投资决策上,这样既可以减少资源浪费,又可以提高管理水平和投资效益;另一方面,承建方是和专家们打交道,这样既可以提高自身的水平,又可以维护自身的利益,规范自己的行为。建设工程监理成为一种市场行为,监理单位为了取得业主的信任,占领市场,也必须努力提高自身的素质,加强管理,从而使工程建设管理的整体水平得到提高。

#### 1.8.2.4　建设工程监理的特点

##### 1.建设工程的监理者是监理单位

按照国家有关法规,建设工程监理必须由监理单位实施,即只有监理单位才能作为建设工程监理的执行者。除监理单位外,政府建设行政主管部门和业主也要对建设工程进行监督管理,但不属于监理性质,因此不能作为监理者。监理单位是独立于业主的建设管理行为和承建单位的建设承建行为之外的第三方中介服务组织,它接受业主的委托,对工程建设活动实施监理。

##### 2.建设工程的监理对象是承建单位和承建单位的行为

实行建设工程监理的项目建设中,承建单位一旦承包了工程建设业务,就成为被监理者,其建设行为则构成被监理行为。承建单位在工程项目建设的实施过程中,不仅要接受政府建设行政主管部门和业主的监督管理,更重要的是要接受监理单位的监督管理。工程建设的承建单位包括勘察单位、设计单位、施工单位、材料供应单位、设备供应单位等。

##### 3.建设工程有明确的监理依据。

建设工程监理的依据主要有工程建设法规、工程建设文件、工程技术标准、工程价格标准、建设工程委托监理合同和有关的建设工程合同等。监理单位必须依据上述文件进行监理,参加工程建设的各承建方都要遵守这些法律和法规、标准和规范、合同文件的有关规定,在这些规定的基础上建立合作关系。

### 1.8.3　监理工程师

#### 1.8.3.1　监理工程师概述

注册监理工程师是指经考试取得中华人民共和国监理工程师资格证书(以下简称资

格证书),并按照规定注册,取得中华人民共和国注册监理工程师注册执业证书(以下简称注册证书)和执业印章,从事工程监理及相关业务活动的专业技术人员。未取得注册证书和执业印章的人员,不得以注册监理工程师的名义从事工程监理及相关业务活动。

1. 注册监理工程师享有的权利

使用"注册监理工程师"称谓;在规定范围内从事执业活动;依据本人能力从事相应的执业活动;保管和使用本人的注册证书和执业印章;对本人执业活动进行解释和辩护;接受继续教育;获得相应的劳动报酬;对侵犯本人权利的行为进行申诉。

2. 注册监理工程师应当履行的义务

遵守法律、法规和有关管理规定;履行管理职责,执行技术标准、规范和规程;保证执业活动成果的质量,并承担相应责任;接受继续教育,努力提高执业水准;在本人执业活动所形成的工程监理文件上签字、加盖执业印章;保守在执业中知悉的国家秘密和他人的商业、技术秘密;不得涂改、倒卖、出租、出借或者以其他形式非法转让注册证书或者执业印章;不得同时在两个或者两个以上单位受聘或者执业;在规定的执业范围和聘用单位业务范围内从事执业活动;协助注册管理机构完成相关工作。

### 1.8.3.2　监理工程师执业资格考试、注册和继续教育

监理工程师执业资格考试由住建部和人社部共同负责组织协调和监督管理。其中,住建部负责组织拟定考试科目,编写考试大纲、培训教材和命题工作,对考试统一规划和组织考前培训。人社部负责审定考试科目、考试大纲和试题,组织实施各项考务工作,会同住建部对考试进行检查、监督、指导和确定考试合格标准。

1. 执业资格考试报名条件

凡中华人民共和国公民,遵纪守法并具备以下条件之一者,均可申请参加全国监理工程师执业资格考试:工程技术或工程经济专业大专(含大专)以上学历,按照国家有关规定,取得工程技术或工程经济专业中级职务,并任职满 3 年;按照国家有关规定,取得工程技术或工程经济专业高级职务;1970 年(含 1970 年)以前工程技术或工程经济专业中专(含中专)毕业,按照国家有关规定,取得工程技术或工程经济专业中级职务,并任职满 3 年。

2. 考试科目

考试设《建设工程监理基本理论与相关法规》《建设工程合同管理》《建设工程质量、投资、进度控制》《建设工程监理案例分析》共四个科目。

3. 免试部分科目报名条件

对于从事建设工程监理工作且同时具备下列四项条件的报考人员,可免试《建设工程合同管理》和《建设工程质量、投资、进度控制》两个科目,只参加《建设工程监理基本理论与相关法规》和《建设工程监理案例分析》两个科目的考试:1970 年(含 1970 年)以前工程技术或工程经济专业中专(含中专)以上毕业;按照国家有关规定,取得工程技术或工程经济专业高级职务;从事工程设计或工程施工管理工作满 15 年;从事监理工作满 1 年。

### 1.8.3.3　监理工程师注册

根据《注册监理工程师管理规定》(建设部 147 号令),注册监理工程师实行注册执业

管理制度。取得资格证书的人员,经过注册方能以注册监理工程师的名义执业。

注册监理工程师依据其所学专业、工作经历、工程业绩,按照《工程监理企业资质管理规定》划分的工程类别,按专业申请注册,由省、自治区、直辖市人民政府建设主管部门初审,国务院建设主管部门审批。每人最多可以申请两个专业注册,注册证书和执业印章的有效期为3年。申请初始注册,应当具备以下条件:全国注册监理工程师执业资格统一考试合格,并取得资格证书;受聘于一个相关单位;达到继续教育要求。

对申请变更注册、延续注册的,省、自治区、直辖市人民政府建设主管部门应当自受理申请之日起5日内审查完毕,并将申请材料和初审意见报国务院建设主管部门。国务院建设主管部门自收到省、自治区、直辖市人民政府建设主管部门上报材料之日起,应当在10日内审批完毕并做出书面决定。

根据《注册监理工程师管理规定》(建设部147号令)第十三条规定,申请人有下列情形之一的,不予初始注册、延续注册或者变更注册:不具有完全民事行为能力的;刑事处罚尚未执行完毕或者因从事工程监理或者相关业务受到刑事处罚,自刑事处罚执行完毕之日起至申请注册之日止不满2年的;未达到监理工程师继续教育要求的;在两个或者两个以上单位申请注册的;以虚假的职称证书参加考试并取得资格证书的;年龄超过65周岁的;法律、法规规定不予注册的其他情形。

#### 1.8.3.4 监理工程师继续教育

注册监理工程师在每一注册有效期内应当达到国务院建设主管部门规定的继续教育要求。继续教育作为注册监理工程师逾期初始注册、延续注册和重新申请注册的条件之一。继续教育分为必修课和选修课,两门课在每一注册有效期内各为48学时。

### 1.8.4 工程监理企业的资质管理和企业管理

#### 1.8.4.1 工程监理企业的资质管理

建设工程监理企业资质是指工程监理企业的综合实力,包括企业技术能力、业务及管理水平、经营规模、社会信誉等,它主要体现在监理能力和监理效果上。建设工程监理企业应当按照所拥有的注册资本、专业技术人员数量和监理业绩等资质条件申请资质。经审查合格,取得相应等级的资质证书后,才能在其资质等级许可的范围内从事工程监理活动。

建设工程监理企业的资质包括主项资质和增项资质。建设工程监理企业如果申请多项专业工程资质,则其主要选择的一项为主项资质,其余的为增项资质。增项资质级别不得高于主项资质级别。

为了加强对建设工程监理企业的资质管理,保障其依法经营业务,促进建设工程监理事业的健康发展,国家建设行政主管部门对建设工程监理企业资质管理工作制定了相应的管理规定。根据我国现阶段管理体制,我国建设工程监理企业的资质管理确定的原则是"统分结合",按中央和地方两个层次进行管理。

国务院建设行政主管部门负责全国建设工程监理企业资质的归口管理工作。涉及铁道、交通、水利、信息产业、民航等专业工程监理资质的,由国务院铁道、交通、水利、信息产业、民航等有关部门配合国务院建设行政主管部门实施资质管理工作。省、自治区、直辖市人民政府建设行政主管部门负责本行政区域内建设工程监理企业资质的归口管理工作,省、自治区、直辖市人民政府交通、水利、通信等有关部门配合同级建设行政主管部门实施相关资质类别的建设工程监理企业资质的管理工作。

建设工程监理企业资质管理,主要是指对建设工程监理企业的设立、变更、终止等的资质审查或批准及资质年检工作等。

### 1.8.4.2　工程监理企业的经营活动基本准则

建设工程监理企业从事建设工程监理活动,应当遵循"守法、诚信、公正、科学"的准则。

**1. 守法**

守法即遵守国家的法律法规。对于建设工程监理企业来说,守法也就是要依法经营,主要体现在以下几个方面:建设工程监理企业只能在核定的业务范围内开展经营活动;认真履行监理委托合同;建设工程监理企业若离开原住所地承接监理业务,要自觉遵守当地人民政府颁发的监理法规和有关规定,主动向监理工程所在地的省、自治区、直辖市建设行政主管部门备案登记,接受其指导和监督管理。

**2. 诚信**

诚信即诚实守信用。信用是企业的一种无形资产,加强企业信用管理、提高企业信用水平,是完善我国工程监理制度的重要保证。建设工程监理企业应当建立健全企业的信用管理制度,及时主动与业主进行信息沟通,增强相互间的信任,定期检查和评估企业诚信度。

**3. 公正**

公正是指建设工程监理企业在监理活动中既要维护业主的利益,又不能损害承建单位的合法权益,并依据合同公平合理地处理业主与承建单位之间的争议。建设工程监理企业要做到公正,应该具有良好的职业道德,坚持实事求是,熟悉有关建设工程合同条款,提高专业技术能力,提高综合分析判断问题的能力。

**4. 科学**

科学是指建设工程监理企业要依据科学的方法,运用科学的手段做好监理工作。工程监理工作结束后,还要进行科学的总结。

### 1.8.4.3　工程监理企业的企业管理

强化企业管理,提高科学管理水平,是建立现代企业制度的要求,也是监理企业提高市场竞争能力的重要途径。监理企业管理应抓好成本管理、资金管理、质量管理,增强法治意识,依法经营管理。

**1. 采取基本管理措施**

市场定位:要加强自身发展战略研究,制定和实施适应市场的明确的发展战略、技术创新战略,并根据市场变化适时调整。管理方法现代化:要广泛采用现代管理技术、方法和手段,推广先进企业的管理经验,借鉴国外企业现代管理方法。应当积极推行ISO9000质量管理体系贯标认证工作,严格按照质量手册和程序文件的要求规范企业的各项工作。

建立市场信息系统:要加强现代信息技术的运用,建立敏捷、准确的市场信息系统,掌握市场动态。严格贯彻实施《建设工程监理规范》(GB 50319—2000):企业应结合实际情况,制定相应的《建设工程监理规范》(GB 50319—2000)实施细则,组织全员学习,在签订监理委托合同、实施监理工作、检查考核监理业绩、制定企业规章制度等各个环节中,都应当以该规范为主要依据。

2.建立健全各项内部管理规章制度

签订委托监理合同应当以《建设工程监理规范》(GB 50319—2000)为监理企业的规章制度,一般包括组织管理、人事管理、劳动合同管理、财务管理、经营管理、设备管理、科技管理、档案文书管理及项目监理机构管理等。有条件的监理企业,还要注重风险管理,实行监理责任保险制度,适当转移责任风险。

3.进行市场开发

建设工程监理企业承揽监理业务的方式有两种:一是通过投标竞争取得监理业务;二是由业主直接委托取得监理业务。通过投标取得监理业务,是市场经济体制下比较普遍的形式。《中华人民共和国招标投标法》明确规定,关系公共利益安全、政府投资、外资工程等实行监理必须招标。在不宜公开招标的机密工程或没有投标竞争对手的情况下,或是工程规模比较小、比较单一的监理业务,或是对原建设工程监理企业的续用等情况下,业主也可以直接委托建设工程监理企业。

### 1.8.4.4　建设工程监理企业及项目监理的组织机构

建设工程监理企业是指取得工程监理企业资质证书,具有法人资格的监理公司、监理事务所和兼承监理业务的工程设计、科学研究及工程建设咨询的单位,它是监理工程师的执业机构。

1.按企业组织形式分类

公司制监理企业:可分为有限责任公司和股份有限公司两类。

合资工程监理企业:既包括国内企业合资组建的工程监理企业,又包括中外企业合资组建的工程监理企业。

合作工程监理企业:对于工程规模大、技术复杂的建设工程项目,当一家工程监理企业难以胜任时,往往由两家至多家工程监理企业共同合作监理,并组成合作工程监理企业,经工商局注册后以独立法人的资格享有民事权利,承担民事责任。仅合作监理而不注册的,不构成合作工程监理企业。

2.按隶属关系分类

独立法人工程监理企业,附属机构工程监理企业。这是指企业法人中专门从事建设工程监理工作的内设机构。如一些科研单位、设计单位内设的"监理部"。

目前,我国把土木工程按照工程性质和技术特点分为14个专业工程类别,它们分别是房屋建筑工程、公路工程、铁路工程、民航机场工程、港口及航道工程、水利水电工程、电力工程、矿山工程、冶炼工程、石油化工工程、市政公用工程、通信广电工程、机电安装工程和装饰装修工程。每个专业工程类别按照工程规模或技术复杂程度又分为三个等级。

3.按资质等级分类

工程监理企业可分为综合资质、专业资质和事务所资质;其中,专业资质又可分为甲、乙、丙三个资质等级。

## 1.8.5　建设工程监理大纲、规划和监理实施细则

### 1.8.5.1　建设工程监理工作文件的构成

建设工程监理是一种特殊的工程建设活动,具有服务性、科学性、公正性、独立性的性质。其工作的基本方法主要包括目标规划、动态控制、组织协调、信息管理、合同管理及安全生产管理六大手段。其中,目标规划是监理工作的基础。取得监理业务与指导监理工作的主要文件有监理大纲、监理规划及监理实施细则。

### 1.8.5.2　监理大纲

监理大纲是监理工作大纲的简称,也称为监理方案,是监理投标文件的重要组成部分,是监理企业为承揽监理业务而编写的方案性文件。如果业主采用招标方式选择监理企业,监理大纲就可以作为投标书或投标书的主要组成部分。监理大纲的作用主要有:

(1)监理大纲是为了使业主认可监理企业所提供的监理服务,从而承揽到监理业务。

(2)监理大纲是为中标后监理单位开展监理工作制订的工作方案,是中标监理项目委托监理合同的重要组成部分,是监理工作总的要求。

### 1.8.5.3　监理规划

建设工程监理规划是监理单位接受业主委托并签订建设工程监理委托合同之后,在监理工作开始之前编制的。监理规划是在总监理工程师的主持下编制,经监理单位技术负责人批准,用来指导项目监理机构全面开展监理工作的指导性文件,可以使监理工作规范化、标准化,其作用如下:

(1)指导工程项目监理单位、项目监理组织全面开展监理工作。

监理规划需要对项目监理机构开展的各项监理工作做出全面、系统的组织和安排。它包括确定监理工作目标,制定监理工作程序,确定动态控制、合同管理、信息管理、安全生产管理及组织协调等各项工作措施和确定各项工作的方法和手段,其基本作用就是指导项目监理机构全面开展监理工作。

(2)监理规划是业主确认监理企业能否全面、认真履行合同的主要依据。

监理企业如何履行监理合同,如何落实业主委托监理企业所承担的各项监理服务工作,作为监理的委托方,业主不但需要而且应当了解和确认。同时,业主有权监督监理企业全面、认真地执行监理合同。而监理规划正是业主了解和确认这些情况的重要资料,是业主确认监理企业是否能够履行监理合同的依据性文件。

(3)监理规划是工程监理主管机构对监理企业监督管理的依据。

政府建设监理主管机构对建设工程监理企业要实施监督、管理和指导职能,对其人员素质、专业配套和建设工程监理业绩要进行核查和考评以确认其资质。要做到这一点,除进行一般性的资质管理工作外,更为重要的是,通过对监理企业的实际监理工作的考核来认定其水平,这可以从监理规划和实施过程中充分地表现出来。因此,政府建设监理主管机构对监理企业进行考核时,十分重视对监理规划的检查。也就是说,监理规划是政府建

设监理主管机构监督、管理和指导监理企业开展监理活动的重要依据。

（4）监理规划能够促进工程项目管理过程中承包商与监理方之间的协调工作。

工程项目实施过程中，施工承包方将严格按照承包合同开展工作，而监理规划的编制依据就包括施工承包合同，施工承包合同和监理方的监理规划有着实现工程项目管理目标的一致性和统一性的作用。监理规划确定监理目标、程序、方法、措施等，不仅是监理人员开展监理工作的依据，也应该让施工承包方管理人员了解并与之协调配合。

（5）监理规划是监理企业内部考核的依据和重要的存档资料。

从监理企业内部管理制度化、规范化、科学化的要求出发，需要对各项目监理机构（包括总监理工程师和专业监理工程师）的工作进行考核，其主要依据就是经过企业内部主管负责人审批的监理企业监理规划。通过考核，可以对有关监理人员的监理工作水平和能力做出客观、正确的评价，从而有利于今后在其他工程上更加合理地安排监理人员，提高监理工作效率。从建设工程监理控制的过程可知，监理规划的内容必然随着工程的进展而逐步调整、补充和完善。它在一定程度上真实地反映了建设工程监理工作的全貌，是最好的监理工作过程记录。因此，它也是每一家工程监理企业的重要存档资料。

### 1.8.5.4　监理实施细则

监理实施细则是监理工作实施细则的简称，是在监理规划的基础上、由专业监理工程师编制，并经总监理工程师批准，针对工程项目中的某一专业或某一方面，指导监理工作的操作性文件。

1. 对业主的作用

业主与监理是委托与被委托的关系，监理通过监理委托合同确定，监理代表业主的利益而工作。监理实施细则是监理工作的指导性资料，它反映了监理单位对项目控制的理解能力与控制技术水平。一份翔实且针对性较强的监理实施细则可以消除业主对监理工作能力的疑虑，增强信任感，有利于业主对监理工作的支持。

2. 对承建人的作用

承建人在收到监理实施细则后，会十分清楚各分项工程的监理控制程序与监理方法。在以后的工作中能加强与监理的沟通、联系，明确各质量控制点的检验程序与检查方法，在做好自检的基础上，为监理的抽查做好各项准备工作。

实施细则中对工程质量的通病、工程施工的重点和难点都有预防与应急处理措施。这对承建人起着良好的警示作用，它能时刻提醒承建人在施工中应该注意哪些问题，如何预防质量通病的产生，以避免工程质量留下隐患或延误工期。

承建人加强自检工作，完善质量保证体系，进行全面的质量管理，提高整体管理水平。

3. 对监理人员的作用

使监理人员通过各种控制方法能更好地进行质量控制。

使监理人员对本工程的认识和熟悉程度提高，更有针对性地开展监理工作。

实施细则中质量通病、重点、难点的分析及预控措施能使现场监理人员在施工中迅速采取补救措施，有利于保证工程的质量。

有利于提高监理人员的专业技术水平与监理素质。

# 学习单元 1.9　风险管理

## 工作任务表

| 能力目标 | 主讲内容 | 学生完成任务 |
| --- | --- | --- |
| 通过学习训练,使学生理解项目风险、风险量、风险管理的基本知识 | 着重介绍项目风险、风险量、风险类型、风险管理工作流程 | 根据本单元的基本条件,在学习过程中完成工程项目风险管理的理解和掌握 |

## 1.9.1　风险和风险量

风险指的是损失的不确定性,对建设工程项目而言,风险是指可能出现的影响项目目标实现的不确定因素。

风险量反映不确定的损失程度和损失发生的概率。若某个可能发生的事件其可能的损失程度和发生的概率都很大,则其风险量就很大。

若某事件经过风险评估,它处于风险区 A,则应采取措施,降低其概率,即使它移位至风险区 B;或采取措施降低其损失量,即使它移位至风险区 C。风险区 B 和 C 的事件则应采取措施,使其移位至风险区 D。图 1.9-1 所示为事件风险量的区域。

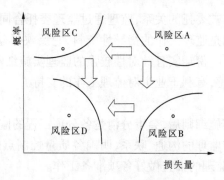

**图 1.9-1　事件风险量的区域**

## 1.9.2　建设工程项目风险的类型

业主方和其他项目参与方都应建立风险管理体系,明确各层管理人员的相应管理职责,以减少项目实施过程中的不确定因素对项目的影响。建设工程项目的风险有如下几种类型:

(1)组织风险,如组织结构模式、工作流程组织、任务分工和管理职能分工、各参与方人员的能力。

(2)经济与管理风险,如宏观和微观经济情况、工程资金供应的条件、现场与公用防火设施的可用性及其数量、事故防范措施和计划、人身安全控制计划。

（3）工程环境风险，如自然灾害、岩土地质条件和水文地质条件、气象条件、引起火灾和爆炸的因素等。

（4）技术风险，如工程勘测资料、工程设计文件、工程施工方案、工程物资、工程机械等。

## 1.9.3　建设工程项目风险管理及其工作流程

风险管理是为了达到一个组织的既定目标，而对组织所承担的各种风险进行管理的系统过程，其采用的方法应符合公众利益、人身安全、环境保护以及有关法规的要求。风险管理包括策划、组织、领导、协调和控制等方面的工作。

风险管理工作流程包括项目风险识别、项目风险评估、项目风险响应和项目风险控制。

### 1.9.3.1　项目风险识别

项目风险识别的任务是识别项目实施过程存在哪些风险，其工作程序包括：收集与项目风险有关的信息；确定风险因素；编制项目风险识别报告。

### 1.9.3.2　项目风险评估

项目风险评估包括：利用已有数据资料和相关专业方法分析各种风险因素发生的概率；分析各种风险的损失量以及对工程的质量、功能和使用效果等方面的影响；根据各种风险发生的概率和损失量，确定各种风险的风险量和风险等级。

### 1.9.3.3　项目风险响应

项目风险响应指的是针对项目风险的对策进行风险响应。常用的风险对策包括风险规避、减轻、自留、转移及其组合等策略。对难以控制的风险，向保险公司投保是风险转移的一种措施。

### 1.9.3.4　项目风险控制

在项目进展过程中应收集和分析与风险相关的各种信息，预测可能发生的风险，对其进行监控并提出预警。

# 学习任务2　建筑工程项目施工成本控制

## 【学习目标】

通过学习,了解施工成本的构成,熟悉施工成本管理的环节、方法和手段,掌握施工成本的分析、核算。

## 学习单元2.1　施工成本管理

### 工作任务表

| 能力目标 | 主讲内容 | 学生完成任务 |
| --- | --- | --- |
| 通过学习训练,使学生了解施工成本管理的概念 | 着重介绍施工成本管理的环节和措施 | 根据本单元的基本条件,在学习过程中完成施工成本管理相关概念的理解和掌握 |

### 2.1.1　施工成本的构成

施工成本是指在建设工程项目的施工过程中所发生的全部生产费用的总和,包括消耗的原材料、辅助材料、构配件等费用,周转材料的摊销费或租赁费,施工机械的使用费或租赁费,支付给生产工人的工资、奖金、工资性质的津贴等,以及进行施工组织与管理所发生的全部费用支出。建筑工程项目施工成本由直接成本和间接成本组成。

直接成本是指施工过程中耗费的构成工程实体或有助于工程实体形成的各项费用支出,是可以直接计入工程对象的费用,包括人工费、材料费、施工机械使用费和施工措施费等。

间接成本是指为施工准备、组织和管理施工生产的全部费用的支出,是非直接用于也无法直接计入工程对象,但为进行工程施工所必须发生的费用,包括管理人员工资、办公费、差旅交通费等。

### 2.1.2　施工成本管理的环节

施工成本管理就是要在保证工期和质量满足要求的情况下,采取相关管理措施,包括组织措施、经济措施、技术措施、合同措施把成本控制在计划范围内,并进一步寻求最大程度的成本节约。施工成本管理的环节主要包括施工成本预测、施工成本计划、施工成本控制、施工成本核算、施工成本分析、施工成本考核。

#### 2.1.2.1　施工成本预测

施工成本预测就是根据成本信息和工程项目的具体情况,运用一定的专门方法,对未来的成本水平及其可能的发展趋势做出科学的估计,它是在工程施工以前对成本进行的估算。通过成本预测,可以在满足项目业主和本企业要求的前提下,选择成本低、效益好的最佳成本方案,并能够在工程项目成本形成过程中,针对薄弱环节,加强成本控制,克服盲目性,提高预见性。因此,工程项目成本预测是工程项目成本决策与计划的依据。施工成本预测,通常是对工程项目计划工期内影响其成本变化的各个因素进行分析,比照近期已完工工程项目或将完工工程项目的成本(单位成本),预测这些因素对工程成本中有关项目(成本项目)的影响程度,预测出工程的单位成本或总成本。

### 2.1.2.2 施工成本计划

施工成本计划是以货币形式编制工程项目在计划期内的生产费用、成本水平、成本降低率,以及为降低成本所采取的主要措施和规划的书面方案,它是建立工程项目成本管理责任制、开展成本控制和核算的基础,是该工程项目降低成本的指导文件,是设立目标成本的依据。

### 2.1.2.3 施工成本控制

施工成本控制是指在施工过程中,对影响项目施工成本的各种因素加强管理,并采取各种有效措施,将施工中实际发生的各种消耗和支出严格控制在成本计划范围内,随时揭示并及时反馈,严格审查各项费用是否符合标准,计算实际成本和计划成本之间的差异并进行分析,进而采取多种形式,消除施工中的损失浪费现象。工程项目成本控制应贯穿于工程项目从投标阶段开始直到项目竣工验收的全过程,它是企业全面成本管理的重要环节。施工成本控制可分为事先控制、事中控制(过程控制)和事后控制。在项目的施工过程中,需按动态控制原理对实际施工成本的发生过程进行有效控制。

### 2.1.2.4 施工成本核算

施工成本核算包括两个基本环节:一是按照规定的成本开支范围对施工费用进行归集和分配,计算出施工费用的实际发生额;二是根据成本核算对象,采用适当的方法,计算出该工程项目的总成本和单位成本。施工成本管理需要正确及时地核算施工过程中发生的各项费用,计算工程项目的实际成本。工程项目成本核算所提供的各种成本信息,是成本预测、成本计划、成本控制、成本分析和成本考核等各个环节的依据。施工成本一般以单位工程为成本核算对象。施工成本核算的基本内容主要包括:人工费核算;材料费核算;机械使用费核算;措施费核算;间接费核算;分包工程成本核算;项目月度施工成本报告编制。

形象进度、产值统计、实际成本归集三同步,即三者的取值范围应是一致的。形象进度表达的工程量、统计施工产值的工程量、实际成本归集所依据的工程量应是相同的数值。

对竣工工程的成本核算,应区分为竣工工程现场成本和竣工工程完全成本,分别由项目经理部和企业财务部门进行核算分析,其目的在于分别考核项目管理绩效和企业经营效益。

### 2.1.2.5 施工成本分析

施工成本分析是在施工成本核算的基础上,对成本的形成过程和影响成本升降的因素进行分析,以寻求进一步降低成本的途径,包括有利偏差的挖掘和不利偏差的纠正。

施工成本分析贯穿于施工成本管理的全过程,它是在成本的形成过程中,主要利用工程项目的成本核算资料(成本信息),与目标成本、预算成本以及类似的工程项目的实际成本等进行比较,了解成本的变动情况,同时也要分析主要技术经济指标对成本的影响,系统地研究成本变动的因素,检查成本计划的合理性,并通过成本分析,深入揭示成本变动的规律,寻找降低工程项目成本的途径,以便有效地进行成本控制。成本偏差的控制,分析是关键,纠偏是核心,要针对分析得出的偏差发生原因,采取切实措施,加以纠正。

### 2.1.2.6　施工成本考核

施工成本考核是指在工程项目完成后,对工程项目成本形成中的各责任者,按工程项目成本目标责任制的有关规定,将成本的实际指标与计划、定额、预算进行对比和考核,评定工程项目成本计划的完成情况和各责任者的业绩,并以此给予相应的奖励和处罚。通过成本考核,做到有奖有惩,赏罚分明,才能有效地调动每一位员工在各自施工岗位上努力完成目标成本的积极性,为降低工程项目成本和增加企业的积累,做出自己的贡献。施工成本考核是衡量成本降低的实际成果,也是对成本指标完成情况的总结和评价。

施工成本管理的每一个环节都是相互联系和相互作用的。成本预测是成本决策的前提,成本计划是成本决策所确定目标的具体化。成本计划实施则是对成本计划的实施进行控制和监督,保证决策的成本目标的实现,而成本核算又是对成本计划是否实现的最后检验,它所提供的成本信息又对下一个工程项目成本预测和决策提供基础资料。成本考核是实现成本目标责任制的保证和实现决策目标的重要手段。

## 2.1.3　施工成本管理的措施

为了取得施工成本管理的理想成效,应当从多方面采取措施实施管理,通常可以将这些措施归纳为四个方面:组织措施、技术措施、经济措施、合同措施。

### 2.1.3.1　组织措施

组织措施是从施工成本管理的组织方面采取的措施。施工成本控制是全员的活动,如实行项目经理责任制,落实施工成本管理的组织机构和人员,明确各级施工成本管理人员的任务和职能分工、权利和责任。施工成本管理不仅是专业成本管理人员的工作,而且各级项目管理人员都负有成本控制责任。

组织措施是编制施工成本控制工作计划、确定合理详细的工作流程。要做好施工采购规划,通过生产要素的优化配置、合理使用、动态管理,有效控制实际成本;加强施工定额管理和施工任务单管理,控制活劳动和物化劳动的消耗;加强施工调度,避免因施工计划不周和盲目调度造成窝工损失、机械利用率降低、物料积压等而使施工成本增加。成本控制工作只有建立在科学管理的基础之上,具备合理的管理体制、完善的规章制度、稳定的作业秩序、完整准确的信息传递,才能取得成效。组织措施是其他各类措施的前提和保障,而且一般不需要增加什么费用,运用得当就可以收到良好的效果。

### 2.1.3.2　技术措施

技术措施不仅对解决施工成本管理过程中的技术问题是不可缺少的,而且对纠正施工成本管理目标偏差也有相当重要的作用。因此,运用技术纠偏措施的关键,一是要能提出多个不同的技术方案,二是要对不同的技术方案进行技术经济分析。

施工过程中降低成本的技术措施,包括如进行技术经济分析,确定最佳的施工方案。结合施工方法,进行材料使用的比选,在满足功能要求的前提下,通过代用、改变配合比、使用添加剂等方法降低材料消耗的费用。确定最合适的施工机械、设备使用方案。结合项目的施工组织设计及自然地理条件,降低材料的库存成本和运输成本。先进的施工技术的应用、新材料的运用、新开发机械设备的使用等,在实践中,也要避免仅从技术角度选定方案而忽视对其经济效果的分析论证。

### 2.1.3.3　经济措施

经济措施是最易为人们所接受和采取的措施。管理人员应编制资金使用计划,确定、分解施工成本管理目标。对施工成本管理目标进行风险分析,并制定防范性对策。对各种支出,应认真做好资金的使用计划,并在施工中严格控制各项开支。及时准确地记录、收集、整理、核算实际发生的成本。对各种变更,及时做好增减账,及时落实业主签证,及时结算工程款。通过偏差分析和未完工工程预测,可发现一些潜在的问题将引起未完工程施工成本增加,对这些问题应以主动控制为出发点,及时采取预防措施。由此可见,经济措施的运用绝不仅仅是财务人员的事情。

### 2.1.3.4　合同措施

采用合同措施控制施工成本,应贯穿整个合同周期,包括从合同谈判开始到合同终结的全过程。首先是选用合适的合同结构,对各种合同结构模式进行分析、比较,在合同谈判时,要争取选用适合于工程规模、性质和特点的合同结构模式。其次,在合同的条款中应仔细考虑一切影响成本和效益的因素,特别是潜在的风险因素。通过对引起成本变动的风险因素的识别和分析,采取必要的风险对策,如通过合理的方式,增加承担风险的个体数量,降低损失发生的比例,并最终使这些策略反映在合同的具体条款中。在合同执行期间,合同管理的措施既要密切注视对方合同执行的情况,以寻求合同索赔的机会,同时也要密切关注自己履行合同的情况,以防止被对方索赔。

## 学习单元2.2　施工成本计划

**工作任务表**

| 能力目标 | 主讲内容 | 学生完成任务 |
| --- | --- | --- |
| 通过学习训练,使学生了解施工成本计划的基本概念、掌握施工成本计划的编制方法 | 着重介绍工程项目施工成本计划编制依据、编制方法 | 根据本单元的基本条件,在学习过程中完成施工成本计划相关知识的理解和掌握 |

### 2.2.1　施工成本计划的类型

对于一个工程项目而言,其成本计划的编制是一个不断深化的过程。在这一过程的不同阶段形成深度和作用不同的成本计划,按其作用可分为以下三类。

### 2.2.1.1　竞争性成本计划

竞争性成本计划是工程投标及签订合同阶段的估算成本计划。这类成本计划是以招标文件为依据,以投标竞争策略与决策为出发点,按照预测分析,采用估算或概算定额编制而成的。这种成本计划虽然也着力考虑降低成本的途径和措施,甚至作为商业机密参与竞争,但总体上都较为粗略。

#### 2.2.1.2 指导性成本计划

指导性成本计划是选派工程项目经理阶段的预算成本计划。这是组织在总结项目投标过程、合同评审、部署项目实施时,以合同标书为依据,以组织经营方针目标为出发点,按照设计预算标准提出的项目经理的责任成本目标,且一般情况下只是确定责任总成本指标。

#### 2.2.1.3 实施性成本计划

实施性成本计划是指项目施工准备阶段的施工预算成本计划,它是以项目实施方案为依据,以落实项目经理责任目标为出发点,采用组织施工定额并通过施工预算的编制而形成的成本计划。

以上三类成本计划互相衔接和不断深化,构成了整个工程施工成本的计划过程。其中,竞争性成本计划带有成本战略的性质,是项目投标阶段商务标书的基础,而有竞争力的商务标书又是以其先进合理的技术标书为支撑的。因此,它奠定了施工成本的基本框架和水平。指导性成本计划和实施性成本计划,都是战略性成本计划的进一步展开和深化,是对战略性成本计划的战术安排。

### 2.2.2 施工预算和施工图预算对比

施工预算和施工图预算虽一字之差,但区别较大。两者相比较,不同之处有以下三点:

(1)编制的依据不同。施工预算的编制以施工定额为主要依据,施工图预算的编制以预算定额为主要依据,而施工定额比预算定额划分得更详细、更具体,并对其中所包括的内容,如质量要求、施工方法以及所需劳动工日、材料品种、规格型号等均有较详细的规定或要求。

(2)适用的范围不同。施工预算是施工企业内部管理用的一种文件,与建设单位无直接关系;而施工图预算既适用于建设单位,又适用于施工单位。

(3)发挥的作用不同。施工预算是施工企业组织生产、编制施工计划、准备现场材料、签发任务书、考核功效、进行经济核算的依据,也是施工企业改善经营管理、降低生产成本和推行内部经营承包责任制的重要手段;而施工图预算则是投标报价的主要依据。

### 2.2.3 施工成本计划的编制依据

施工成本计划是工程项目成本控制的一个重要环节,是实现降低施工成本任务的指导性文件。如果针对工程项目所编制的成本计划达不到目标成本要求,就必须组织工程项目管理班子的有关人员重新研究寻找降低成本的途径,重新进行编制。同时,编制成本计划的过程也是动员全体工程项目管理人员的过程,是挖掘降低成本潜力的过程,是检验施工技术质量管理、工期管理、物资消耗和劳动力消耗管理等是否落实的过程。

编制施工成本计划,需要广泛收集相关资料并进行整理,以作为施工成本计划编制的依据。在此基础上,根据有关设计文件、工程承包合同、施工组织设计、施工成本预测资料等,按照工程项目应投入的生产要素,结合各种因素的变化和拟采取的各种措施,估算工程项目生产费用支出的总水平,进而提出工程项目的成本计划控制指标,确定目标总成本。目标总成本确定后,应将总目标分解落实到各个机构、班组,以及便于进行控制的子项目或工序。最后,通过综合平衡,编制完成施工成本计划。

施工成本计划的编制依据包括:投标报价文件;企业定额、施工预算;施工组织设计或施工方案;人工、材料、机械台班的市场价;企业颁布的材料指导价、企业内部机械台班价格、劳动力内部挂牌价格;周转设备内部租赁价格、摊销损耗标准;已签订的工程合同、分包合同(或估价书);结构件外加工计划和合同;有关财务成本核算制度和财务历史资料;施工成本预测资料;拟采取的降低施工成本的措施;其他相关资料等。

## 2.2.4　施工成本计划的编制方法

施工成本计划的编制以成本预测为基础,关键是确定目标成本。计划的制订,需结合施工组织设计的编制过程,通过不断地优化施工技术方案和合理配置生产要素,进行工、料、机消耗的分析,制定一系列节约成本和挖潜措施,确定施工成本计划。一般情况下,施工成本计划总额应控制在目标成本的范围内,并使成本计划建立在切实可行的基础上。

施工总成本目标确定之后,还需通过编制详细的实施性施工成本计划把目标成本层层分解,落实到施工过程的每个环节,有效地进行成本控制。施工成本计划的编制方式有:按施工成本组成编制施工成本计划;按项目组成编制施工成本计划;按工程进度编制施工成本计划。

### 2.2.4.1　按施工成本组成编制施工成本计划的方法

施工成本可以按成本组成分解为人工费、材料费、施工机械使用费、措施费和间接费,编制按施工成本组成分解的施工成本计划。

### 2.2.4.2　按项目组成编制施工成本计划的方法

大中型工程项目通常是由若干单项工程构成的,而每个单项工程包括了多个单位工程,每个单位工程又是由若干个分部分项工程构成的。因此,首先要把项目的施工成本分解到单项工程和单位工程中,再进一步分解为分部工程和分项工程。

在编制成本支出计划时,要在项目总的方面考虑总的预备费,也要在主要的分部分项工程中安排适当的不可预见费。

### 2.2.4.3　按工程进度编制施工成本计划的方法

在建立网络图时,一方面确定完成各项工作所需花费的时间;另一方面确定完成这一工作的合适的施工成本支出计划。在实践中,将工程项目分解为既能方便地表示时间,又能方便地表示施工成本支出计划的工作是不容易的,通常如果项目分解程度对时间控制合适,则对施工成本支出计划可能分解过细,以至于不可能对每项工作确定其施工成本支出计划。反之亦然。因此,在编制网络计划时,应在充分考虑进度控制对项目划分要求的同时,还要考虑确定施工成本支出计划对项目划分的要求,做到二者兼顾。其表示的方法有两种:一种是在时标网络图上按月编制的初步计划;另一种是利用时间—成本累积曲线(S形曲线)表示。

# 学习单元 2.3　施工成本控制

## 工作任务表

| 能力目标 | 主讲内容 | 学生完成任务 |
| --- | --- | --- |
| 通过学习训练,使学生掌握施工成本控制的概念 | 着重介绍施工成本控制的步骤和方法 | 根据本单元的基本条件,在学习过程中完成施工成本的控制 |

## 2.3.1　施工成本控制的依据

施工成本控制的主要依据有以下几个方面。

### 2.3.1.1　工程承包合同

施工成本控制要以工程承包合同为依据,围绕降低工程成本这个目标,从预算收入和实际成本两方面,努力挖掘增收节支潜力,以求获得最大的经济效益。

### 2.3.1.2　施工成本计划

施工成本计划是根据工程项目的具体情况制订的施工成本控制方案,既包括预定的具体成本控制目标,又包括实现控制目标的措施和规划,是施工成本控制的指导文件。

### 2.3.1.3　进度报告

进度报告提供了每一时刻的工程实际完成量、工程施工成本实际支付情况等重要信息。施工成本控制工作正是通过实际情况与施工成本计划相比较,找出二者之间的差别,分析偏差产生的原因,从而采取措施改进以后的工作。此外,进度报告还有助于管理者及时发现工程实施中存在的问题,并在事态还未造成重大损失之前采取有效措施,尽量避免损失。

### 2.3.1.4　工程变更

在项目的实施过程中,由于各方面的原因,工程变更是很难避免的。工程变更一般包括设计变更、进度计划变更、施工条件变更、技术规范与标准变更、施工次序变更、工程数量变更等。一旦出现变更,工程量、工期、成本都必将发生变化,从而使得施工成本控制工作变得更加复杂和困难。因此,施工成本管理人员应当通过对变更要求中的各类数据的计算、分析,随时掌握变更情况,包括已发生工程量、将要发生工程量、工期是否拖延、支付情况等重要信息,判断变更以及变更可能带来的索赔额度等。

除上述几种施工成本控制工作的主要依据外,有关施工组织设计、分包合同等也都是施工成本控制的依据。

## 2.3.2　施工成本控制的步骤

施工成本控制的步骤如下。

### 2.3.2.1　比较

按照某种确定的方式将施工成本的计划值和实际值逐项进行比较,以发现施工成本是否已超支。

#### 2.3.2.2　分析

在比较的基础上,对比较的结果进行分析,以确定偏差的严重性及偏差产生的原因。这一步是施工成本控制工作的核心,其主要目的在于找出产生偏差的原因,从而采用有针对性的措施,避免或减少相同偏差的再次发生或减少由此造成的损失。

#### 2.3.2.3　预测

根据项目实施情况估算整个项目完成时的施工成本。预测的目的在于为决策提供支持。

#### 2.3.2.4　纠偏

当工程项目的实际施工成本出现了偏差时,应当根据工程的具体情况、偏差分析和预测的结果,采用适当的措施,以达到使施工成本偏差尽可能小的目的。纠偏是施工成本控制中最具实质性的一步。只有通过纠偏,才能最终达到有效控制施工成本的目的。

#### 2.3.2.5　检查

它是指对工程的进展进行跟踪和检查,及时了解工程进展状况以及纠偏措施的执行情况和效果,为今后的工作积累经验。

### 2.3.3　施工成本控制的方法

#### 2.3.3.1　施工成本的过程控制方法

施工阶段是控制建设工程项目成本发生的主要阶段,它通过确定成本目标并按计划成本进行施工,资源配置,对施工现场发生的各种成本费用进行有效控制,其具体的控制方法如下:

(1)人工费的控制。人工费的控制实行"量价分离"的方法,将作业用工及零星用工按定额工日的一定比例综合确定用工数量与单价,通过劳务合同进行控制。

(2)材料费的控制。材料费控制同样按照"量价分离"原则,控制材料用量和材料价格。材料用量的控制是指通过定额管理、计量管理等手段有效控制材料物资的消耗,具体方法包括定额控制、指标控制、计量控制和包干控制。材料价格的控制是指通过掌握市场信息,应用招标和询价等方式控制材料、设备的采购价格。

(3)施工机械使用费的控制。合理选择施工机械设备、合理使用施工机械设备对成本控制具有十分重要的意义,尤其是高层建筑施工。施工机械使用费主要由台班数量和台班单价两方面决定。

(4)施工分包费用的控制。分包工程价格的高低,必然对项目经理部的工程项目成本产生一定的影响。因此,工程项目成本控制的重要工作之一是对分包价格的控制。项目经理部应在确定施工方案的初期确定需要分包的工程范围。决定分包范围的因素主要是工程项目的专业性和项目规模。对分包费用的控制,主要是要做好分包工程的询价、订立平等互利的分包合同、建立稳定的分包关系网络、加强施工验收和分包结算等工作。

#### 2.3.3.2　挣值法

挣值法(EVM)是20世纪70年代美国开发研究的。它首先在国防工业中应用并获得成功,以后推广到其他工业领域的项目管理。20世纪80年代,世界上主要的工程公司均已采用挣值法作为项目管理和控制的准则,并做了大量基础性工作,完善了挣值法在项目管理和控制中的应用。

挣值法是通过分析项目实际完成情况与计划完成情况的差异,从而判断项目费用、进度是否存在偏差的一种方法。挣值法主要用三个费用值和四个评价指标进行分析。

1.挣值法的三个费用值

$$已完工作预算费用(BCWP) = 已完工程量 \times 预算单价$$

$$已完工作实际费用(ACWP) = 已完工程量 \times 实际单价$$

$$计划完成工作预算费用(BCWS) = 计划工程量 \times 预算单价$$

2.挣值法的四个评价指标

1)费用偏差 $CV$

$$费用偏差(CV) = 已完工作预算费用(BCWP) - 已完工作实际费用(ACWP)$$

当 $CV$ 为正值时,表示节支,项目运行实际费用低于预算费用;当 $CV$ 为负值时,表示实际费用超出预算费用。

2)进度偏差 $SV$

$$进度偏差(SV) = 已完工作预算费用(BCWP) - 计划完成工作预算费用(BCWS)$$

当 $SV$ 为正值时,表示进度提前,即实际进度快于计划进度;当 $SV$ 为负值时,表示进度延误,即实际进度落后于计划进度。

3)费用绩效指数 $CPI$

$$费用绩效指数(CPI) = 已完工作预算费用(BCWP)/已完工作实际费用(ACWP)$$

当 $CPI > 1$ 时,表示节支,即实际费用低于预算费用;当 $CPI < 1$ 时,表示超支,即实际费用高于预算费用。

4)进度绩效指数 $SPI$

$$进度绩效指数(SPI) = 已完工作预算费用(BCWP)/计划完成工作预算费用(BSWS)$$

当 $SPI > 1$ 时,表示进度提前,即实际进度快于计划进度;当 $SPI < 1$ 时,表示进度延误,即实际进度比计划进度拖后。

### 2.3.3.3 偏差分析的表达方法

偏差分析可以采用不同的表达方法,常用的有横道图法、表格法和曲线法。

1.横道图法

用横道图法进行费用偏差分析,是用不同的横道标识已完工作挣算费用($BCWP$)、计划工作预算费用($BCWS$)和已完工作实际费用($ACWP$),横道的长度与其金额成正比例。横道图法具有形象、直观、一目了然等优点,它能够准确表达出费用的绝对偏差,而且能一眼感受到偏差的严重性。但这种方法反映的信息量少,一般在项目的较高管理层应用。

2.表格法

表格法是进行偏差分析时最常用的一种方法。它将项目编号、名称、各费用参数以及费用偏差数综合归纳入一张表格中,并且直接在表格中进行比较。由于各偏差参数都在表中列出,使得费用管理者能够综合地了解并处理这些数据。用表格法进行偏差分析具有如下优点:

(1)灵活、适用性强。可根据实际需要设计表格,进行增减项。

(2)信息量大。可以反映偏差分析所需的资料,从而有利于费用控制人员及时采取针对性措施,加强控制。

(3)表格处理可借助于计算机,从而节约大量数据处理所需的人力,并大大提高速度。

3. 曲线法

在项目实施过程中,以上三个参数可以形成三条曲线,即计划工作预算费用($BCWS$)、已完工作预算费用($BCWP$)、已完工作实际费用($ACWP$)。$CV = BCWP - ACWP$,由于两项参数均以已完工作为计算基准,所以两项参数之差反映项目进展的费用偏差。$SV = BCWP - BCWS$,由于两项参数均以预算值(计划值)作为计算基准,所以两者之差反映项目进展的进度偏差。

# 学习单元2.4 施工成本分析

## 工作任务表

| 能力目标 | 主讲内容 | 学生完成任务 |
|---|---|---|
| 通过学习训练,使学生掌握施工成本分析的概念 | 着重介绍施工成本分析的方法 | 根据本单元的基本条件,在学习过程中完成施工成本的分析 |

## 2.4.1 施工成本分析的依据

施工成本分析,就是根据会计核算、业务核算和统计核算提供的资料,对施工成本的形成过程和影响成本升降的因素进行分析,以寻求进一步降低成本的途径。另外,通过成本分析,可从账簿、报表反映的成本现象看清成本的实质,从而增强项目成本的透明度和可控性,为加强成本控制,实现项目成本目标创造条件。

### 2.4.1.1 会计核算

会计核算主要是价值核算。会计是对一定单位的经济业务进行计量、记录、分析和检查,做出预测,参与决策,实行监督,旨在实现最优经济效益的一种管理活动。它通过设置账户、复式记账、填制和审核凭证、登记账簿、成本计算、财产清查和编制会计报表等一系列有组织、有系统的方法,来记录企业的一切生产经营活动,然后据以提出一些用货币来反映的有关各种综合性经济指标的数据。资产、负债、所有者权益、营业收入、成本、利润等会计六要素指标,主要是通过会计来核算。由于会计记录具有连续性、系统性、综合性等特点,所以它是施工成本分析的重要依据。

### 2.4.1.2 业务核算

业务核算是各业务部门根据业务工作的需要而建立的核算制度,它包括原始记录和计算登记表,如单位工程及分部分项工程进度登记,质量登记,工效、定额计算登记,物资消耗定额记录,测试记录等。业务核算的范围比会计核算、统计核算要广,会计核算和统计核算一般是对已经发生的经济活动进行核算,而业务核算,不但可以对已经发生的,而且可以对尚未发生或正在发生的经济活动进行核算,看是否可以做,是否有经济效果。它的特点是,对个别的经济业务进行单项核算。例如各种技术措施、新工艺等项目,可以核算已经完成的项目是否达到原定的目的,取得预期的效果,也可以对准备采取措施的项目进行核算和审查,看是否有效果,值不值得采纳,随时都可以进行。业务核算的目的在于迅速取得资料,在经济活动中及时采取措施进行调整。

### 2.4.1.3　统计核算

统计核算是利用会计核算资料和业务核算资料,把企业生产经营活动客观现状的大量数据,按统计方法加以系统整理,表明其规律性。它的计量尺度比会计宽,可以用货币计算,也可以用实物或劳动量计量。它通过全面调查和抽样调查等特有的方法,不仅能提供绝对数指标,还能提供相对数和平均数指标,可以计算当前的实际水平,确定变动速度,可以预测发展的趋势。

## 2.4.2　施工成本分析的方法

施工成本分析的基本方法包括比较法、因素分析法、差额计算法、比率法等。

### 2.4.2.1　比较法

比较法又称为指标对比分析法,就是通过技术经济指标的对比,检查目标的完成情况,分析产生差异的原因,进而挖掘内部潜力的方法。这种方法具有通俗易懂、简单易行、便于掌握的特点,因而得到了广泛的应用,但在应用时必须注意各技术经济指标的可比性。比较法的应用通常有下列形式:

(1)将实际指标与目标指标对比。以此检查目标完成情况,分析影响目标完成的积极因素和消极因素,以便及时采取措施,保证成本目标的实现。在进行实际指标与目标指标对比时,还应注意目标本身有无问题。如果目标本身出现问题,则应调整目标,重新正确评价实际工作的成绩。

(2)本期实际指标与上期实际指标对比。通过这种对比,可以看出各项技术经济指标的变动情况,反映施工管理水平的提高程度。

(3)与本行业平均水平、先进水平对比。通过这种对比,可以反映本项目的技术管理和经济管理与行业的平均水平和先进水平的差距,进而采取措施赶超先进水平。

### 2.4.2.2　因素分析法

因素分析法又称为连环置换法,此方法可用来分析各种因素对成本的影响程度。在进行分析时,首先要假定众多因素中的一个因素发生了变化,而其他因素不变,然后逐个替换,分别比较其计算结果,以确定各个因素的变化对成本的影响程度。因素分析法的计算步骤如下:

(1)确定分析对象,并计算出实际与目标数的差异。

(2)确定该指标是由哪几个因素组成的,并按其相互关系进行排序(排序规则是:先实物量,后价值量;先绝对值,后相对值)。

(3)以目标数为基础,将各因素的目标数相乘,作为分析替代的基数。

(4)将各个因素的实际数按照上面的排列顺序进行替换计算,并将替换后的实际数保留下来。

(5)将每次替换计算所得的结果,与前一次的计算结果相比较,两者的差异即为该因素对成本的影响程度。

(6)各个因素的影响程度之和,应与分析对象的总差异相等。

### 2.4.2.3 差额计算法

差额计算法是因素分析法的一种简化形式,它利用各个因素的目标值与实际值的差额来计算其对成本的影响程度。

### 2.4.2.4 比率法

比率法是指用两个以上的指标的比例进行分析的方法。它的基本特点是:先把对比分析的数值变成相对数,再观察其相互之间的关系。常用的比率法有以下几种。

**1.相关比率法**

由于项目经济活动的各个方面是相互联系,相互依存,又相互影响的,因而可以将两个性质不同而又相关的指标加以对比,求出比率,并以此来考察经营成果的好坏。例如:产值和工资是两个不同的概念,但它们的关系又是投入与产出的关系。在一般情况下,都希望以最少的工资支出完成最大的产值。因此,用产值工资率指标来考核人工费的支出水平,就很能说明问题。

**2.构成比率法**

构成比率法又称为比重分析法或结构对比分析法。通过构成比率,可以考察成本总量的构成情况及各成本项目占成本总量的比重,同时也可看出量、本、利的比例关系(即预算成本、实际成本和降低成本的比例关系),从而为寻求降低成本的途径指明方向。

**3.动态比率法**

动态比率法就是将同类指标不同时期的数值进行对比,求出比率,以分析该项指标的发展方向和发展速度。动态比率的计算,通常采用基期指数和环比指数两种方法。

## 2.4.3 综合成本的分析方法

所谓综合成本,是指涉及多种生产要素,并受多种因素影响的成本费用,如分部分项工程成本,月度成本、年度成本等。由于这些成本都是随着项目施工的进展而逐步形成的,与生产经营有着密切的关系。因此,做好上述成本的分析工作,无疑将促进项目的生产经营管理,提高项目的经济效益。

### 2.4.3.1 分部分项工程成本分析

分部分项工程成本分析是工程项目成本分析的基础。分部分项工程成本分析的对象为已完成分部分项工程。分析的方法是:进行预算成本、目标成本和实际成本的"三算"对比,分别计算实际偏差和目标偏差,分析偏差产生的原因,为今后的分部分项工程成本寻求节约途径。分部分项工程成本分析的资料来源是:预算成本来自投标报价成本,目标成本来自施工预算,实际成本来自施工任务单的实际工程量、实耗人工和限额领料单的实耗材料。

### 2.4.3.2 月度成本分析

月度成本分析是工程项目定期的、经常性的中间成本分析。对于具有一次性特点的工程项目来说,有着特别重要的意义。因为通过月度成本分析,可以及时发现问题,以便按照成本目标指定的方向进行监督和控制,保证项目成本目标的实现。月度成本分析的方法通常有以下几个方面:通过实际成本与预算成本的对比,分析当月的成本降低水平;

通过实际成本与目标成本的对比,分析目标成本的落实情况;通过对各成本项目的成本分析,可以了解成本总量的构成比例和成本管理的薄弱环节;通过主要技术经济指标的实际与目标对比,分析产量、工期、质量、"三材"节约率、机械利用率等对成本的影响;通过对技术组织措施执行效果的分析,寻求更加有效的节约途径;分析其他有利条件和不利条件对成本的影响。

### 2.4.3.3　年度成本分析

企业成本要求一年结算一次,不得将本年成本转入下一年度。而项目成本则以项目的寿命周期为结算期,要求从开工到竣工到保修期结束连续计算,最后结算出成本总量及其盈亏。年度成本分析的依据是年度成本报表。

### 2.4.3.4　竣工成本的综合分析

单位工程竣工成本分析,包括以下三方面内容:竣工成本分析、主要资源节超对比分析、主要技术节约措施及经济效果分析。

## ■ 学习单元2.5　案　例

### 【案例2-1】

1. 背景

某施工企业的 1 260 m³ 高炉项目部,为实现《项目管理目标责任书》中规定的责任成本,从成本估算开始,编制成本计划,进行成本预测,采取了很多降低成本措施,抓住了影响成本的主要因素,实现了《项目管理目标责任书》中的内容,取得了较好的经济和社会效益。

2. 问题

(1)工程项目成本控制的主要内容是什么?

(2)简析影响成本的主要因素。

(3)简述降低成本的相应措施。

(4)为降低成本,施工管理应如何加强?

3. 分析

(1)工程项目成本控制就是在其施工过程中,运用必要的技术与管理手段对物化劳动和活劳动消耗进行严格组织和监督的一个系统过程。它既不是造价控制,更不是业主所进行的投资控制,它必须对材料费、人工费、机械使用费、其他间接费和现场经费分别进行有效的控制。

(2)影响成本的主要因素主要是人工费、机械使用费、材料费的费用控制,加强与成本相关的诸多因素的管理。

(3)降低成本的相应措施主要是加强如下管理:采购费用管理、定额管理、质量管理、安全管理、施工管理、合同管理。

(4)为降低成本,施工管理主要是加强网络计划管理和调度管理,最大限度地避免因施工计划不周和盲目调度造成窝工损失、机械利用率低、物料积压、二次倒运,进而导致施工成本增加。周密进行施工部署,尽可能使各专业工种连续均衡施工。掌握施工作业进度变化及时差利用状况,健全施工例会,加强协调调度。合理配置施工主辅机械,明确划分使用范围和作业任务,抓好进出场管理,提高利用率和使用效率。

**【案例2-2】**

1. 背景

某公司承建一轧钢厂,项目建设中期对工程进行的成本分析中显示,已完工程所花费的费用超出许多。其中,机械利用率较低,材料使用量也比预算量超出许多。

2. 问题

(1)成本控制包括对哪几个方面费用进行控制?

(2)成本控制有哪些主要措施?

(3)该工程的成本控制过程中主要应该在哪些环节进行调整?

3. 分析

(1)工程项目成本是施工企业为完成工程项目的建筑安装任务所耗费的各项生产费用的总和,也就是完成这一轧钢厂施工中所用成本总和。

工程项目成本控制,就是在施工过程中,运用必要的管理手段对物化劳动和活劳动消耗进行严格组织和监督的系统过程,施工企业以工程项目成本控制为中心进行成本控制,包括材料费、人工费、机械费、其他间接费和现场经费。

(2)成本控制的主要措施有采购费管理、定额管理、质量管理、安全管理、施工管理、合同管理。

在每一项管理中,又有多个控制点,比如先进的管理手段,工序间连接要点,安全、质量的检查,合同执行的条件与变更索赔等。

(3)该项工程的成本控制中主要在施工条件变更上进行调整。施工条件的变更,往往是指未能预见的现场条件和不利条件,当然甲、乙双方对这一内容的理解可能不一样,这要求监理工程师的签证要及时与准确。

该项工程的成本控制也可表现在设计变更上进行调整,由于材料使用量比预算超出许多,也可理解为超过原设计的标准或规模,所以可通过监理工程师提出追加投资或追加材料的指标等。

**【案例2-3】**

1. 背景

某项目经理部承担房地产住宅项目的施工,中标额为2 806万元。标价属合理低价,质量标准为合格,工期240天。该项目经理部提出除上缴企业费用112万元的综合管理费外,项目还要实现利润60万元。因此,该项目经理部对可控成本部分,即直接费用中三项费用、间接费用中的两项费用进行预控。

2. 问题

(1)如何进行以下直接费预控?

人工费;材料设备费;施工机械使用费。

(2)如何进行以下间接费预控?

现场管理费;临时设施工程费。

3. 分析

（1）直接费控制在工程总价的 80% 以内。

①人工费（占 12.5%），作业层按专业预算定额，实行计件工资制，鼓励多劳多得，占 11%。配合辅助人工费用进行总价包干，占 1.5%。

②材料设备费（占 56.5%），项目经理部以物资供应部为主成立材料设备采购招标小组，货比三家。周转材料对作业层实行租赁制。材料供应按定额消耗 80%，节约部分 5:5 分成。建立废料回收制度。

③施工机械使用费（占 11.5%），钢筋加工、铁件加工机械设备使用企业内部设备，支付折旧费用。提升设备使用企业内部设备，支付折旧费用。混凝土运输、浇筑机械设备市场租赁，支付租赁费；运输机械市场租赁，支付租赁费。

主要措施：机械设备完好率达到 95% 以上，使用率达到 90% 以上。

（2）间接费控制在总价 13% 以内。

①现场管理费（占 2.5%）：项目经理部配备：人员 8 名、必备办公用品、一部客货车。人员工资、办公费、差旅费、医疗费、劳动保护费一次性核定。

②固定资产折旧，检验试验费据实核销。

③奖金按项目实现利润 70% 提成（不含上交企业部分）。

④临时设施工程费（占 5%）：生活设施：采用租赁工程附近民房解决，此项费用比自己建节约近 40%。公共设施：标准、文明工地达标，简易、适用，水电实行计量控制通信费用一次包干。

结论：除人工费略有超支（超支 23.6 万元），其他费用均在控制范围，且略有结余，该项目最终实现利润额为 89.4 万元。

【案例 2-4】

1. 背景

某施工单位承包某工程项目，甲、乙双方签订的合同价款为乙方投标价让利 5%。施工单位制订了严谨的成本控制计划，顺利完成了施工任务。

2. 问题

（1）分析影响工程项目成本的主要因素。

（2）试述降低工程项目成本的措施。

3. 分析

（1）影响工程项目成本的主要因素包括材料费、人工费、机械使用费、其他直接费用和现场经费。要达到控制成本的目的，就要对以上因素分别进行有效的控制。一般而言，项目部的成本控制运行，是对其目标成本（制造成本 - 可控成本）进行分析，抓住影响工程成本的主要因素，采取相应的切实有效的降低成本措施以确保责任目标的实现。

（2）降低工程项目成本就要加强对人、机、料的费用控制，加强与成本相关的诸多因素的管理。具体的措施包括：

①加强采购费用管理。即加强施工分包的选择或劳动力使用费用的管理，施工机械、设备、模具等的租赁或购置的费用的管理；施工材料、构配件的采购、加工的费用的管理。

②加强定额管理。即使用先进合理的施工定额并在实践中不断收集信息、完善定额。

③加强对作业队伍进行施工任务书交底,使其明确施工方法、作业要领、工料消耗标准、工期、质量和安全要求等,严格进行验工考核,提高效率。

④加强质量管理。即加强质量检查,及时发现不良施工倾向,避免施工质量缺陷和不合格工序产生,提高一次交验合格率,避免返工、报废损失、例外质量检测等造成成本的提高。

⑤加强安全管理。即预防工伤事故,杜绝死亡事故,把处理安全事故的费用以及对职工的心理影响减少到最小程度。

⑥加强施工管理。即加强网络计划管理和施工调度,最大限度地避免因施工计划不周和盲目调度造成窝工损失、机械利用率降低、物料积压、二次倒运等,进而导致施工成本增加。

⑦加强合同管理。加强施工合同管理和施工索赔管理,正确运用施工合同条件和有关法规,及时办理因诸多因素所引起的施工成本增加的签证手续。

**【案例2-5】**

1. 背景

某炼钢厂为扩大生产经营规模,改扩建计划中拟建一座炼钢厂房,根据厂房结构构件单体质量和安装高度要求,市场资源有两台行走式起重设备可供选择。一台是3 000 t·m塔式起重机,一台是400 t履带式起重机。已知塔式起重机台班单价为8 000元/台班,轨道敷设、吊车组装及拆除需耗时13个台班,塔吊进出场费用为800 000元;履带式起重机台班单价为24 000元/台班,组装及拆除需耗时1个台班,进出场费用为400 000元。两台设备的作业效率基本相同,并在进场开始组装时计算台班费用。

2. 问题

(1)什么样的现场条件可以选择塔式起重机?

(2)什么样的现场条件只能选择履带式起重机?

(3)什么情况下选用塔式起重机有利于降低吊装成本?

(4)什么情况下选用履带式起重机有利于降低吊装成本?

(5)什么情况下任选一台,对成本的影响不大?

3. 分析

(1)施工现场相对宽阔,起重机通过直线行走即可有效覆盖安装作业面时,可选用3 000 t·m塔式起重机。

(2)施工现场相对封闭,吊车直线行走,难以有效覆盖整个作业面时,只能选择400 t履带式起重机。

(3)由盈亏平衡理论知,如果整个安装作业需要台班数多于30个,选用3 000 t·m塔式起重机有利于降低安装成本。

(4)如果整个吊装作业需要台班数小于30个,选用400 t履带式起重机有利于降低安装成本。

(5)如果整个吊装作业需要台班正好30个,从理论上讲,选用其中任意一台,都不会影响吊装成本。但考虑到30 000 t·m塔式起重机撤出前解体周期长,不选为宜。

**【案例 2-6】**

**1. 背景**

某冶建公司 2001 年中标一项自备电厂二期工程,该项目为两台 220 t/h 循环流化床锅配套一台 50 MW 汽轮发电机组,为当时冶金建设施工单位涉及的较大电厂。项目建设中期对工程进行的成本分析显示,已完工程所花费的费用比预算费用超出许多。其中,机械利用率较低,人工费用量也比预算超出许多。

**2. 问题**

(1)成本控制包括对哪几个方面费用进行控制?

(2)成本控制有哪些方面措施?

(3)该工程的成本控制过程中主要应该在哪些环节进行调整? 如何调整?

**3. 分析**

(1)成本控制主要是对直接费的各个方面进行有效控制,包括人工费、机械使用费、材料费、其他直接费和现场经费五个部分。

(2)在成本控制中主要有采购费用管理、定额管理、质量管理、安全管理、施工管理和合同管理六个部分。

(3)整个工程应该加强管理方面的控制,超出成本预算主要因素是施工单位首次施工这么大规模的电厂工程,施工管理经验不足。因此,有关人员应该加强网络计划管理和施工调度,避免因为施工计划不周和施工组织不善造成的窝工损失、机械使用率降低,事故统计月报表、年报表应按时报到国家安全生产行政主管部门。

# 学习任务3　建筑工程项目进度控制

## 【学习目标】

掌握建筑工程项目进度及相关概念,掌握网络计划控制技术;熟悉影响建筑工程项目进度的因素,建筑工程项目进度的表示方法;了解建筑工程项目进度计划的编制和实施。

## 学习单元3.1　概　述

**工作任务表**

| 能力目标 | 主讲内容 | 学生完成任务 |
|---|---|---|
| 通过学习训练,使学生掌握工程进度控制的概念 | 着重介绍工程进度控制的原理、目的和任务 | 根据本单元的基本条件,在学习过程中完成工程进度控制原理、目的和任务的掌握 |

### 3.1.1　建筑工程项目进度控制的概念

工程项目进度控制是根据工程项目的进度目标,编制经济合理的进度计划,并据以检查工程项目进度计划的执行情况,若发现实际执行情况与计划进度不一致,应及时分析原因,并采取必要的措施对原工程进度计划进行调整或修正的过程。

项目进度控制是一个动态、循环、复杂的过程,也是一项效益显著的工作,它包括进度目标的分析和论证,在收集资料和调查研究的基础上编制进度计划,并对进度计划进行跟踪检查和调整。

### 3.1.2　建筑工程项目进度控制目标的制定

进度管理目标的制定应在项目分解的基础上确定。其包括项目进度总目标和分阶段目标,也可根据需要确定年、季、月、旬(周)目标,里程碑事件目标等。里程碑事件目标是指关键工作的开始时刻或完成时刻。

在确定施工进度管理目标时,必须全面细致地分析与建设工程进度有关的各种有利因素和不利因素,只有这样才能制定出一个科学、合理的进度管理目标。确定施工进度管理目标的主要依据有:工程总进度目标对施工工期的要求;工期定额、类似工程项目的实际进度;工程难易程度和工程条件的落实情况等。

在确定施工进度分解目标时,还要考虑以下几个方面:

(1)对于大型建筑工程项目,应根据尽早提供可动用单元的原则,集中力量分期分批建设,以便尽早投入使用,尽快发挥投资效益。这时,为保证每一动用单元能形成完整的生产能力,就要考虑这些动用单元交付使用时所必需的全部配套项目。因此,要处理好前期动用和后期建设的关系、每期工程中主体工程与辅助及附属工程之间的关系等。

(2)结合本工程的特点,参考同类建设工程的经验来确定施工进度目标,避免只按主观愿望盲目确定进度目标,从而在实施过程中造成进度失控。

(3)合理安排土建与设备的综合施工。按照它们各自的特点,合理安排土建施工与设备基础、设备安装的先后顺序及搭接、交叉或平行作业,明确设备工程对土建工程的要求和土建工程为设备工程提供施工条件的内容及时间。

(4)做好资金供应能力、施工力量配备、物资(材料、构配件、设备)供应能力与施工进度的平衡工作,确保工程进度目标的要求,从而避免其落空。

(5)考虑外部协作条件的配合情况。包括施工过程中及项目竣工动用所需的水、电、气、通信、道路及其他社会服务项目的满足程度和满足时间。它们必须与有关项目的进度目标相协调。

(6)考虑工程项目所在地区地形、地质、水文、气象等方面的限制条件。

### 3.1.3　建筑工程项目进度控制的基本原理

#### 3.1.3.1　动态控制原理

工程进度控制是一个不断变化的动态过程。在项目开始阶段,实际进度按照计划执行,但由于外界因素的影响,实际进度的执行往往会与计划进度出现偏差产生超前或滞后的现象。这时通过分析偏差产生的原因,采取相应的改进措施,调整原来的计划,使二者在新的起点上重合,并通过发挥组织管理作用,使实际进度继续按照计划进行。在一段时间后,实际进度和计划进度又会出现新的偏差。如此,工程进度控制出现了一个动态的调整过程。

#### 3.1.3.2　封闭循环原理

项目进度控制的全过程是一个计划、实施、检查、比较分析、确定调整措施、再计划的封闭的循环过程。

#### 3.1.3.3　弹性原理

工程进度计划工期长,影响因素多,因此进度计划的编制就会留出余地,使计划进度具有弹性。进行进度控制时就应利用这些弹性,缩短有关工作的时间,或改变工作之间的搭接关系,使计划进度和实际进度达到吻合。

#### 3.1.3.4　信息反馈原理

信息反馈是工程进度控制的重要环节,施工的实际进度通过信息反馈给基层进度控制工作人员,在分工的职责范围内,信息经过加工逐级反馈给上级主管部门,最后到达主控制室,主控制室整理统计各方面的信息,经过比较分析做出决策,调整进度计划。进度控制不断调整的过程实际上就是信息不断反馈的过程。

#### 3.1.3.5　系统原理

工程项目是一个大系统,其进度控制也是一个大系统。进度控制中计划进度的编制受到许多因素的影响,不能只考虑某一个因素或某几个因素。进度控制组织和进度实施组织也具有系统性。因此,工程进度控制具有系统性,应该综合考虑各种因素的影响。

#### 3.1.3.6　网络计划技术原理

网络计划技术原理是工程进度控制的计划管理和分析计算的理论基础。在进度控制中要利用网络计划技术原理编制进度计划,根据实际进度信息,比较和分析进度计划,又要利用网络计划的工期优化、工期与成本优化和资源优化的理论调整计划。

### 3.1.4　建筑工程项目进度控制的目的

工程项目进度管理的目的是通过控制以实现工程的进度目标。通过进度计划控制,可以有效保证进度计划的落实与执行,减少各单位和部门之间的相互干扰,确保工程项目工期目标以及质量、成本目标的实现;同时也为可能出现的施工索赔提供依据。

施工方是工程实施的一个重要参与方,许许多多的工程项目,特别是大型重点建设工程项目,工期要求十分紧迫,施工方的工程进度压力非常大。一天两班制施工,甚至24 h连续施工时有发生。不是正常有序地施工,而盲目赶工,难免会导致施工质量问题和施工安全问题的出现,并且会引起施工成本的增加。因此,施工进度控制并不仅关系到施工进度目标能否实现,它还直接关系到工程的质量和成本。在工程施工实践中,必须树立和坚持一个最基本的工程管理原则,即在确保工程质量的前提下,控制工程的进度。为了有效地控制施工进度,尽可能摆脱因进度压力而造成工程组织的被动,施工方有关管理人员应深化理解:

(1)整个建设工程项目的进度目标的确定方法。

(2)影响整个建设工程项目进度目标实现的主要因素。

(3)正确处理工程进度和工程质量的关系的方法。

(4)施工方在整个建设工程项目进度目标实现中的地位和作用。

(5)影响施工进度目标实现的主要因素。

(6)施工进度控制的基本理论、方法、措施和手段等。

### 3.1.5　建筑工程项目进度控制的任务

工程项目进度管理是项目施工中的重点控制之一,它是保证工程项目按期完成、合理安排资源供应、节约工程成本的重要措施。建设工程项目不同的参与方都有各自的进度控制的任务,但都应该围绕着投资者早日发挥投资效益的总目标去展开。工程项目不同参与方的进度管理任务和涉及的时段:

(1)业主方。控制整个项目实施阶段的进度。涉及设计准备阶段、设计阶段、施工阶段、物资采购阶段、动用前准备阶段。

(2)设计方。依据设计任务委托合同控制设计进度,并能满足施工、招标投标、物资采购进度协调。涉及设计阶段。

(3)施工方。依据施工任务委托合同控制施工进度。涉及施工阶段。

(4)供货方。依据供货合同控制供货进度。涉及物资采购阶段。

### 3.1.6　建筑工程项目进度计划系统

建设工程项目进度计划系统是由多个相互关联的进度计划组成的系统,它是项目进度控制的依据。由于各种进度计划编制所需要的必要资料是在项目进展过程中逐步形成的,因此项目进度计划系统的建立和完善也有一个过程,它是逐步形成的。根据项目进度控制不同的需要和不同的用途,业主方和项目各参与方可以构建以下多个不同的建设工程项目进度计划系统:

(1)由多个相互关联的不同深度的计划构成进度计划系统,包括总进度规划(计划)、项目子系统进度规划(计划)、项目子系统中的单项工程进度计划等。

(2)由多个相互关联的不同功能的计划构成进度计划系统,包括控制性进度规划(计划)、指导性进度规划(计划)、实施性进度计划等。

(3)由多个相互关联的不同项目参与方的计划构成进度计划系统,包括业主方编制的整个项目实施的进度计划、设计进度计划、施工和设备安装进度计划、采购和供货进度计划等。

(4)由多个相互关联的不同周期的计划构成进度计划系统,包括五年建设进度计划,年度、季度、月度和旬计划等。

在建设工程项目进度计划系统中,各进度计划或各子系统进度计划编制和调整时必须注意其相互间的联系和协调,如总进度规划(计划)、项目子系统进度规划(计划)与项目子系统中的单项工程进度计划之间的联系和协调;控制性进度规划(计划)、指导性进度规划(计划)与实施性进度计划之间的联系和协调;业主方编制的整个项目实施的进度计划、设计方编制的进度计划、施工和设备安装方编制的进度计划与采购和供货方编制的进度计划之间的联系和协调等。

### 3.1.7　计算机辅助建筑工程项目进度控制

计算机辅助工程网络计划编制的意义如下:确保工程网络计划计算的准确性;有利于工程网络计划及时调整;有利于编制资源需求计划等。

正如前述,进度控制是一个动态编制和调整计划的过程,初始的进度计划和在项目实施过程中不断调整的计划,以及与进度控制有关的信息应尽可能对项目各参与方透明,以便各方为实现项目的进度目标协同工作。为使业主方各工作部门和项目各参与方便捷地获取进度信息,可利用项目信息门户作为基于互联网的信息处理平台辅助进度控制。

## 学习单元 3.2　建筑工程项目总进度目标的论证

**工作任务表**

| 能力目标 | 主讲内容 | 学生完成任务 |
| --- | --- | --- |
| 通过学习训练,使学生了解工程总进度目标的论证 | 着重介绍工程总进度目标论证的工作内容和工作步骤 | 根据本单元的基本条件,在学习过程中完成工程总进度目标论证工作的理解 |

### 3.2.1　建筑工程项目总进度目标论证的工作内容

#### 3.2.1.1　建筑工程项目总进度目标的内涵

工程项目的总进度目标指的是整个项目的进度目标,它是在项目决策阶段项目定义时确定的。工程项目总进度目标的控制是业主方项目管理的任务。在进行工程项目总进度目标控制前,首先应分析和论证目标实现的可能性。

#### 3.2.1.2　工程项目总进度目标的论证

大型建设工程项目总进度目标论证的核心工作是通过编制总进度纲要论证进度目标实现的可能性。总进度纲要的主要内容包括项目实施的总体部署、总进度规划、各子系统进度规划、确定里程碑事件的计划进度目标、总进度目标实现的条件和应采取的措施等。

### 3.2.2　建筑工程项目总进度目标论证的工作步骤

工程项目总进度目标论证的工作步骤包括:调查研究和收集资料;进行项目结构分析;进行进度计划系统的结构分析。确定项目的工作编码;编制各层(各级)进度计划;协调各层进度计划的关系和编制总进度计划。若所编制的总进度计划不符合项目的进度目标,则设法调整;若经过多次调整,进度目标无法实现,则报告项目决策者。

## ■ 学习单元3.3　建筑工程项目进度计划的编制和调整方法

**工作任务表**

| 能力目标 | 主讲内容 | 学生完成任务 |
| --- | --- | --- |
| 通过学习训练,使学生掌握工程项目进度计划的编制方法和调整方法 | 着重介绍双代号网络图、双代号时标网络图 | 根据本单元的基本条件,在学习过程中完成工程项目进度计划的编制和调整 |

### 3.3.1　横道图进度计划的编制方法

横道图进度计划法是传统的进度计划方法。横道图计划表中的进度线与时间坐标相对应,这种表达方式较直观,易看懂计划编制的意图。但是,横道图进度计划法也存在一些问题,如:工序之间的逻辑关系可以设法表达,但不易表达清楚;适用于手工编制计划;没有通过严谨的进度计划时间参数计算,不能确定计划的关键工作、关键路线与时差;计划调整只能用手工方式进行,其工作量较大;难以适应大的进度计划系统。

### 3.3.2　工程网络计划的编制方法

国际上,工程网络计划有许多名称,如 CPM、PERT、CPA、MPM 等。工程网络计划按工作持续时间的特点划分为肯定型问题的网络计划、非肯定型问题的网络计划、随机网络计划等。工程网络计划按工作和事件在网络图中的表示方法划分为事件网络、工作网络;工程网络计划按计划平面的个数划分为单平面网络计划、多平面网络计划(多阶网络计划、分级网络计划）。我国《工程网络计划技术规程》（JGJ/T 121—99）推荐的常用的工程网络计划类型包括双代号网络计划、单代号网络计划、双代号时标网络计划、单代号搭接网络计划。

### 3.3.2.1　双代号网络计划

1. 双代号网络图的组成

双代号网络图包括节点、箭线和线路三个要素。

1）节 点

节点用圆圈或其他形状的封闭图形画出，表示工作之间的逻辑关系。起联结、开始或结束的作用，不消耗时间与资源。有起点节点、终点节点和中间节点及开始、结束节点之分。

2）箭 线

箭线与其两端节点表示一项工作，有实箭线和虚箭线之分。实箭线表示的工作有时间的消耗或同时有资源的消耗，被称为实工作（见图 3.3-1）；虚箭线表示的是虚工作（见图 3.3-2），它没有时间和资源的消耗，仅用以表达逻辑关系。虚箭线的运用较复杂，具有断开、联系和区分的作用。

　　　　图 3.3-1　实工作　　　　　　　　　图 3.3-2　虚工作

3）线 路

网络图中从起点节点开始，沿箭头方向顺序通过一系列箭线与节点，最后到达终点节点的通路称为线路。其中，线路上总的工作持续时间最长的线路称为关键线路，用粗箭线或双箭线画出。关键线路的线路时间代表整个网络计划的总工期。关键线路上的工作称为关键工作。

2. 双代号网络图的绘制原则

（1）要正确表达逻辑关系（见表 3.3-1）。

表 3.3-1　各工作之间逻辑关系的表示方法

| 序号 | 各工作之间的逻辑关系 | 双代号网络图 |
| --- | --- | --- |
| 1 | A 完成后进行 B，B 完成后进行 C | ①—A→②—B→③—C→④ |
| 2 | A 完成后进行 B 和 C | ①—A→②—B→③，②—C→④ |
| 3 | A 和 B 完成后进行 C | ①—A→③，②—B→③—C→④ |

续表 3.3-1

| 序号 | 各工作之间的逻辑关系 | 双代号网络图 |
|---|---|---|
| 4 | A、B 完成后进行 C 和 D | |
| 5 | A 完成后,进行 C;A、B 完成后进行 D | |
| 6 | A、B 完成后,进行 D;A、B、C 完成后,进行 E;D、E 完成后,进行 F | |
| 7 | A、B 活动分成三段流水 | |
| 8 | A 完成后,进行 B;B、C 完成后,进行 D | |

(2)要遵守绘制规则。双代号网络图绘制规则如下:

①网络图必须具有能够表明基本信息的明确标识,用数字或字母均可。

②工作或节点的字母代号或数字编号,在同一项任务的网络图中,不允许重复使用(见图 3.3-3)。

③在同一网络图中,只允许有一个起点节点和一个终点节点(见图 3.3-4)。

④不允许出现封闭循环回路(见图 3.3-5)。

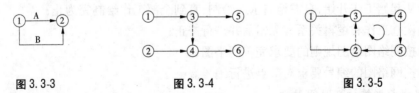

图 3.3-3          图 3.3-4          图 3.3-5

⑤网络图的主方向是从起点节点到终点节点的方向,绘制时应尽量横平竖直。

⑥严禁出现无箭头和双向箭头的连线(见图 3.3-6)。

⑦代表工作的箭线,其首尾必须有节点(见图 3.3-7)。

⑧绘制网络图时,应尽量避免箭线交叉。避免箭线交叉时可采用过桥法或指向法(见图 3.3-8、图 3.3-9)。

⑨当某一内向节点或外向节点有多个(4 个或以上)内向工作、外向工作时,应采用母

图 3.3-6

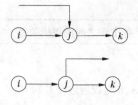

图 3.3-7

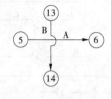

图 3.3-8 过桥法

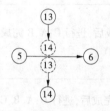

图 3.3-9 指向法

线法(见图 3.3-10)绘制。

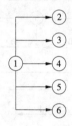

图 3.3-10 母线法

另外,网络图中不应出现不必要的虚工作(见图 3.3-11)。

此外,要合理排列网络图。网络图要重点突出,层次清晰,布局合理。

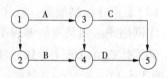

图 3.3-11 有多余虚箭线(错误)

3. 双代号网络图绘制方法与步骤

(1)按网络图的类型,合理确定排列方式与布局;

(2)从起始工作开始,自左至右依次绘制,直到全部工作绘制完为止;

(3)检查工作和逻辑关系有无错漏并进行修正;

(4)按网络图绘图规则的要求完善网络图;

(5)按网络图的编号要求对节点进行编号。

4. 双代号网络计划时间参数

1)工作持续时间 $D_{i-j}$ 和工期

(1)计算工期($T_{\mathrm{C}}$)。指通过计算求得的网络计划的工期。

(2)计划工期($T_{\mathrm{P}}$)。指完成网络计划的计划(打算)工期。

(3)要求工期($T_{\mathrm{r}}$)。指合同规定或业主要求、企业上级要求的工期。

通常,$T_{\mathrm{P}} \leqslant T_{\mathrm{r}}$ 或 $T_{\mathrm{P}} = T_{\mathrm{C}}$。

2)工作的六个时间参数

(1)工作的最早开始时间($ES_{i-j}$)。

(2)工作的最早完成时间($EF_{i-j}$)。

(3)工作的最迟开始时间($LS_{i-j}$)。

(4)工作的最迟完成时间($LF_{i-j}$)。

(5)工作的自由时差($FF_{i-j}$)。

(6)工作的总时差($TF_{i-j}$)。

3)节点的两个时间参数

(1)节点的最早时间($ET_i$)。

(2)节点的最迟时间($LT_i$)。

5.双代号网络计划时间参数计算

双代号网络计划的时间参数既可以按工作计算法进行计算,也可以按节点计算法进行计算。

1)工作计算法

按工作计算法是指以网络计划中的工作为对象直接计算工作的六个时间参数,并将计算结果标注在箭线上方(见图3.3-12)。

**图3.3-12 工作计算法时间参数的标注**

2)按节点计算法

(1)节点最早时间是指该节点所有紧后工作的最早可能开始时刻。

起点节点: 令$ET_1 = 0$

其他节点:$ET_j = \max\{ET_i + D_{i-j}\}$(顺线累加,逢岔取大)

式中 $ET_j$——工作$i-j$的完成节点$j$的最早时间;

$ET_i$——工作$i-j$的开始节点$i$的最早时间;

$D_{i-j}$——工作$i-j$的持续时间。

(2)节点最迟时间是指该节点所有紧前工作最迟必须结束的时刻。它应是以该节点为完成节点的所有工作最迟必须结束的时刻。若迟于这个时刻,紧后工作就要推迟开始,整个网络计划的工期就要延迟。

由于终点节点代表整个网络计划的结束,因此要保证计划总工期,终点节点的最迟时间应等于此工期。

若总工期有规定,可令终点节点的最迟时间$LT_n$等于规定总工期$T$,即$LT_n = T$。

若总工期未规定,可令终点节点的最迟时间$LT_n$等于按终点节点最早时间计算出的计划总工期,即$LT_n = ET_n$。

### 3.3.2.2　单代号网络计划

1. 单代号网络图的组成

和双代号网络图一样,单代号网络图也是由节点、箭线和线路三个要素组成。

1) 节 点

单代号网络图中的节点表示一项工作(或工序)有时间或资源的消耗。另外,当网络图中出现多项没有紧前工作的工作节点或多项没有紧后工作的工作节点时,应在网络图的两端分别设置虚拟的起点节点($St$)或虚拟的终点节点($Fin$)。

2) 箭 线

单代号网络图中箭线仅用于表达逻辑关系,且无虚箭线。由于单代号网络图中没有虚箭线,我们可以推断单代号网络图绘制比较简单,事实上即是如此。

3) 线 路

和双代号网络图一样,单代号网络图自起点节点向终点节点也形成若干条通路。同样,持续时间最长的即是关键线路。

2. 单代号网络图的绘制

1) 绘制规则

单代号网络图的绘制规则与双代号网络图基本相同。主要的不同之处是单代号网络图可能要增加虚拟的起点节点($St$)或虚拟的终点节点($Fin$)。

2) 绘图方法

(1) 正确表达逻辑关系(结果详见表3.3-2)。

(2) 箭线不宜交叉,否则采用过桥法。

(3) 其他同双代号网络图绘图方法。

表3.3-2　逻辑关系的表达

| 序号 | 工作间的逻辑关系 | 单代号网络图 |
|------|------------------|--------------|
| 1 | A 完成后进行 B,<br>B 完成后进行 C | A → B → C |
| 2 | A 完成后进行 B 和 C | A → B<br>A → C |
| 3 | A 和 B 完成后进行 C | A → C<br>B → C |
| 4 | A、B 完成后进行 C 和 D | A → C<br>B → D |

续表3.3-2

| 序号 | 工作间的逻辑关系 | 单代号网络图 |
|---|---|---|
| 5 | A 完成后,进行 C;A、B 完成后进行 D | A→C, A→D, B→D |
| 6 | A、B 完成后,进行 D; A、B、C 完成后,进行 E; D、E 完成后,进行 F | A→D→F, A→E, B→D, B→E, C→E, D→F, E→F |
| 7 | A、B 活动分成三段流水 | A₁→A₂→A₃, A₁→B₁, A₂→B₂, A₃→B₃, B₁→B₂→B₃ |
| 8 | A 完成后,进行 B;B、C 完成后,进行 D | A→B, B→D, C→D |

### 3.单代号网络计划时间参数计算

1)时间参数符号

$LAG_{i,j}$——工作 $i$ 和工作 $j$ 的时间间隔;

$ES_i$　——工作 $i$ 的最早开始时间;

$EF_i$　——工作 $i$ 的最早完成时间;

$LS_i$　——工作 $i$ 的最迟开始时间;

$LF_i$——工作 $i$ 的最迟完成时间;

$FF_i$——工作 $i$ 的自由时差;

$TF_i$——工作 $i$ 的总时差。

2)时间参数计算

(1)计算工作的最早开始时间和最早完成时间。

(2)计算相邻两工作之间的时间间隔。相邻两工作之间的时间间隔 $LAG_{i,j}$ 是指其紧后工作的最早开始时间与本工作的最早完成时间的差值。

(3)计算工作的自由时差。

(4)计算工作的总时差。

(5)计算工作的最迟时间。

## 3.3.2.3　单代号搭接网络计划

在实际工程中,经常采用平行搭接的施工方式。单代号搭接网络计划有以下五种基本的工作搭接关系:

(1)开始到开始的关系($STS_{i-j}$)。

(2)结束到结束的关系($FTF_{i-j}$)。

(3)开始到结束的关系($STF_{i-j}$)。

（4）结束到开始的关系（$FTS_{i-j}$）。

（5）混合搭接关系。当两项工作之间同时存在上述四种基本关系中的两种关系时，称为混合搭接关系。

用双代号表达搭接施工比较麻烦，甚至不能够表达，而用单代号表达搭接施工则比较容易，这也是单代号的一大优点。

### 3.3.2.4　双代号时标网络计划

（1）双代号时标网络计划是以时间坐标为尺度编制的网络计划双代号，时标网络计划中应以实箭线表示工作，以虚箭线表示虚工作，以波形线表示工作的自由时差。

（2）双代号时标网络计划是以水平时间坐标为尺度编制的双代号网络计划，其主要特点如下：时标网络计划兼有网络计划与横道计划的优点，它能够清楚地表明计划的时间进程，使用方便；时标网络计划能在图上直接显示出各项工作的开始时间与完成时间、工作的自由时差及关键线路；在时标网络计划中可以统计每一个单位时间对资源的需要量，以便进行资源优化和调整；由于箭线受到时间坐标的限制，当情况发生变化时，对网络计划的修改比较麻烦，往往要重新绘图。但在使用计算机以后，这一问题已较容易解决。

（3）双代号时标网络计划的一般规定：

①双代号时标网络计划必须以水平时间坐标为尺度表示工作时间。时标的时间单位应根据需要在编制网络计划之前确定，可为时、天、周、月或季。

②时标网络计划以实箭线表示工作，以虚箭线表示虚工作，以波形线表示工作的自由时差。

③时标网络计划中所有符号在时间坐标上的水平投影位置，都必须与其时间参数相对应。节点中心必须对准相应的时标位置。

④时标网络计划中虚工作必须以垂直方向的虚箭线表示，有自由时差时加波形线表示。

（4）双代号时标网络计划的编制方法有以下两种：

①间接绘制法。所谓间接绘制法，是指先根据无时标的网络计划草图计算其时间参数并确定关键线路，在时标网络计划表中进行绘制。在绘制时应先将所有节点按其最早时间定位在时标网络计划表中的相应位置，再用规定线型（实箭线和虚箭线）按比例绘出工作和虚工作。当某些工作箭线的长度不足以到达该工作的完成节点时，须用波形线补足，箭头应画在与该工作完成节点的连接处。

②直接绘制法。所谓直接绘制法，是指不计算时间参数而直接按无时标的网络计划草图绘制时标网络计划。

## 3.3.3　实际进度与计划进度的比较方法

实际进度与计划进度的比较是建设工程进度监测的主要环节，常用的进度比较方法有横道图比较法、S形曲线比较法和前锋线比较法。

### 3.3.3.1　横道图比较法

横道图比较法是指将项目实施过程中检查实际进度收集到的数据，经加工整理后直接用横道线平行绘于原计划的横道线处，进行实际进度与计划进度比较的方法。采用横道图比较法,可以形象、直观地反映实际进度与计划进度的比较情况。

1. 匀速进展横道图比较法

匀速进展是指在工程项目中,每项工作在单位时间内完成的任务量都是相等的,即工作的进展速度是均匀的。此时,每项工作累计完成的任务量与时间成线性关系。

采用匀速进展横道图比较法时,其步骤如下:

(1)编制横道图进度计划。

(2)在进度计划上标出检查日期。

(3)将检查收集到的实际进度数据经加工整理后按比例用涂黑的粗线标于计划进度的下方,如图3.3-13所示。

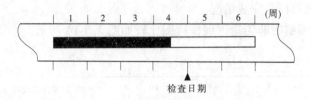

**图3.3-13　匀速进展横道图比较**

(4)对比分析实际进度与计划进度:

①如果涂黑的粗线右端落在检查日期左侧,表明实际进度拖后;

②如果涂黑的粗线右端落在检查日期右侧,表明实际进度超前;

③如果涂黑的粗线右端与检查日期重合,表明实际进度与计划进度一致。

应该强调,该方法仅适用于工作从开始到结束的整个过程中,其进展速度均为固定不变的情况。如果工作的进展速度是变化的,则不能采用这种方法进行实际进度与计划进度的比较,否则会得出错误的结论。

2. 非匀速进展横道图比较法

当工作在不同单位时间里的进展速度不相等时,累计完成的任务量与时间的关系就不可能是线性关系。此时,应采用非匀速进展横道图比较法进行工作实际进度与计划进度的比较。

非匀速进展横道图比较法在用涂黑粗线表示工作实际进度的同时,还要标出其对应时刻完成任务量的累计百分比,并将该百分比与其同时刻计划完成任务量的累计百分比相比较,判断工作实际进度与计划进度之间的关系。

采用非匀速进展横道图比较法时,其步骤如下:

(1)绘制横道图进度计划。

(2)在横道线上方标出各主要时间工作的计划完成任务量累计百分比。

(3)在横道线下方标出相应时间工作的实际完成任务量累计百分比。

(4)用涂黑粗线标出工作的实际进度,从开始之日标起,同时反映出该工作在实施工程中的连续与间断情况。

(5)比较同一时刻实际完成任务量累计百分比和计划完成任务量累计百分比,判断工作实际进度与计划进度之间的关系:

①如果同一时刻横道线上方累计百分比大于横道线下方累计百分比,表明实际进度拖后,拖欠的任务量为二者之差;

②如果同一时刻横道线上方累计百分比小于横道线下方累计百分比,表明实际进度超前,超前的任务量为二者之差;

③如果同一时刻横道线上下方两个累计百分比相等,表明实际进度与计划进度一致。

由于工作进展速度是变化的,图中的横道线无论是计划的还是实际的,只能表示工作的开始时间、完成时间和持续时间,并不表示计划完成的任务量和实际完成的任务量。此外,采用非匀速进展图比较法,不仅可以进行某一时刻(如检查日期)实际进度与计划进度的比较,还能进行某一时间段实际进度与计划进度的比较。当然,这需要实施部门按规定的时间记录当时的任务完成情况。

例如,某单位编制的非匀速进展横道图比较如图 3.3-14 所示。

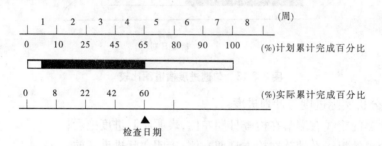

图 3.3-14   非匀速进展横道图比较

图 3.3-14 所反映的信息:横道线上方标出的土方开挖工作每周计划完成任务量的百分比分别为 10%、15%、20%、20%、15%、10%、10%;计划累计完成任务量的百分比为10%、25%、45%、65%、80%、90%、100%;横道线下方标出第 1 周至检查日期第 4 周每周实际完成任务量百分比分别为 8%、14%、20%、18%;实际累计完成任务量的百分比分别为 8%、22%、42%、60%;每周实际进度百分比分别为:拖后 2%,拖后 1%,正常,拖后2%;各周累计拖后分别为 2%、3%、3%、5%。

横道图比较法比较简单、形象直观、易于掌握、使用方便,但由于其以横道计划为基础,因而带有不可克服的局限性。在横道计划中,各项工作之间的逻辑关系表达不明确,关键工作和关键线路无法确定。一旦某些工作实际进度出现偏差,就难以预测其对后续工作和工程总工期的影响,也就难以确定相应的进度计划调整方法。因此,横道图比较法主要用于工程项目中某些工作实际进度与计划进度的局部比较。

### 3.3.3.2   S 形曲线比较法

S 形曲线比较法是以横坐标表示时间,纵坐标表示累计完成任务量,绘制一条按计划时间累计完成任务量的 S 形曲线;然后将工程项目实施过程中各检查时间实际累计完成任务量的 S 形曲线也绘制在同一坐标系中,进行实际进度与计划进度比较的一种方法。

从整个工程项目实际进展全过程看,单位时间投入的资源量一般是开始和结束时较少,中间阶段较多。与其相对应,单位时间完成的任务量也呈同样的变化规律,如图 3.3-15所示。

而随工程进展累计完成的任务量则应呈 S 形变化,如图 3.3-16 所示。由于其形似英文字母"S",S 形曲线因此而得名,S 形曲线可以反映整个工程项目进度的快慢信息。

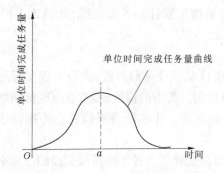

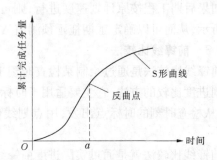

图 3.3-15　单位时间完成任务量曲线　　　图 3.3-16　时间与累计完成任务量关系曲线

　　同横道图比较法一样,S 形曲线比较法也是在图上进行工程项目实际进度与计划进度的直观比较。在工程项目实施过程中,按照规定时间将检查收集到的实际累计完成任务量绘制在原计划 S 形曲线图上,即可得到实际进度 S 形曲线,如图 3.3-17 所示。通过比较实际进度 S 形曲线和计划进度 S 形曲线,可以获得如下信息:

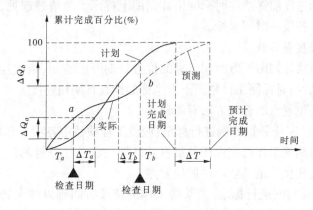

图 3.3-17　S 形曲线比较图

　　(1)工程项目的实际进展状况。

　　如果工程实际进展点落在计划 S 形曲线左侧,表明此时实际进度比计划进度超前,如图 3.3-17 中的 $a$ 点;如果工程实际进展点落在计划 S 形曲线右侧,表明此时实际进度拖后,如图 3.3-17 中的 $b$ 点;如果工程实际进展点正好落在计划 S 形曲线上,则表示此时实际进度与计划进度一致。

　　(2)工程项目实际进度超前或拖后的时间。

　　在 S 形曲线比较图中可以直接读出实际进度比计划进度超前或拖后的时间。如图 3.3-17所示,$\Delta T_a$ 表示 $T_a$ 时刻实际进度超前的时间;$\Delta T_b$ 表示 $T_b$ 时刻实际进度拖后的时间。

　　(3)工程项目实际超额或拖欠的任务量。

　　在 S 形曲线比较图中也可直接读出实际进度比计划进度超额或拖欠的任务量。如

图 3.3-17 所示，$\Delta Q_a$ 表示 $T_a$ 时刻超额完成的任务量，$\Delta Q_b$ 表示 $T_b$ 时刻拖欠的任务量。

（4）后期工程进度预测。

如果后期工程按原计划速度进行，则可做出后期工程计划 S 形曲线，如图 3.3-17 中虚线所示，从而可以确定工期拖延预测值 $\Delta T$。

### 3.3.3.3　前锋线比较法

前锋线比较法是通过绘制某检查时刻工程项目实际进度前锋线，进行工程实际进度与计划进度比较的方法，它主要适用于时标网络计划。所谓前锋线，是指在原时标网络计划上，从检查时刻的时标点出发，用点划线依次将各项工作实际进展位置点连接而成的折线。

前锋线比较法就是通过实际进度前锋线与原进度计划中各工作箭线交点的位置来判断工作实际进度与计划进度的偏差，进而判定该偏差对后续工作及总工期影响程度的一种方法。

#### 1. 前锋线比较法的步骤

采用前锋线比较法进行实际进度与计划进度的比较，其步骤如下。

1）绘制时标网络计划图

工程项目实际进度前锋线在时标网络计划图上标示。为清楚起见，可在时标网络计划图的上方和下方各设一时间坐标。

2）绘制实际进度前锋线

一般从时标网络计划图上方时间坐标的检查日期开始绘制，依次连接相邻工作的实际进展位置点，最后与时标网络计划图下方坐标的检查日期相连接。

工作实际进展位置点的标定方法有两种：

（1）按该工作已完任务量比例进行标定：假设工程项目中各项工作均为匀速进展，根据实际进度检查时刻该工作已完成任务量占其计划完成总任务量的比例，在工作箭线上从左至右按相同的比例标定其实际进展位置点。

（2）按尚需作业时间进行标定：当某些工作的持续时间难以按实物工程量来计算而只能凭经验估算时，可以先估算出检查时刻到该工作全部完成尚需作业的时间，然后在该工作箭线上从右向左逆向标定其实际进展位置点。

3）进行实际进度与计划进度的比较

前锋线可以直观地反映出检查日期有关工作实际进度与计划进度之间的关系。对某项工作来说，其实际进度与计划进度之间的关系可能存在以下三种情况：

（1）工作实际进展位置点落在检查日期的左侧，表明该工作实际进度拖后，拖后时间为二者之差。

（2）工作实际进展位置点与检查日期重合，表明该工作实际进度与计划进度一致。

（3）工作实际进展位置点落在检查日期的右侧，表明该工作实际进度超前，超前的时间为二者之差。

4）预测进度偏差对后续工作及总工期的影响

通过实际进度与计划进度的比较确定进度偏差后，还可根据工作的自由时差和总时差预测该进度偏差对后续工作及项目总工期的影响。由此可见，前锋线比较法既适用于工作实际进度与计划进度之间的局部比较,又可用来分析和预测工程项目整体进度状况。值得注意的是,以上比较是针对匀速进展的工作。

2. 示例

【例3-1】　某工程项目时标网络计划如图3.3-18所示。该计划执行到第6周末检查实际进度时,发现工作A和B已经全部完成,工作D、E分别完成计划任务量的20%和50%,工作C尚需3周完成,试用前锋线法进行实际进度与计划的比较。

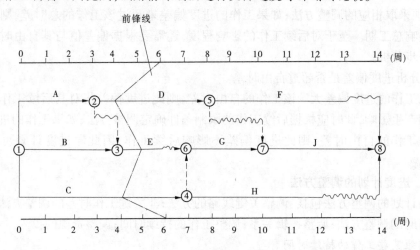

**图3.3-18　某工程前锋线比较**

**解:**根据第6周末实际进度的检查结果绘制前锋线,如图3.3-18中点画线所示。通过比较可以看出:

(1)工作D实际进度拖后2周,将使其后续工作F的最早开始时间推迟2周,并使总工期延长1周。

(2)工作E实际进度拖后1周,既不影响总工期,也不影响其后续工作的正常进行。

(3)工作C实际进度拖后2周,使总工期延长2周,并将使其后续工作G、H、J的最早开始时间推迟2周。

工作G、J开始时间的推迟,使总工期延长2周。综上所述,如果不采取措施加快进度,该工程项目的总工期将延长2周。

## 3.3.4　进度计划调整的方法、原则

进度计划执行中的管理工作主要有几个方面:检查并掌握实际进展情况;分析产生进度偏差的主要原因;确定相应的纠偏措施或调整方法。

在工程项目实施过程中,当通过实际进度与计划进度的比较,发现有进度偏差时,应根据偏差对后续工作及总工期的影响,采取相应的调整方法对原进度计划进行调整,以确保工期目标的顺利实现。

### 3.3.4.1　分析进度偏差对后续工作及总工期的影响

进度偏差的大小及其所处的位置不同,对后续工作和总工期的影响程度是不同的,分析时需要利用网络计划中工作总时差和自由时差的概念进行判断。分析步骤如下:

（1）分析出现进度偏差的是否为关键工作。

如果出现进度偏差的工作位于关键线路上，即该工作为关键工作，则无论其偏差有多大，都将对后续工作和总工期产生影响，必须采取相应的调整方法；如果出现偏差的工作是非关键工作，则需要根据进度偏差值与总时差和自由时差的关系做进一步分析。

（2）分析进度偏差是否超过总时差。

如果工作的进度偏差大于该工作的总时差，则此进度偏差必将影响其后续工作和总工期，必须采取相应的调整方法；如果工作的进度偏差未超过该工作的总时差，则此进度偏差不影响总工期。至于对后续工作的影响程度，还需要根据偏差值与其自由时差的关系作进一步分析。

（3）分析进度偏差是否超过自由时差。

如果工作的进度偏差大于该工作的自由时差，则此进度偏差将对其后续工作的最早开始时间产生影响，此时应根据后续工作的限制条件确定调整方法；如果工作的进度偏差未超过该工作的自由时差，则此进度偏差不影响后续工作，因此原进度计划可以不作调整。

### 3.3.4.2　进度计划的调整方法

网络计划的调整方法包括：调整关键线路的方法；非关键工作时差的调整方法；增、减工作项目时的调整方法；调整逻辑关系；调整工作的持续时间；调整资源的投入。

#### 1. 缩短某些工作的持续时间

通过检查分析，如果发现原有进度计划已不能适应实际情况，为了确保进度控制目标的实现或需要确定新的计划目标，就必须对原进度计划进行调整，以形成新的进度计划，作为进度控制的新依据。

这种方法的特点是不改变工作之间的先后顺序，通过缩短网络计划中关键线路上工作的持续时间来缩短工期，并考虑经济影响，实质是一种工期费用优化，通常优化过程需要采取一定的措施来达到目的，具体措施包括以下内容：

（1）组织措施，如增加工作面，组织更多的施工队伍；增加每天的施工时间（如采用三班制等）；增加劳动力和施工机械的数量等。

（2）技术措施，如改进施工工艺和施工技术，缩短工艺技术间歇时间；采用更先进的施工方法，以减少施工过程的数量（如将现浇框方案改为预制装配方案）；采用更先进的施工机械，加快作业速度等。

（3）经济措施，如实行包干奖励；提高奖金数额；对所采取的技术措施给予相应的经济补偿等。

（4）其他配套措施，如改善外部配合条件；改善劳动条件；实施强有力的调度等。

一般来说，不管采取哪种措施，都会增加费用。因此，在调整施工进度计划时，应利用费用优化的原理选择费用增加量最小的关键工作作为压缩对象。

#### 2. 改变某些工作间的逻辑关系

当工程项目实施中产生的进度偏差影响到总工期，且有关工作的逻辑关系允许改变时，不改变工作的持续时间，可以改变关键线路和超过计划工期的非关键线路上的有关工作之间的逻辑关系，达到缩短工期的目的。例如，将顺序进行的工作改为平行作业，对于大型建设工程,由于其单位工程较多且相互间的制约比较小,可调整的幅度比较大,所以容易采用平行作业的方法调整施工进度计划。而对于单位工程项目,由于受工作之间工艺关系的限制,可调整的幅度比较小,所以通常采用搭接作业以及分段组织流水作业等方法来调整施工进度计划,有效地缩短工期。但不管是平行作业还是搭接作业,建设工程单位时间内的资源需求量将会增加。

**3. 其他方法**

除分别采用上述两种方法来缩短工期外,有时由于工期拖延得太多,当采用某种方法进行调整,其可调整的幅度又受到限制时,还可以同时利用缩短工作持续时间和改变工作之间的逻辑关系两种方法对同一施工进度计划进行调整,以满足工期目标的要求。

### 3.3.4.3　关键工作和关键线路的确定

**1. 关键工作**

关键工作指的是网络计划中总时差最小的工作。当计划工期等于计算工期时,总时差为零的工作就是关键工作。在搭接网络计划中,关键工作是总时差为最小的工作。工作总时差最小的工作,也即是其具有的机动时间最小。

当计算工期不能满足计划工期时,可设法通过压缩关键工作的持续时间,以满足计划工期要求。在选择缩短持续时间的关键工作时,宜考虑下述因素:

(1)缩短持续时间而不影响质量和安全的工作。

(2)有充足备用资源的工作。

(3)缩短持续时间所需增加的费用相对较少的工作等。

**2. 关键线路**

在双代号网络计划和单代号网络计划中,关键线路是总的工作持续时间最长的线路。该线路在网络图上应用粗线、双线或彩色线标注。一个网络计划可能有一条或几条关键线路,在网络计划执行过程中,关键线路有可能转移。

**3. 时差的运用**

总时差指的是在不影响总工期的前提下本工作可以利用的机动时间。自由时差指的是在不影响其紧后工作最早开始时间的前提下本工作可以利用的机动时间。

**4. 关键线路和关键工作的确定方法**

(1)在关键线路法中,总时差最小的工作为关键工作。

(2)在双代号网络计划中,关键线路上的节点称为关键节点。

(3)在双代号网络计划中,利用标号法可以确定关键线路。

(4)在单代号网络计划(包括单代号搭接网络计划)中,从网络计划的终点节点开始,逆着箭线方向依次找出相邻两项工作之间时间间隔为零的线路就是关键线路。

(5)时标网络计划中的关键线路可从网络计划的终点节点开始,逆着箭线方向进行判定,凡自始至终不出现波形线的线路即为关键线路。

### 3.3.4.4　施工进度计划调整的原则

(1)压缩工期必须找关键工作。

(2)被压缩的工作应有压缩潜力。

(3)先选压缩后增加的赶工费最少(费用率最小)的关键工作。

（4）并联线路同为关键线路,压缩时注意并联线路上的工作应同时压缩。

# 学习单元 3.4　建筑工程项目进度控制的措施

**工作任务表**

| 能力目标 | 主讲内容 | 学生完成任务 |
|---|---|---|
| 通过学习训练,使学生掌握工程进度控制的措施 | 着重介绍工程进度控制的措施 | 根据本单元的基本条件,在学习过程中完成对四种工程进度控制措施的掌握 |

施工进度计划的控制措施包括组织措施、经济措施、技术措施和管理措施,其中最重要的措施是组织措施,最有效的措施是经济措施。

## 3.4.1　建筑工程项目进度控制的组织措施

施工进度计划控制的组织措施包括以下内容:

（1）系统的目标决定了系统的组织,组织是目标能否实现的决定性因素,因此首先建立项目的进度控制目标体系。

（2）充分重视健全项目管理的组织体系,在项目组织结构中应有专门的工作部门和符合进度控制岗位资格的专人负责进度控制工作。进度控制的主要工作环节包括进度目标的分析和论证、编制进度计划、定期跟踪进度计划的执行情况、采取纠偏措施,以及调整进度计划,这些工作任务和相应的管理职能应在项目管理组织设计的任务分工表和管理职能分工表中标示并落实。

（3）建立进度报告、进度信息沟通网络、进度计划审核、进度计划实施中的检查分析、图纸审查、工程变更和设计变更管理等制度。

（4）应编制项目进度控制的工作流程,如确定项目进度计划系统的组成,确定各类进度计划的编制程序、审批程序和计划调整程序等。

（5）进度控制工作包含了大量的组织和协调工作,而会议是组织和协调的重要手段,建立进度协调会议制度,应进行有关进度控制会议的组织设计,以明确会议的类型,各类会议的主持人及参加单位和人员,各类会议的召开时间、地点,各类会议文件的整理、分发和确认等。

## 3.4.2　建筑工程项目进度控制的经济措施

施工进度计划控制的经济措施包括以下内容:

（1）为确保进度目标的实现,应编制与进度计划相适应的资源需求计划（资源进度计划）,包括资金需求计划和其他资源（人力和物力资源）需求计划,以反映工程实施的各时段所需要的资源。通过资源需求的分析,可发现所编制的进度计划实现的可能性,若资源条件不具备,则应调整进度计划,同时考虑可能的资金总供应量、资金来源（自有资金和外来资金)以及资金供应的时间。

(2)及时办理工程预付款及工程进度款支付手续。

(3)在工程预算中应考虑加快工程进度所需要的资金,其中包括为实现进度目标将要采取的经济激励措施所需要的费用,如对应急赶工给予优厚的赶工费用及对工期提前给予奖励等。

(4)对工程延误收取误期损失赔偿金。

### 3.4.3 建筑工程项目进度控制的技术措施

施工进度计划控制的技术措施包括以下内容:

(1)不同的设计理念、设计技术路线、设计方案会对工程进度产生不同的影响。在设计工作的前期,特别是在设计方案评审和选用时,应对设计技术与工程进度的关系作分析比较。

(2)采用技术先进和经济合理的施工方案,改进施工工艺和施工技术、施工方法,选用更先进的施工机械。

### 3.4.4 建筑工程项目进度控制的管理措施

工程项目进度控制的管理措施涉及管理的思想、管理的方法、管理的手段、承发包模式、合同管理和风险管理等。在理顺组织的前提下,科学和严谨的管理显得十分重要。

施工进度计划采取相应的管理措施时必须注意以下问题:

(1)工程项目进度控制在管理观念方面存在的主要问题是:缺乏进度计划系统的观念,分别编制各种独立而互不联系的计划,形成不了计划系统;缺乏动态控制的观念,只重视计划的编制,而不重视及时进行计划的动态调整;缺乏进度计划多方案比较和选优的观念。合理的进度计划应体现资源的合理使用、工作面的合理安排,有利于提高建设质量,有利于文明施工和有利于合理地缩短建设周期。因此,对于工程项目进度控制必须有科学的管理思想。

(2)用工程网络计划的方法编制进度计划必须很严谨地分析和考虑工作之间的逻辑关系,通过工程网络的计算可发现关键工作和关键路线,也可知道非关键工作可利用的时差,工程网络计划的方法有利于实现进度控制的科学化,是一种科学的管理方法。

(3)重视信息技术(包括相应的软件、局域网、互联网以及数据处理设备)在进度控制中的应用。虽然信息技术对进度控制而言只是一种管理手段,但它的应用有利于提高进度信息处理的效率,有利于提高进度信息的透明度,有利于促进进度信息的交流和项目各参与方的协同工作。

(4)承发包模式的选择直接关系到工程实施的组织和协调。为了实现进度目标,应选择合理的合同结构,以避免过多的合同交界面而影响工程的进展。

(5)加强合同管理和索赔管理,协调合同工期与进度计划的关系,保证合同中进度目标的实现;同时严格控制合同变更,尽量减少由于合同变更引起的工程拖延。

(6)为实现进度目标,不但应进行进度控制,还应注意分析影响工程进度的风险,并在分析的基础上采取风险管理措施,以减少进度失控的风险量。常见的影响工程进度的风险有组织风险、管理风险、合同风险、资源(人力、物力和财力)风险及技术风险等。

# 学习单元 3.5 案 例

## 【案例3-1】

工作间逻辑关系如表3.5-1所示,绘制双代号网络图。

**表 3.5-1 工作间逻辑关系**

| 本工作 | A | B | C | D | E | F |
|---|---|---|---|---|---|---|
| 紧前工作 | — | — | — | B、C | A、B | B、C |
| 紧后工作 | E、D | D、E、F | D、F | | | |

**解:**根据工作 A、C 的紧后工作,工作 A、C 间需用 2 个虚箭线连接,如图 3.5-1(a)所示。再由表 3.5-1 可以看出工作 A、B 以及工作 B、C 之间亦有虚箭线存在,从而可以得出网络(见图 3.5-1(b)),绘制完毕。

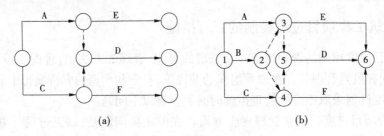

(a)　　　　　　　　　(b)

**图 3.5-1 双代号网络图**

## 【案例3-2】

工作间逻辑关系如表3.5-2所示,试绘制出双代号网络图。

**表 3.5-2 工作逻辑关系**

| 本工作 | A | B | C | D | E |
|---|---|---|---|---|---|
| 紧前工作 | — | — | A、B | A、B | C、D |
| 紧后工作 | C、D | C、D | E | E | — |

**解:**工作 A 与 B、C 与 D 之间分别有一个虚箭线存在。于是,可以画出网络图如图 3.5-2(a)或(b)所示。

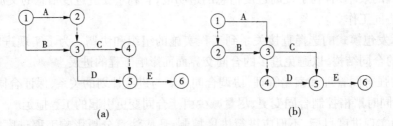

(a)　　　　　　　　　(b)

**图 3.5-2 双代号网络图**

【案例3-3】

工作间逻辑关系如表3.5-3所示,试绘制出双代号网络图。

表3.5-3　工作间逻辑关系

| 本工作 | A | B | C | D |
|---|---|---|---|---|
| 紧前工作 | — | — | — | — |
| 紧后工作 | — | — | — | — |

解:画出网络图,如图3.5-3所示。

【案例3-4】

工作间逻辑关系如表3.5-4所示,试绘制出双代号网络图。

表3.5-4　工作间逻辑关系

| 本工作 | 支模1 | 扎筋1 | 浇混凝土1 | 支模2 | 扎筋2 | 浇混凝土2 |
|---|---|---|---|---|---|---|
| 紧后工作 | 扎筋1<br>支模2 | 扎筋2<br>浇混凝土1 | 浇混凝土2 | 扎筋2 | 浇混凝土2 | — |
| 持续时间 | 2 | 1 | 1 | 2 | 1 | 1 |

解:工作扎筋1与支模2之间有1个虚箭线,进一步可以画出网络图如图3.5-4所示。

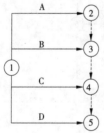

图3.5-3　双代号网络图

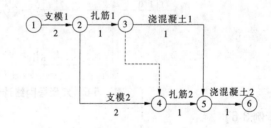

图3.5-4　双代号网络图

【案例3-5】

下面以图3.5-5为例介绍一下按工作计算法计算时间参数的过程。

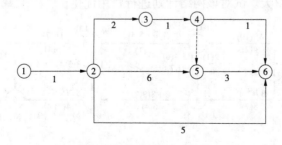

图3.5-5　双代号网络计划

解：(1)计算工作的最早时间(顺线累加,逢岔取大)。

工作的最早时间即最早开始时间和最早完成时间。计算时应从网络计划的起点节点开始,顺箭线方向逐个进行计算。具体计算步骤为：

①最早开始时间。

②最早完成时间。

(2)计算工作的最迟时间(逆线递减,逢岔取小)。

①以终点节点为结束节点的工作的最迟完成时间。

②其他工作的最迟完成时间。

③计算工作的最迟开始时间。

(3)计算工作的自由时差(不影响紧后工作最早开始)。

①对于有紧后工作的(紧后工作不含虚工作)。

②对于无紧后工作的。

(4)计算工作的总时差(不影响工期)。

(5)确定关键工作和关键线路。

总时差为 0 的工作为关键工作,如工作①→②、②→⑤、⑤→⑥。由关键工作形成的线路即为关键线路,如图 3.5-6 所示。线路①→②→⑤→⑥为关键线路。

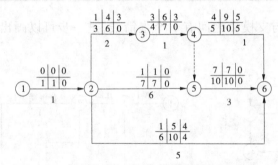

图 3.5-6　双代号网络计划

【案例 3-6】

已知网络计划如图 3.5-7 所示,图中箭线下方括号外数字为工作的正常持续时间(单位:天),括号内数字为最短持续时间;箭线上方括号外数字为工作按正常持续时间完成时所需直接费(单位:万元),括号内数字为按最短持续时间完成时所需直接费。该工程的间接费率为 1 万元/天。试对该网络计划进行费用优化。

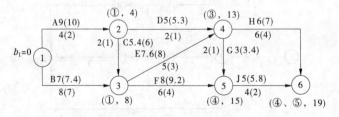

图 3.5-7　费用优化网络图

**解**:(1)首先根据工作的正常持续时间,用标号法确定工期和关键线路(见图3.5-7)。计算工期为19天,关键线路为①→③→④→⑤→⑥和①→③→④→⑥。

(2)计算各工作的直接费率,如表3.5-5所示。

表3.5-5 各项工作直接费率

| 工作 | A | B | C | D | E | F | G | H | J |
|------|-----|-----|-----|-----|-----|-----|-----|-----|-----|
| 直接费率 | 0.5 | 0.4 | 0.6 | 0.3 | 0.2 | 0.6 | 0.4 | 0.5 | 0.4 |

(3)计算总费用。

①直接费总和为9 +7 +5.4 +5 +7.6 +8 +3 +6 +5 =56(万元)。

②间接费总和为19 ×1 =19(万元)。

③工程总费用为56 +19 =75(万元)。

(4)费用优化。

①通过压缩关键工作,可以列出如下优化方案(见表3.5-6)。

表3.5-6 第一次优化方案

| 序号 | 压缩工作 | 费率 | 压缩时间 | 方案选取结果 |
|------|----------|------|----------|--------------|
| 1 | B | 0.4 | 1 | |
| 2 | E | 0.2 | 1 | √ |
| 3 | G 和 H | 0.4 +0.4 | 1 | |
| 4 | H 和 J | 0.5 +0.4 | 2 | |

②第一次优化后,可求出工期为19 -1 =18(天),关键线路如图3.5-8所示。通过压缩关键工作,可以列出如下优化方案(见表3.5-7):

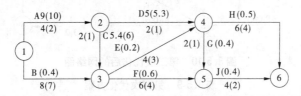

图3.5-8 第一次优化后的网络图

表3.5-7 第二次优化方案

| 序号 | 压缩工作 | 费率或组合 | 压缩时间 | 方案选取结果 |
|------|----------|------------|----------|--------------|
| 1 | B | 0.4 | 1 | √ |
| 2 | E 和 F | 0.2 +0.6 | 1 | |
| 3 | E 和 J | 0.2 +0.4 | 1 | |
| 4 | H 和 J | 0.5 +0.4 | 2 | |
| 5 | F、G 和 H | 0.2 +0.4 +0.5 | 1 | |
| 6 | F、J 和 H | 0.2 +0.4 +0.5 | 2 | |

③第二次优化后,可求出工期为 18 – 1 = 17(天),关键线路如图3.5-9 所示。通过压缩关键工作,可以列出如下优化方案(见表3.5-8):

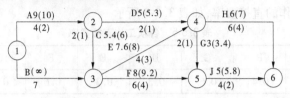

图3.5-9  第二次优化后的网络图

表3.5-8  第三次优化方案

| 序号 | 压缩工作 | 费率 | 压缩时间 | 方案选取结果 |
|------|----------|------|----------|--------------|
| 1 | E 和 F | 0.2 + 0.6 | 1 | |
| 2 | E 和 J | 0.2 + 0.4 | 1 | √ |
| 3 | H 和 J | 0.5 + 0.4 | 2 | |
| 4 | F、G 和 H | 0.2 + 0.4 + 0.5 | 1 | |
| 5 | F、J 和 H | 0.2 + 0.4 + 0.5 | 2 | |

④第三次优化后,可求出工期为 17 – 1 = 16(天),关键线路如图3.5-10 所示。通过压缩关键工作,可以列出如下优化方案(见表3.5-9):

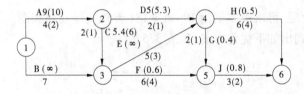

图3.5-10  第三次优化后的网络图

表3.5-9  第四次优化方案

| 序号 | 压缩工作 | 费率 | 压缩时间 | 方案选取结果 |
|------|----------|------|----------|--------------|
| 1 | F、G 和 H | 0.2 + 0.4 + 0.5 | 1 | |
| 2 | F、J 和 H | 0.2 + 0.4 + 0.5 | 2 | |
| 3 | H 和 J | 0.5 + 0.4 | 2 | √ |

⑤第四次优化后,可求出工期为 16 – 1 = 15(天),关键线路如图3.5-11 所示。通过查找关键线路可以看出没有可供选择的优化方案,优化过程结束,表3.5-10 即为优化的最终结果。

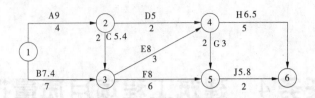

图3.5-11 第四次优化后的网络图（最终结果）

表3.5-10 最终优化方案

| 压缩<br>次数 | 被压缩<br>的工作 | 直接费率或<br>组合费率<br>（万元/天） | 费率差<br>（万元/天） | 缩短时间<br>（天） | 费用减少值<br>（万元） | 总工期<br>（天） | 总费用<br>（万元） |
|---|---|---|---|---|---|---|---|
| 0 | — | — | — | — | — | 19 | 75 |
| 1 | E | 0.2 | 0.8 | 1 | 0.8 | 18 | 74.2 |
| 2 | B | 0.4 | 0.6 | 1 | 0.6 | 17 | 73.6 |
| 3 | E 和 J | 0.2+0.4=0.6 | 0.4 | 1 | 0.4 | 16 | 73.2 |
| 4 | H 和 J | 0.5+0.4=0.9 | 0.1 | 1 | 0.1 | 15 | 73.1 |

# 学习任务4　建筑工程项目质量控制

【学习目标】

通过学习能够组织进行项目质量计划的制订,掌握质量控制的程序;能够运用动态控制原理进行质量控制;能够组织建立有关纠防措施;能够总结项目质量管理工作,并能够提出进一步的改进要求。

# 学习单元4.1　质量管理与质量控制

**工作任务表**

| 能力目标 | 主讲内容 | 学生完成任务 |
| --- | --- | --- |
| 通过学习训练,使学生理解工程项目质量,质量管理、质量控制 | 着重介绍质量管理、质量控制,三全原理、PDCA 循环原理、三阶段原理 | 根据本单元的基本条件,在学习过程中完成质量管理、质量控制,三全原理、PDCA 循环原理、三阶段原理的理解和掌握 |

## 4.1.1　工程项目质量

### 4.1.1.1　质量

质量,是指一组固有特性满足要求的程度。即反映产品或服务满足明确或隐含需要能力的特征和特性。也可以说,质量是反映实体满足明确和隐含需要的能力的特性总和。

实体是指可单独描述和研究的事物,它几乎涵盖了质量管理和质量保证活动中所涉及的所有对象。所以,实体可以是结果,也可以是过程,是包括了它们的形成过程和使用过程在内的一个整体。

在许多情况下,质量会随时间、环境的变化而改变,这就意味着要对质量要求进行定期评审。质量的明确需要是指在合同、标准、规范、图纸、技术文件中已经作出明确规定的要求;质量的隐含需要则应加以识别和确定,如人们对实体的期望,公认的、不言而喻的、不必作出规定的"需要"。

### 4.1.1.2　工程项目质量

工程项目质量是一个广义的质量概念,它由工程实体质量和工作质量两个部分组成。其中,工程实体质量代表的是狭义的质量概念。参照国际标准和与之进行比照而形成的我国现行国家标准定义,工程实体质量可描述为"实体满足明确或隐含需要能力的特性之和"。工程实体质量又称为工程质量,与建设项目的构成相呼应,工程实体质量通常可分为工序质量、分项工程质量、分部工程质量、单位工程质量和单项工程质量等各个不同的质量层次单元。就工程质量而言,其固有特性包括使用功能、寿命、适用性、安全性、可靠性、维修性、经济性、美观性和环境协调性等方面,这些特性满足要求的程度越高,质量就越好。工作质量,是指为了保证和提高工程质量而从事的组织管理、生产技术、后勤保障等各方面工作的实际水平。工程建设过程中,按内容组成,工作质量可区分为社会工作质量和生产过程工作质量,其中前者是指围绕质量课题而进行的社会调查、市场预测、质量回访等各项有关工作的质量;后者则是指生产工人的职业素质、职业道德教育工作质量、管理工作质量。质量还可具体区分为决策、计划、勘察、设计、施工、回访保修等不同阶段的工作质量。

工程质量与工作质量的关系,体现为前者是后者的作用结果,而后者则是前者的必要保证。项目管理实践表明:工程质量的好坏是建筑工程产品形成过程中各阶段各环节工作质量的综合反映,而不是依靠质量检验检查出来的。要保证工程质量就要求项目管理实施方有关部门和人员对决定与影响工程质量的所有因素加以严格控制,即通过良好的工作质量来保证和提高工程质量。

综上所述,工程项目质量是指能够满足用户或社会需要的并由工程合同、有关技术标准、设计文件、施工规范等具体详细设定其适用、安全、经济、美观等特性要求的工程实体质量与工程建设各阶段、各环节工作质量的总和。

工程项目质量反映了建筑工程适合一定用途,满足用户要求所具备的自然属性,具体内涵包含以下三方面:

(1)工程项目实体质量。所包括的内容有工序质量、分项工程质量、分部工程质量和单项工程质量,其中工序质量是创造工程项目实体质量的基础。

(2)功能和使用价值。从项目的功能和使用价值看,其质量体现在性能、寿命、可靠性、安全性和经济性五方面。这些特性指标直接反映了工程项目的质量。

(3)工作质量。是建筑企业的经营管理工作、技术工作、组织工作和后勤工作等达到和提高工程质量的保证程度。可分为生产过程质量和社会工作质量两方面。工作质量是工程质量的保证和基础,工程质量是企业各方面工作质量的综合反映。同时质量管理的主要内容和工作重点是工作质量。

将工程质量与管理过程质量整合起来考虑,如果项目能够做到满足规范要求、达到项目目的、满足用户要求、让用户满意,应注意有一定的原则,那就是盈利不亏本。

## 4.1.2　质量管理

### 4.1.2.1　质量管理

质量管理是指在质量方面指挥和控制组织的协调活动。这些活动通常包括制定质量方针和质量目标,以及质量策划、质量控制、质量保证和质量改进。

(1)质量方针。由组织的最高管理者正式发布的与该组织总的质量有关的宗旨和方向。它体现了该组织的质量意识和质量追求、施工组织内部的行为准则,体现了顾客的期待和对顾客做出的承诺,常与组织的总方针相一致,并为制定质量目标提供框架。

(2)质量目标。在质量方面所追求的标准。质量目标通常是依据组织的质量方针制定的,并且通常对组织内相关的职能和层次分别规定质量目标。在作业层面,质量目标应是定量的。

(3)质量策划。质量策划是致力于制定质量目标并规定必要的运行过程和相关资料料以实现质量目标。

(4)质量保证。质量保证是致力于质量要求会得到满意的信任。可将质量保证措施比作预防疾病,是用来提高获得质量好的产品的步骤和管理流程。其目的是将产品一次性地做成功、做正确。

(5)质量改进。质量改进是致力于增强满足质量要求的能力的循环活动。

#### 4.1.2.2　质量管理体系

体系的含义是若干有关事物的相互联系、相互制约而构成的有机整体。而质量管理是在质量方面指挥和控制组织的协调活动。

质量管理体系是在质量方面指挥和控制组织的管理体系。另外,它也是实施质量方针和质量目标的管理系统,其内容要以满足质量目标的需要为准,它是一个有机整体,强调系统性和协调性。它的组成部分是相互关联的。

质量管理体系把影响质量的技术、管理人员和资源等因素加以组合,在质量方针的指引下,为达到质量目标而发挥效能。

### 4.1.3　质量控制

质量控制是GB/T 19000质量管理体系标准的一个质量管理术语,属于质量管理的一部分,是致力于满足质量要求的一系列相关活动。

质量控制包括采取的作业技术和管理活动。作业技术是直接产生产品或服务质量的条件;但并不是具备相关作业技术能力,都能产生合格的质量。在社会化大生产条件下,还必须通过科学的管理,来组织和协调作业技术活动的过程,以充分发挥其质量形成能力,实现预期的质量目标。

### 4.1.4　质量控制与质量管理的关系

质量控制是质量管理的一部分,质量管理是指确立质量方针及实施质量方针的全部职能及工作内容,并对其工作效果进行评价和改进的一系列工作。因此,质量控制与质量管理的区别在于质量控制是在明确的质量目标条件下,通过行动方案和资源配置的计划、实施、检查和监督来实现预期目标的过程。

### 4.1.5　工程项目质量控制原理

#### 4.1.5.1　三全控制原理

三全控制原理来自于全面质量管理 TQC(Total Quality Control)的思想,是指企业组织的质量管理应该做到全面、全过程和全员参与。在工程项目质量管理中应用这一原理,对工程项目的质量控制同样具有重要的理论和实践的指导意义。

1. 全面质量控制

工程项目质量的全面控制可以从纵横两个方面来理解。从纵向的组织管理角度来看,质量总目标的实现有赖于项目组织的上层、中层、基层乃至一线员工的通力协作,其中尤以高层管理能否全力支持与参与,起着决定性的作用。从项目各部门职能间的横向配合来看,要保证和提高工程项目质量,必须使项目组织的所有质量控制活动构成为一个有效的整体。广义地说,横向的协调配合包括业主、勘察设计、施工及分包、材料设备供应、监理等相关方。"全面质量控制"就是要求项目各相关方都有明确的质量控制活动内容。当然,从纵向看,各层次活动的侧重点不同:上层管理侧重于质量决策,制订出项目整体的质量方针、质量目标、质量政策和质量计划,并统一组织、协调各部门、各环节、各类人员的质量控制活动;中层管理则要贯彻落实领导层的质量决策,运用一定的方法找到各部门的关键、薄弱环节或必须解决的重要事项,确定出本部门的目标和对策,更好地执行各自的质量控制职能;基层管理则要求每个员工都要严格地按标准、规范进行施工和生产,相互间进行分工合作,互相协助配合,开展群众合理化建议和质量管理小组活动,建立和健全项目的全面质量控制体系。

### 2. 全过程质量控制

任何产品或服务的质量,都有一个产生、形成和实现的过程。从全过程的角度来看,质量产生、形成和实现的整个过程是由多个相互联系、相互影响的环节组成的,每个环节都或轻或重地影响着最终的质量状况。为了保证和提高质量,就必须把影响质量的所有环节和因素都控制起来。工程项目的全过程质量控制主要有项目策划与决策过程、勘察设计过程、施工采购过程、施工组织与准备过程、检测设备控制与计量过程、施工生产的检验试验过程、工程质量的评定过程、工程竣工验收与交付过程,以及工程回访维修过程等。全过程质量控制强调必须体现如下两个思想:

(1)预防为主、不断改进的思想。

《建设工程项目管理规范》(GB/T 50326—2006)中同样强调质量控制应坚持"预防为主"的原则。根据这一基本原理,全面质量控制要求把管理工作的重点,从"事后把关"转移到"事前预防"上来,强调预防为主、不断改进的思想。

(2)为顾客服务的思想。

顾客有内部和外部之分:外部的顾客可以是项目的使用者,也可以是项目的开发商;内部的顾客是项目组织的部门和人员。实行全过程的质量控制要求项目所有各相关利益者都必须树立为顾客服务的思想。内部顾客满意是外部顾客满意的基础。因此,在项目组织内部要树立"下道工序是顾客""努力为下道工序服务"的思想,使全过程的质量控制一环扣一环,贯穿于项目的整个过程。

### 3. 全员参与控制

全员参与工程项目的质量控制是工程项目各方面、各部门、各环节工作质量的综合反映。其中任何一个环节,任何一个人的工作质量都会不同程度地直接或间接地影响着工程项目的形成质量或服务质量。因此,全员参与质量控制,才能实现工程项目的质量控制目标,形成顾客满意的产品。主要的工作包括以下几点:

(1)必须抓好全员的质量教育和培训。

(2)要制订各部门、各级各类人员的质量责任制,明确任务和职权,各司其职,密切配合,以形成一个高效、协调、严密的质量管理工作系统。

（3）要开展多种形式的群众性质量管理活动，充分发挥广大职工的聪明才智和当家做主的进取精神，采取多种形式激发全员参与的积极性。

#### 4.1.5.2 PDCA 循环原理

工程项目的质量控制是一个持续过程，首先在提出项目质量目标的基础上，制订质量控制计划，包括实现该计划需采取的措施；然后将计划加以实施，特别是要在组织上加以落实，真正将工程项目质量控制的计划措施落实到实处；在实施过程中，还要经常检查、监测，以评价检查结果与计划是否一致；最后对出现的工程质量问题进行处理，对暂时无法处理的质量问题重新进行分析，进一步采取措施加以解决。这一过程的原理是 PDCA 循环。

PDCA 循环又叫戴明环，是美国质量管理专家戴明博士首先提出的。PDCA 循环是工程项目质量管理应遵循的科学程序。其质量管理活动的全部过程，就是质量计划的制订和组织实现的过程，这个过程按照 PDCA 循环周而复始地运转着。

PDCA 由英语单词 Plan（计划）、Do（实施、执行）、Check（检查）和 Action（处置、处理）的首字母组成，PDCA 循环就是按照这样的顺序进行质量管理，并且循环不止地进行下去的科学程序。工程项目质量管理活动的运转，离不开管理循环的转动。这就是说，改进与解决质量问题，赶超先进水平的各项工作，都要运用 PDCA 循环的科学程序。不论是提高工程施工质量，还是减少不合格率，都要先提出目标，即质量提高到什么程度，不合格率降低多少？即要有个策划，这个策划不仅包括目标，而且包括实现这个目标需要采取的措施。策划制订好之后，就要按照计划进行实施及检查，看看是否实现了预期效果，有没有达到预期的目标。通过检查找出问题和原因，最后就是要进行处置活动，将经验和教训制定成标准、形成制度。

在实施以上所述的 PDCA 循环时，工程项目的质量控制要重点做好施工准备、施工、验收、服务全过程的质量监督，抓好全过程的质量控制，确保工程质量目标达到预定的要求，具体措施如下：

（1）分解质量目标。将质量目标逐层分解到分部工程、分项工程，并落实到部门、班组和个人。以指标控制为目的，以要素控制为手段，以体系活动为基础，以保证在组织上加以全面落实。

（2）实行质量责任制。项目经理是工程施工质量的第一责任人，各工程队长是本队施工质量的第一责任人，质量保证工程师和责任工程师是各专业质量责任人，各部门负责人要按照职责分工认真履行质量责任。

（3）每周组织一次质量大检查，一切用数据说话，实施质量奖惩，激励施工人员，保证施工质量的自觉性和责任心。

（4）每周召开一次质量分析会，通过各部门、各单位反馈输入各种不合格信息，采取纠正和预防措施，排除质量隐患。

（5）加大质量权威，质检部门及质检人员根据公司质量管理制度可以行使质量否决权。

（6）施工全过程执行业主和有关工程质量管理及质量监督的各种制度和规定，对各部门检查发现的任何质量问题应及时制定整改措施，进行整改，达到合格为止。

### 4.1.5.3 工程项目质量控制三阶段原理

工程项目的质量控制,是一个持续的管理过程。从项目的立项到竣工验收属于项目建设阶段的质量控制,项目投产后到项目生命周期结束属于项目生产(或经营)阶段的质量控制。两者在质量控制内容上有较大的不同,但不管是建设阶段的质量控制,还是经营阶段的质量控制,从控制工作的开展与控制对象实施的时间关系来看,均可分为事前控制、事中控制和事后控制三种。

**1. 事前控制**

事前控制强调质量目标的计划预控,并按照质量计划进行质量活动前的准备工作状态的控制。在工程施工过程中,事前控制的重点在于施工准备工作,且施工准备工作贯穿于施工的全过程:首先,要熟悉和审查工程项目的施工图纸,做好项目建设地点的自然条件、技术经济条件的调查分析,完成项目施工图预算、施工预算和项目的组织设计等技术准备工作;其次,做好器材、施工机具、生产设备的物质准备工作;还要组建项目组织机构以及核查进场人员的技术资质和施工单位的质量管理体系;编制好季节性施工技术组织措施,制定施工现场管理制度,组织施工现场准备方案等。

可以看出,事前控制的内涵包括两个方面:一是注重质量目标的计划预控;二是按质量计划进行质量活动前的准备工作状态的控制。

**2. 事中控制**

事中控制是指对质量活动的行为进行约束、对质量进行监控,实际上属于一种实时控制。在项目建设的施工过程中,事中控制的重点在工序质量监控上。其他如施工作业的质量监督、设计变更、隐蔽工程的验收和材料检验等都属于事中控制。

概括地说,事中控制是对质量活动主体、质量活动过程和结果所进行的自我约束和监督检查两方面的控制。其关键是增强质量意识,发挥行为主体的自我约束控制能力。

**3. 事后控制**

事后控制一般是指在输出阶段的质量控制。事后控制也称为合格控制,包括对质量活动结果的评价认定和对质量偏差的纠正。如工程项目竣工验收进行的质量控制,即属于工程项目质量的事后控制。项目生产阶段的产品质量检验也属于产品质量的事后控制。

## 学习单元4.2 建筑工程项目质量的形成过程和影响因素

**工作任务表**

| 能力目标 | 主讲内容 | 学生完成任务 |
| --- | --- | --- |
| 通过学习训练,使学生掌握工程项目质量的形成过程和影响因素 | 着重介绍工程项目质量的形成和影响因素 | 根据本单元的基本条件,在学习过程中完成工程项目质量形成和影响因素的理解 |

建筑工程项目从本质上说是一项拟建或在建的建筑产品,它和一般产品具有同样的

质量内涵。这些特性是指产品的适用性、可靠性、安全性、经济性,以及环境的适宜性等。由于建筑产品一般采用单件性筹划、设计和施工的生产组织方式,因此其具体的质量特性指标是在各建设工程项目的策划、决策和设计过程中进行定义的。在工程管理实践和理论研究中,常把建设工程项目质量的基本特性概括为反映使用功能的质量特性、反映安全可靠的质量特性、反映艺术文化的质量特性、反映建筑环境的质量特性。

### 4.2.1 建筑工程项目质量的形成过程

建筑工程项目质量的形成过程,贯穿于整个工程项目的决策过程和各个工程项目的设计与施工过程,体现了工程项目质量从目标决策、目标细化到目标实现的过程。

质量需求的识别过程:项目决策阶段的质量职能在于识别建设意图和需求,为整个建设项目的质量总目标,以及工程项目内各建设工程项目的质量目标提出明确要求。

质量目标的定义过程:一方面是在工程设计阶段,工程项目设计的任务就是将工程项目的质量目标具体化;另一方面,承包商根据业主的创优要求及具体情况来确定工程的总体质量目标。

质量目标的实现过程:工程项目质量目标实现的最重要和最关键的过程是在施工阶段,包括施工准备过程和施工作业技术活动过程,其任务是按照质量策划的要求,制定企业或工程项目内控标准,实施目标管理、过程监控、阶段考核、持续改进的方法,严格按图纸施工。正确合理地配备施工生产要素,把特定的劳动对象转化成符合质量标准的建设工程产品。

### 4.2.2 建筑工程项目质量的影响因素

建筑工程项目质量的影响因素,主要是指在建筑工程项目质量目标策划、决策和实现过程的各种客观因素和主观因素,包括人的因素、技术因素、管理因素、环境因素和社会因素等。

#### 4.2.2.1 人的因素

人的因素对建设工程项目质量形成的影响,包括两个方面的含义:一是指直接承担建设工程项目质量职能的决策者、管理者和作业者个人的质量意识及质量活动能力;二是指承担建设工程项目策划、决策或实施的建设单位、勘察设计单位、咨询服务机构、工程承包企业等实体组织。前者是个体的人,后者是群体的人。我国实行建筑业企业经营资质管理制度、市场准入制度、执业资格注册制度、作业及管理人员持证上岗制度等,从本质上说,都是对从事建设工程活动的人的素质和能力进行必要的控制。此外,《建筑法》和《建设工程质量管理条例》还对建设工程的质量责任制度做出明确规定,如规定按资质等级承包工程任务,不得越级,不得挂靠,不得转包,严禁无证设计、无证施工等,从根本上说也是为了防止因人的资质或资格失控而导致质量能力的失控。

#### 4.2.2.2 技术因素

影响建设工程项目质量的技术因素涉及的内容十分广泛,包括直接的工程技术和辅助的生产技术,前者如工程勘察技术、设计技术、施工技术、材料技术等,后者如工程检测检验技术、试验技术等。建设工程技术的先进性程度,从总体上说是取决于国家一定时期的经济发展和科技水平,取决于建筑业及相关行业的技术进步。对于具体的建设工程项目,主要是通过技术工作的组织与管理,优化技术方案,发挥技术因素对建设工程项目质量的保证作用。

#### 4.2.2.3　管理因素

影响建设工程项目质量的管理因素,主要是决策因素和组织因素。其中,决策因素首先是业主方的建设工程项目决策,其次是建设工程项目实施过程中,实施主体的各项技术决策和管理决策。实践证明,没有经过资源论证、市场需求预测,盲目建设,重复建设,建成后不能投入生产或使用,所形成的合格而无用途的建筑产品,从根本上说是社会资源的极大浪费,不具备质量的适用性特征。同样盲目追求高标准,缺乏质量经济性考虑的决策,也将对工程质量的形成产生不利的影响。

#### 4.2.2.4　环境因素

一个建设项目的决策、立项和实施,受到经济、政治、社会、技术等多方面因素的影响,是建设项目可行性研究、风险识别与管理所必须考虑的环境因素。对于建设工程项目质量控制而言,无论该建设工程项目是某建设项目的一个子项工程,还是本身就是一个独立的建设项目,作为直接影响建设工程项目质量的环境因素,一般是指建设工程项目所在地点的水文、地质和气象等自然环境,施工现场的通风、照明、安全卫生防护设施等劳动作业环境,以及由多单位、多专业交叉协同施工的管理关系、组织协调方式、质量控制系统等构成的管理环境。对这些环境条件的认识与把握,是保证建设工程项目质量的重要工作环节。

#### 4.2.2.5　社会因素

影响建设工程项目质量的社会因素,表现在建设法律法规的健全程度及其执法力度;建设工程项目法人或业主的理性化以及建设工程经营者的经营理念;建筑市场包括建设工程交易市场和建筑生产要素市场的发育程度及交易行为的规范程度;政府的工程质量监督及行业管理成熟度;建设咨询服务业的发展及其服务水准的提高;廉政建设及行风建设的状况等。

人、技术、管理和环境因素,对于建筑工程项目而言是可控因素;社会因素存在于建设工程项目系统之外,一般情况下对于建筑工程项目管理者而言,属于不可控因素,但可以通过自身的努力,尽可能做到趋利去弊。

## 学习单元4.3　建筑工程项目质量控制系统

### 工作任务表

| 能力目标 | 主讲内容 | 学生完成任务 |
| --- | --- | --- |
| 通过学习训练,使学生掌握工程项目质量控制系统的构成、建立、运行 | 着重介绍工程项目质量控制系统的构成、建立、运行相关知识 | 根据本单元的基本条件,在学习过程中完成工程项目质量控制系统的构成、建立、运行 |

### 4.3.1　建筑工程项目质量控制系统的构成

建筑工程项目质量控制系统,在实践中可能有多种叫法,不尽一致,也没有统一规定。常见的叫法有"质量管理体系""质量控制体系""质量管理系统""质量控制网络""质量管理网络""质量保证系统"等。例如,我国《建设工程监理规范》(GB 50319—2000)第5.2.4条规定:"工程项目开工前,总监理工程师应审查承包单位现场项目管理机构的质量管理体系、技术管理体系和质量保证体系,确能保证工程项目施工质量时予以确认。对质量管理体系、技术管理体系和质量保证体系应审核以下内容:质量管理、技术管理和质量保证的组织机构;质量管理、技术管理制度;专职管理人员和特种作业人员的资格证、上岗证"。

由此可见,《建设工程监理规范》中已经使用了"质量管理体系""技术管理体系"和"质量保证体系"三个不同的体系名称。而工程项目的现场质量控制,除承包单位和监理机构外,业主、分包商及供货商的质量责任和控制职能仍然必须纳入工程项目的质量控制系统。因此,这个系统无论叫什么名称,其实质的内容和作用是一致的。需要强调的则是,要正确理解这类系统的性质、范围、结构、特点,以及建立和运行的原理并加以应用。

#### 4.3.1.1　项目质量控制系统的性质

工程项目质量控制系统既不是建设单位的质量管理体系或质量保证体系,也不是工程承包企业的质量管理体系或质量保证体系,而是工程项目目标控制的一个工作系统,具有下列性质:

(1)工程项目质量控制系统是以工程项目为对象,由工程项目实施的总组织者负责建立的面向对象开展质量控制的工作体系。

(2)工程项目质量控制系统是工程项目管理组织的一个目标控制体系,它与项目投资控制、进度控制、职业健康安全与环境管理等目标控制体系,共同依托于同一项目管理的组织机构。

(3)工程项目质量控制系统根据工程项目管理的实际需要而建立,随着建设工程项目的完成和项目管理组织的解体而消失,因此是一个一次性的质量控制工作体系,不同于企业的质量管理体系。

#### 4.3.1.2　项目质量控制系统的范围

工程项目质量控制系统的范围,包括:按项目范围管理的要求,列入系统控制的建设工程项目构成范围;项目实施的任务范围,即由工程项目实施的全过程或若干阶段进行定义;项目质量控制所涉及的责任主体范围。

1. 系统涉及的工程范围

系统涉及的工程范围,一般根据项目的定义或工程承包合同来确定。具体来说,可能有以下三种情况:工程项目范围内的全部工程;工程项目范围内的某一单项工程或标段工程;工程项目某单项工程范围内的下一个单位工程。

2. 系统涉及的任务范围

工程项目质量控制系统服务于工程项目管理的目标控制,因此其质量控制的系统职能应贯穿于项目的勘察、设计、采购、施工和竣工验收等各个实施环节,即工程项目全过程质量控制的任务或若干阶段承包的质量控制任务。工程项目质量控制系统所涉及的质量责任自控主体和监控主体,通常情况下包括建设单位、设计单位、工程总承包企业、施工企业、建设工程监理机构、材料设备供应厂商等。这些质量责任和控制主体,在质量控制系统中的地位与作用不同。承担建设工程项目设计、施工或材料设备供货的单位,负有直接的产品质量责任,属质量控制系统中的自控主体;在工程项目实施过程中,对各质量责任主体的质量活动行为和活动结果实施监督控制的组织,称为质量监控主体,如业主、项目监理机构等。

### 4.3.1.3　项目质量控制系统的结构

工程项目质量控制系统,一般情况下形成多层次、多单元的结构形态,这是由其实施任务的委托方式和合同结构决定的。

1. 多层次结构

多层次结构是相对于工程项目工程系统纵向垂直分解的单项、单位工程项目质量控制子系统。大中型建设工程项目,尤其是群体工程的建设工程项目,第一层面的质量控制系统应由建设单位的工程项目管理机构负责建立,在委托代建、委托项目管理或实行交钥匙式工程总承包的情况下,应由相应的代建方项目管理机构、受托项目管理机构或工程总承包企业项目管理机构负责建立。第二层面的质量控制系统,通常是指由工程项目的设计总负责单位、施工总承包单位等建立的相应管理范围内的质量控制系统。第三层面及其以下是承担工程设计、施工安装、材料设备供应等各承包单位的现场质量自控系统,或称各自的施工质量保证体系。系统纵向层次机构的合理性是工程项目质量目标、控制责任和措施分解落实的重要保证。

2. 多单元结构

多单元结构是指在工程项目质量控制总体系统下,第二层面的质量控制系统及其以下的质量自控或保证体系可能有多个。这是项目质量目标、责任和措施分解的必然结果。

### 4.3.1.4　项目质量控制系统的特点

如前所述,工程项目质量控制系统是面向对象而建立的质量控制工作体系,它和建筑企业或其他组织机构按照 GB/T 19000 标准建立的质量管理体系,有如下的不同点:

(1)建立的目的不同。

建筑工程项目质量控制系统只用于特定的建筑工程项目质量控制,而不是用于建筑企业或组织的质量管理,即建立的目的不同。

(2)服务的范围不同。

建筑工程项目质量控制系统涉及建筑工程项目实施过程所有的质量责任主体,而不只是某一个承包企业或组织机构,即服务的范围不同。

(3)控制的目标不同。

建筑工程项目质量控制系统的控制目标是建筑工程项目的质量标准,并非某一具体建筑企业或组织的质量管理目标,即控制的目标不同。

(4)作用的时效不同。

建筑工程项目质量控制系统与建筑工程项目管理组织系统相融合,是一次性的质量工作系统,并非永久性的质量管理体系,即作用的时效不同。

(5)评价的方式不同。

建筑工程项目质量控制系统的有效性一般由建筑工程项目管理的组织者进行自我评价与诊断,不需进行第三方认证,即评价的方式不同。

### 4.3.2　建筑工程项目质量控制系统的建立

工程项目质量控制系统的建立,实际上就是工程项目质量总目标的确定和分解过程,也是工程项目各参与方之间质量管理关系和控制责任的确立过程。为了保证质量控制系统的科学性和有效性,必须明确系统建立的原则、内容、程序和主体。

#### 4.3.2.1　建立的原则

实践经验表明,建筑工程项目质量控制系统的建立,遵循以下原则对于质量目标的总体规划、分解和有效实施控制是非常重要的。

1. 分层次规划的原则

工程项目质量控制系统的分层次规划,是指工程项目管理的总组织者(建设单位或代建制项目管理企业)和承担项目实施任务的各参与单位,分别进行工程项目质量控制系统不同层次和范围的规划。

2. 总目标分解的原则

工程项目质量控制系统总目标的分解,是根据控制系统内工程项目的分解结构,将工程项目的建设标准和质量总体目标分解到各个责任主体,明示于合同条件,由各责任主体制订出相应的质量计划,确定其具体的控制方式和控制措施。

3. 质量责任制的原则

工程项目质量控制系统的建立,应按照建筑法和工程质量管理条例有关工程质量责任的规定,界定各方的质量责任范围和控制要求。

4. 系统有效性的原则

工程项目质量控制系统,应从实际出发,结合项目特点、合同结构和项目管理组织系统的构成情况,建立项目各参与方共同遵循的质量管理制度和控制措施,并形成有效的运行机制。

#### 4.3.2.2　建立的程序

工程项目质量控制系统的建立过程,一般可按以下环节依次展开工作:

(1)确立系统质量控制网络。

首先明确系统各层面的工程质量控制负责人。一般应包括承担项目实施任务的项目经理(或工程负责人)、总工程师,项目监理机构的总监理工程师、专业监理工程师等,以形成明确的项目质量控制责任者的关系网络架构。

(2)制定系统质量控制制度。

包括质量控制例会制度、协调制度、报告审批制度、质量验收制度和质量信息管理制度等。形成建设工程项目质量控制系统的管理文件或手册,作为承担建设工程项目实施任务各方主体共同遵循的管理依据。

(3)分析系统质量控制界面。

工程项目质量控制系统的质量责任界面,包括静态界面和动态界面。一般来说,静态界面根据法律法规、合同条件、组织内部职能分工来确定。动态界面是指项目实施过程中设计单位之间、施工单位之间、设计与施工单位之间的衔接配合关系及其责任划分,必须通过分析研究,确定管理原则与协调方式。

（4）编制系统质量控制计划。

工程项目管理总组织者,负责主持编制建设工程项目总质量计划,并根据质量控制系统的要求,部署各质量责任主体编制与其承担任务范围相符的质量计划,并按规定程序完成质量计划的审批,作为其实施自身工程质量控制的依据。

#### 4.3.2.3　建立的主体

按照工程项目质量控制系统的性质、范围和主体的构成,一般情况下其质量控制系统应由建设单位或工程项目总承包企业的工程项目管理机构负责建立。在分阶段依次对勘察、设计、施工、安装等任务进行分别招标发包的情况下,通常应由建设单位或其委托的工程项目管理企业负责建立,各承包企业根据工程项目质量控制系统的要求,建立隶属于工程项目质量控制系统的设计项目、工程项目、采购供应项目等质量控制子系统,以具体实施其质量责任范围内的质量管理和目标控制。

### 4.3.3　建筑工程项目质量控制系统的运行

建筑工程项目质量控制系统的建立,为建筑工程项目的质量控制提供了组织制度方面的保证。工程项目质量控制系统的运行,实质上就是系统功能的发挥过程,也是质量活动职能和效果的控制过程。然而,质量控制系统能有效地运行,还有赖于系统内部的运行环境和运行机制的完善。

#### 4.3.3.1　运行环境

工程项目质量控制系统的运行环境,主要是指以下几方面为系统运行提供支持的管理关系、组织制度和资源配制的条件。

（1）工程的合同结构。

工程合同是联系工程项目各参与方的纽带,只有在工程项目合同结构合理、质量标准和责任条款明确,并严格进行履约管理的条件下,质量控制系统的运行才能成为各方的自觉行动。

（2）质量管理的资源配置。

质量管理的资源配置,包括专职的工程技术人员和质量管理人员的配置,以及实施技术管理和质量管理所必需的设备、设施、器具、软件等物质资源的配置。人员和资源的合理配置是质量控制系统得以运行的基础条件。

（3）质量管理的组织制度。

工程项目质量控制系统内部的各项管理制度和程序性文件的建立,为质量控制系统各个环节的运行提供必要的行动指南、行为准则和评价基准的依据,是系统有序运行的基本保证。

#### 4.3.3.2　运行机制

工程项目质量控制系统的运行机制,是由一系列质量管理制度安排所形成的内在能力。运行机制是质量控制系统的生命,机制缺陷是造成系统运行无序、失效和失控的重要原因。因此,在系统内部的管理制度设计时,必须予以高度的重视,防止重要管理制度的缺失、制度本身的缺陷、制度之间的矛盾等现象出现,才能为系统的运行注入动力机制、约束机制、反馈机制和持续改进机制。

**1. 动力机制**

动力机制是工程项目质量控制系统运行的核心机制,它来源于公正、公开、公平的竞争机制和利益机制的制度设计或安排。这是因为工程项目的实施过程是由多主体参与的价值增值链,只有保持合理的供方及分供方等各方关系,才能形成合力,是工程项目成功的重要保证。

**2. 约束机制**

没有约束机制的控制系统是无法使工程质量处于受控状态的,约束机制取决于各主体内部的自我约束能力和外部的监控效力。约束能力表现为组织及个人的经营理念、质量意识、职业道德及技术能力的发挥;监控效力取决于建设工程项目实施主体外部对质量工作的推动和检查监督。两者相辅相成,构成了质量控制过程的制衡关系。

**3. 反馈机制**

运行的状态和结果的信息反馈是对质量控制系统的能力和运行效果进行评价,并及时做出处置提供决策依据。因此,必须有相关的制度安排,保证质量信息反馈的及时和准确,保持质量管理者深入生产第一线,掌握第一手资料,才能形成有效的质量信息反馈机制。

**4. 持续改进机制**

在工程项目实施的各个阶段,不同的层面、不同的范围和不同的主体间,应用 PDCA 循环原理,即计划、实施、检查和处置的方式展开质量控制,同时必须注重抓好控制点的设置,加强重点控制和例外控制,并不断寻求改进机会、研究改进措施。这样才能保证工程项目质量控制系统的不断完善和持续改进,不断提高质量控制能力和控制水平。

# 学习单元4.4　建筑工程项目施工质量控制

## 工作任务表

| 能力目标 | 主讲内容 | 学生完成任务 |
| --- | --- | --- |
| 通过学习训练,使学生了解工程项目施工阶段的质量控制、施工质量计划的编制、施工生产要素的质量控制、施工过程的作业质量控制 | 着重介绍施工生产要素的质量控制、施工过程的作业质量控制 | 根据本单元的基本条件,在学习过程中完成施工阶段的质量控制、施工质量计划的编制、施工生产要素的质量控制、施工过程的作业质量控制 |

### 4.4.1　施工阶段质量控制的目标

工程项目施工阶段是根据项目设计文件和施工图纸的要求,进入工程实体的形成阶段,所制订的施工质量计划及相应的质量控制措施,都是在这一阶段形成实体的质量或实现质量控制的结果。因此,施工阶段的质量控制是项目质量控制的最后形成阶段,因而对保证工程项目的最终质量具有重大意义。

#### 4.4.1.1　项目施工质量控制内容划分

工程项目施工阶段的质量控制从不同的角度来描述,可以有不同的划分,企业可根据自己的侧重点不同采用适合自己的划分方法。主要有以下四种:

(1)按工程项目施工质量管理主体划分为建设方的质量控制、施工方的质量控制和监理方的质量控制。

(2)按工程项目施工阶段划分为施工准备阶段质量控制、施工阶段质量控制和竣工验收阶段质量控制。

(3)按工程项目施工分部工程划分为地基与基础工程的质量控制、主体结构工程的质量控制、屋面工程的质量控制、安装(含给水排水采暖、电气、智能建筑、通风与空调、电梯等)工程的质量控制和装饰装修工程的质量控制。

(4)按工程项目施工要素划分为材料因素的质量控制、人员因素的质量控制、设备因素的质量控制、方案因素的质量控制和环境因素的质量控制。

#### 4.4.1.2　项目施工质量控制的目标

项目施工质量控制的目标可分为施工质量控制总目标、建设单位的质量控制目标、设计单位的质量控制目标、施工单位的质量控制目标、监理单位的质量控制目标。

1. 施工质量控制总目标

施工质量控制总目标就是对工程项目施工阶段的总体质量要求,也是建设项目各参与方一致的责任和目标,即要使工程项目满足有关质量法规和标准,正确配置施工生产要素,采用科学管理的方法,实现工程项目预期的使用功能和质量标准。

2. 建设单位施工质量控制目标

建设单位施工质量控制目标是通过对施工阶段全过程的全面质量监督管理、协调和决策,保证竣工验收项目达到投资决策时所确定的质量标准。

3. 设计单位施工质量控制目标

设计单位施工质量控制目标是通过对施工质量的验收签证、设计变更控制及纠正施工中所发现的设计问题,采纳变更设计的合理化建议等,保证验收竣工项目的各项施工结果与最终设计文件所规定的标准一致。

4. 施工单位质量控制目标

施工单位质量控制目标是通过施工全过程的全面质量自控,保证交付满足施工合同及设计文件所规定的质量标准,包括工程质量创优要求的工程项目产品。

5. 监理单位施工质量控制

监理单位施工质量控制目标是通过审核施工质量文件、报告报表及现场旁站检查、平行检测、施工指令和结算支付控制等手段,监控施工承包单位的质量活动行为,协调施工关系,正确履行工程质量的监督责任,以保证工程质量达到施工合同和设计文件所规定的质量标准。

#### 4.4.1.3　施工质量控制的依据

施工质量控制的依据主要指适用于工程项目施工阶段与质量控制有关的、具有指导意义和必须遵守(强制性)的基本文件。包括国家法律法规、行业技术标准与规范、企业标准、设计文件及合同等。主要的建筑工程施工质量控制文件列示如下:

《中华人民共和国建筑法》

《中华人民共和国合同法》

《建设工程项目管理规范》(GB/T 50326—2006)

《质量管理体系 项目质量管理指南》(GB/T 19016—2005/ISO 10006:2003)

《建筑工程施工质量验收统一标准》(GB 50300—2001)

《建筑地基基础工程施工质量验收规范》(GB 50202—2002)

《砌体工程施工质量验收规范》(GB 50203—2002)

《混凝土结构工程施工质量验收规范》(GB 50204—2002)

《钢结构工程施工质量验收规范》(GB 50205—2002)

《木结构工程施工质量验收规范》(GB 50206—2002)

《屋面工程施工质量验收规范》(GB 50207—2002)

《地下防水工程施工质量验收规范》(GB 50208—2002)

《建筑地面工程施工质量验收规范》(GB 50209—2002)

《建筑装饰装修工程施工质量验收规范》(GB 50210—2001)

《建筑给水排水及采暖工程施工质量验收规范》(GB 50242—2002)

《通风与空调工程施工质量验收规范》(GB 50243—2002)

《建筑电气工程施工质量验收规范》(GB 50303—2002)

《电梯工程施工质量验收规范》(GB 50310—2002)

《建筑给水硬聚氯乙烯管道设计与施工验收规程》(CECS 41—2004)

《建筑排水硬聚氯乙烯管道工程技术规程》(CJJ/T 29—98)

《给水排水管道工程施工及验收规范》(GB 50268—2008)

《给水排水构筑物工程施工及验收规范》(GB 50141—2008)

《建设工程监理规范》(GB 50319—2000)

#### 4.4.1.4　施工质量持续改进理念

持续改进的概念来自于《ISO9000:2000 质量管理体系基础和术语》,是指"增强满足要求的能力的循环活动"。阐明组织为了改进其整体业绩,应不断改进产品质量,提高质量管理体系及过程的有效性和效率。对工程项目来说,由于属于一次性活动,面临的经济、环境条件是在不断变化的,技术水平也是日新月异的,因此工程项目的质量要求也需要持续提高,而持续改进是永无止境的。

在工程项目施工阶段,质量控制的持续改进必须是主动、有计划和系统地进行质量改进的活动。要做到积极、主动,首先需要树立施工质量持续改进的理念,才能在行动中变成自觉行为;其次要有永恒的决心,坚持不懈;最后关注改进的结果,持续改进要保证是更有效、更完善的结果,改进的结果还能在工程项目的下一个工程质量循环活动中加以应用。概括地说,施工质量持续改进理念包括了渐进过程、主动过程、系统过程和有效过程四个过程。

## 4.4.2　施工质量计划的编制方法

### 4.4.2.1　施工质量计划概述

施工质量计划是指施工企业根据有关质量管理标准,针对特定的工程项目编制的工程质量控制方法、手段、组织以及相关实施程序。对已实施 ISO9000:2000 质量管理体系标准的企业,质量计划是质量管理体系文件的组成内容。施工质量计划一般由项目经理(或项目负责人)主持,负责质量、技术、工艺和采购的相关人员参与制定。在总承包的情况下,分包企业的施工质量计划是总包施工质量计划的组成部分,总包企业有责任对分包施工质量计划的编制进行指导和审核,并要承担施工质量的连带责任。施工质量计划编制完毕,应经企业技术领导审核批准,并按施工承包合同的约定提交工程监理或建设单位批准确认后执行。

根据工程施工的特点,目前我国建设工程项目施工的质量计划常以施工组织设计或工程项目管理规划的文件形式进行编制。

### 4.4.2.2　编制施工质量计划的目的和作用

施工质量计划编制的目的是加强施工过程中的质量管理和程序管理,规范员工行为,使其严格操作、规范施工,达到提高工程质量、实现项目目标的目的。

施工质量计划的作用是为质量控制提供依据,使工程的特殊质量要求能通过有效的措施加以满足;在合同环境下,质量计划是企业向顾客表明质量管理方针、目标及其具体实现的方法、手段和措施,体现企业对质量责任的承诺和实施的具体步骤。

### 4.4.2.3　施工质量计划的内容

1. 工程特点及施工条件分析

熟悉建设项目所属的行业特点和特殊质量要求,详细领会工程合同文件提出的全部质量条款,了解相关的法律法规对本工程项目质量的具体影响和要求,还要详细分析施工现场的作业条件,以便能制订出合理、可行的施工质量计划。

2. 工程质量目标

工程质量目标包括工程质量总目标及分解目标。制定的目标要具体,具有可操作性,对于定性指标,需同时确定衡量的标准和方法。如要确定工程项目预期达到的质量等级(如合格、优良或省、市、部优质工程等),则要求在工程项目交付使用时,质量要达到合同范围内的全部工程的所有使用功能符合设计(或更改)图纸要求,检验批、分项、分部和单位工程质量达到施工质量验收统一标准,合格率100%等。

3. 组织与人员

在施工组织设计中,确定质量管理组织机构、人员及资源配置计划,明确各组织、部门人员在工程施工不同阶段的质量管理职责和职权,即确定质量责任人和相应的质量控制权限。

4. 施工方案

根据质量控制总目标的要求,制定具体的施工技术方案和施工程序,包括实施步骤、施工方法、作业文件和技术措施等。

5. 采购质量控制

采购质量控制包括材料、设备的质量管理及控制措施,涉及对供应方质量控制的要求。可以制定具体的采购质量标准或指标、参数和控制方法等。

6. 监督检测

要制订工程检测的项目计划与方法,包括检测、检验、验证和试验程序文件等,以及相关的质量要求和标准。

#### 4.4.2.4　施工质量计划的实施与验证

1. 实施要求

施工质量计划的实施范围主要是在项目施工阶段全过程,重点对工序、分项工程、分部工程到单位工程全过程的质量控制,各级质量管理人员按质量计划确定的质量责任分工,对各环节进行严格的控制,并按施工质量计划要求保存好质量记录、质量审核、质量处理单、相关表格等原始记录。

2. 验证要求

项目质量责任人应定期组织具有相应资格或经验的质量检查人员、内部质量审核员等对施工质量计划的实施效果进行验证,对项目质量控制中存在的问题或隐患,特别是质量计划本身、管理制度、监督机制等环节的问题,要及时提出解决措施,加以纠正。质量问题严重时要追究责任,给予处罚。

## 4.4.3　施工生产要素的质量控制

影响工程项目质量控制的因素主要有劳动主体/人员(Man)、劳动对象/材料(Material)、劳动手段/机械设备(Machine)、劳动方法/施工方法(Method)和施工环境(Environment)五大生产要素,即4M1E。在施工过程中,应事前对这五个方面严加控制。

#### 4.4.3.1　劳动主体/人员(Man)

人是指施工活动的组织者、领导者及直接参与施工作业活动的具体操作人员。人员因素的控制就是对上述人员的各种行为进行控制。

人员因素的控制方法如下:

(1)充分调动人员的积极性,发挥人的主导作用。人作为控制的对象,要避免人在工作中的失误;人作为控制的动力,要充分调动人的积极性,发挥人的主导地位。

(2)提高人的工作质量。人的工作质量是工程项目质量的一个重要组成部分,只有首先提高工作质量,才能确保工程质量。提高工作质量的关键在于控制人的素质。人的素质包括思想觉悟、技术水平、文化修养、心理行为、质量意识、身体条件等方面。要提高人的素质就要加强思想政治教育、劳动纪律教育、职业道德教育、专业技术培训。

(3)建立相应的机制。在施工过程中,尽量改善劳动作业条件,建立健全岗位责任制、技术交底、隐蔽工程检查验收、工序交接检查等的规章制度,运用公平合理、按劳取酬的人力管理机制激励人的劳动热忱。

(4)根据工程实际特点合理用人,严格执行持证上岗制度。结合工程具体特点,从确保工程质量需要出发,从人的技术水平、人的生理缺陷、人的心理行为、人的错误行为等方面来控制人的合理使用。例如,对技术复杂、难度大、精度高的工序或操作,应要求由技术熟练、经验丰富的施工人员来完成；而反应迟钝、应变能力较差的人，则不宜安排其操作快速运动、动作复杂的机械设备；对某些要求必须做到万无一失的工序或操作，则一定要分析人的心理行为，控制人的思想活动，稳定人的情绪；对于具有危险的现场作业，应控制人的错误行为。

此外，在工程质量管理过程中对施工操作者的控制应严格执行持证上岗制度。无技术资格证书的人不允许进入施工现场从事施工活动；对不懂装懂、图省事、碰运气、有意违章的行为必须及时进行制止。

#### 4.4.3.2 劳动对象/材料(Material)

材料是指在工程项目建设中所使用的原材料、成品、半成品、构配件等，是工程施工的物质保证条件。

**1. 材料质量控制规定**

(1)项目经理部应在质量计划确定的合格材料供应人名录中按计划招标采购原材料、成品、半成品和构配件。

(2)材料的搬运和储存应按搬运储存规定进行，并应建立台账。

(3)项目经理部应对材料、半成品和构配件进行标识。

(4)未经检验和已经检验为不合格的材料、半成品和构配件等，不得投入使用。

(5)对发包人提供的材料、半成品、构配件等，必须按规定进行检验和验收。

(6)监理工程师应对承包人自行采购的材料进行验证。

**2. 材料质量控制方法**

材料质量是形成工程实体质量的基础，如使用材料不合格，工程质量也一定不达标。加强材料的质量控制是保证和提高工程质量的重要保障，是控制工程质量影响因素的有效措施。材料质量控制包括材料采购、运输，材料检验，材料储存及使用。

(1)认真组织材料采购。材料采购应根据工程特点、施工合同、材料的适用范围、材料的性能要求和价格因素等进行综合考虑。材料采购应根据施工进度计划要求适当提前安排，施工承包企业应根据市场材料信息及材料样品对厂家进行实地考查，同时施工承包企业在进行材料采购时应特别注意将质量条款明确写入材料采购合同。

(2)严格材料质量检验。材料质量检验的目的是通过一系列的检测手段，将所取得的材料数据与材料质量标准进行对比，以便于事先判断材料质量的可靠性，再据此决定能否将其用于工程实体。材料质量检验的内容包括：

①材料质量标准。材料的质量标准是用以衡量材料质量的尺度，也是验收、检验材料质量的依据。不同材料都有自己的质量标准和检验方法。

②材料检验的项目。材料检验的项目分为：一般试验项目(通常进行的试验项目)，如钢筋要进行拉伸试验、弯曲试验，混凝土要进行表观密度、坍落度、抗压强度试验；其他试验项目(根据需要进行的试验项目)，如钢丝的冲击、硬度，焊接件(焊缝金属、焊接接头)的力学性能，混凝土的抗折强度、抗弯强度、抗冻、抗渗、干缩等试验。材料具体检验项目要根据材料使用条件决定，一般在标准中有明确规定。

③材料的取样方法。材料质量检验的取样必须具有代表性，即所采取样品的质量应能代表该批材料的质量。因此，材料取样必须严格按规范规定的部位、数量和操作要求

进行。

④材料的试验方法。材料质量检查方法分为书面检查、外观检查、理化检查、无损检查。

⑤材料的检验程度。根据材料信息和保证资料的具体情况,质量检验程度分为免检、抽检、全检三种。

免检:对有足够质量保证的一般材料,以及实践证明质量长期稳定且质量保证资料齐全的材料,可免去质量检验过程。

抽检:对材料的性能不清楚或对质量保证资料有怀疑,或对成批产品的构配件,均应按一定比例随机抽样进行检查。

全检:凡进口材料、设备和重要工程部位的材料以及贵重的材料应进行全面的检查。

对材料质量控制的要求:所有材料、制品和构配件必须有出厂合格证和材质化验单;钢筋水泥等重要材料要进行复试;现场配置的材料必须进行试配试验。

(3)合理安排材料的仓储保管与使用。在材料检验合格后和使用前,必须做好仓储保管和使用保管,以免因材料变质或误用严重影响工程质量或造成质量事故。如因保管不当造成水泥受潮、钢筋锈蚀;因使用不当造成不同直径钢筋混用等。

因此,做好材料保管和使用管理应从以下两个方面进行:一方面,施工承包企业应合理调度,做到现场材料不大量积压;另一方面,应切实搞好材料使用管理工作,做到不同规格、品种的材料分类堆放、实行挂牌标志。必要时设专人监督检查,以避免材料混用或把不合格材料用于工程实体中。

### 4.4.3.3　劳动手段/机械设备(Machine)

机械设备包括施工机械设备和生产工艺设备。

#### 1.机械设备质量控制规定

(1)应按设备进场计划进行施工设备的准备。

(2)现场的施工机械应满足施工需要。

(3)应对机械设备操作人员的资格进行确认,无证或资格不符合者,严禁上岗。

#### 2.施工机械设备的质量控制

施工机械设备是实现施工机械化的重要物质基础,是现代化施工中必不可少的设备,对工程项目的质量、进度和投资均有直接影响。机械设备质量控制的根本目标就是实现设备类型、性能参数、使用效果与现场条件、施工工艺、组织管理等因素相匹配,并始终使机械保持良好的使用状态。因此,施工机械设备的选用必须结合施工现场条件、施工方法工艺、施工组织和管理等各种因素综合考虑。

施工机械控制包括以下几点:

(1)施工机械设备的选型。施工机械设备型号的选择应本着因地制宜、因工程制宜、满足需要的原则,既考虑到施工的适用性、技术的先进性、操作的方便性、使用的安全性,又要考虑到保证施工质量的可靠性和经济性。如在选择挖土机时,应根据土的种类及挖土机的适用范围进行选择。

(2)施工机械设备的主要性能参数。施工机械设备的主要机械性能参数是选择机械设备的基本依据。在施工机械选择时,应根据性能参数结合工程项目的特点、施工条件和已确定的型号具体进行。如起重机械的选择，其性能参数（起重量、起重高度和起重半径等）必须满足工程的要求，才能保证施工的正常进行。

　　（3）施工机械设备使用操作要求。合理使用机械设备，正确操作是确保工程质量的重要环节。在使用机械设备时，应贯彻"三定"和"五好"原则，即"定机、定人、定岗位责任"和"完成任务好、技术状况好、使用好、保养好、安全好"。

　　3. 生产机械设备的质量控制

　　生产机械设备主要控制包括设备的检查验收、设备的安装质量和设备的试车运转。即要求按设计选择设备；设备进厂后，要按设备名称、型号、规格、数量和清单对照，逐一检查验收；设备安装要符合技术要求和质量标准；试车运转正常能投入使用。因此，对于生产机械设备的检查主要包括以下几个方面：

　　（1）对整体装运的新购机械设备，应进行运输质量及供货情况的检查。对有包装的设备，应检查包装是否受损；对无包装的设备，应进行外观的检查及附件、备品的清点；对进口设备，必须进行开箱全面检查，若发现问题，应详细记录或照相，及时处理。

　　（2）对解体装运的自组装设备，在对总部件及随机附件、备品进行外观检查后，应尽快进行现场组装、检测试验。

　　（3）在工地交货的生产机械设备，一般都有设备厂家在工地进行组装、调试和生产性能试验，自检合格后才提请订货单位复检，待复检合格后，才能签署验收证明。

　　（4）对调拨旧设备的测试验收，应基本达到完好设备的标准。

　　（5）对于永久性和长期性的设备改造项目，应按原批准方案的性能要求，经一定的生产实践考验，并经鉴定合格后才予验收。

　　（6）对于自制设备，在经过 6 个月的生产考验后，按试验大纲的性能指标测试验收，决不允许擅自降低标准。

#### 4.4.3.4　劳动方法／施工方法（Method）

　　广义的施工方法控制是指对施工承包企业为完成项目施工过程而采取的施工方案、施工工艺、施工组织设计、施工技术措施、质量检测手段和施工程序安排等所进行的控制。狭义的施工方法控制是指对施工方案的控制。施工方案正确与否直接影响工程项目的质量、进度和投资。因此，施工方案的选择必须结合工程实际，从技术、组织、经济、管理等方面出发，做到能解决工程难题，技术可行，经济合理，加快进度，降低成本，提高工程质量。它具体包括确定施工起点流向、确定施工程序、确定施工顺序、确定施工工艺和施工环境。

#### 4.4.3.5　施工环境（Environment）

　　影响施工质量的环境因素较多，主要有以下几方面：

　　（1）自然环境。如气温、雨、雪、雷、电、风等。

　　（2）工程技术环境。如工程地质、水文、地形、地震、地下水位、地面水等。

　　（3）工程管理环境。如质量保证体系和质量管理工作制度。

　　（4）劳动作业环境。如劳动组合、作业场所、作业面等，以及前道工序为后道工序提供的操作环境。

　　（5）经济环境。如资源条件、交通运输条件、供水供电条件等。

　　环境因素对施工质量的影响有复杂、多变的特点，必须具体问题具体分析。如气象条件变化无穷,温度、湿度、酷暑、严寒等都直接影响工程质量;又如前一道工序是后一道工序的环境,前一分项工程、分部工程就是后一分项工程、分部工程的环境。因此,对工程施工环境应结合工程特点和具体条件严加控制。尤其是施工现场,应建立文明施工和文明生产的环境,保持材料堆放整齐、道路畅通,工作环境清洁,施工顺序井井有条,为确保质量、安全创造一个良好的施工环境。

### 4.4.4　施工过程的作业质量控制

工程项目是由一系列相互关联、相互制约的作业过程(工序)构成的,控制工程项目施工过程的质量,除施工准备阶段、竣工阶段的质量控制外,重点是必须控制全部作业过程,即各道工序的施工质量。

#### 4.4.4.1　施工准备阶段的质量控制

施工准备阶段的质量控制是指在正式施工前进行的质量控制活动,其重点是在做好施工准备工作的同时,做好施工质量预控和对策方案。施工质量预控是指在施工阶段,预先分析施工中可能发生的质量问题和隐患及其产生的原因,采取相应的对策措施进行预先控制,以防止在施工中发生质量问题。这一阶段的控制措施包括以下几个方面。

**1.文件资料的质量控制**

工程项目所在地的自然条件和技术经济条件调查资料应保证客观、真实、详尽、周密,以保证能为施工质量控制提供可靠的依据;施工组织设计文件的质量控制,应要求提出的施工顺序、施工方法和技术措施等能保证质量,同时应进行技术经济分析,尽量做到技术可行、经济合理和质量符合要求;通过设计交底、图纸会审等环节,发现、纠正和减少设计差错,从施工图纸上消除质量隐患,保证工程质量。

**2.采购和分包的质量控制**

材料设备采购的质量控制包括严格按有关产品提供的程序要求操作;对供方人员资格、供方质量管理体系的要求;建立合格材料、成品和设备供应商的档案库,定期进行考核,从中选择质量、信誉最好的供应商;采购品必须具有厂家批号、出厂合格证和材质化验单,验收入库后还要根据规定进行抽样检验,对进口材料设备和重大工程、关键施工部位所用材料,应全部进行检验。

要在资质合格的基础上择优选择分包商;分包商合同需从生产、技术、质量、安全、物质和文明施工等方面最大限度地对分包商提出要求,条款必须清楚、内容详尽;还应对分包队伍进行技术培训和质量教育,帮助分包商提高质量管理水平;从主观和客观两方面把分包商纳入总包的系统质量管理与质量控制体系中,接受总包的组织和协调。

**3.现场准备的质量控制**

建立现场项目组织机构,集结施工队伍并进行入场教育;对现场控制网、水准点、标桩进行测量;拟订有关试验、试制和技术进步的项目计划;制定施工现场管理制度等。

#### 4.4.4.2　施工过程的质量控制

工程项目的施工过程是由若干道工序组成的,因此施工过程的控制,重点就是施工工序的控制,主要包括四方面的内容:施工工序控制的要求、施工工序控制的程序、施工工序质量控制点的设置和施工工序控制的检验。

1.施工工序控制的要求

工序质量是施工质量的基础,工序质量也是施工顺利进行的关键。为满足对工序质量控制的要求,在工序管理方面应做到:

(1)贯彻预防为主的基本要求,设置工序质量检查点,将材料质量状况、工具设备状况、施工程序、关键操作、安全条件、新材料新工艺的应用、常见质量通病、甚至包括操作者的行为等影响因素列为控制点作为重点检查项目进行预控。

(2)落实工序操作质量巡查、抽查及重要部位跟踪检查等方法,及时掌握施工质量总体状况。

(3)对工序产品、分项工程的检查应按标准要求进行目测、实测及抽样试验的程序,做好原始记录,经数据分析后,及时作出合格或不合格的判断。

(4)对合格工序产品应及时提交监理进行隐蔽工程验收。

(5)完善管理过程的各项检查记录、检测资料及验收资料,作为工程验收的依据,并为工程质量分析提供可追溯的依据。

2.施工工序控制的程序

(1)进行作业技术交底,包括作业技术要领、质量标准、施工依据、与前后工序的关系等。

(2)检查施工工序、程序的合理性、科学性,防止工程流程错误,导致工序质量失控。检查内容包括施工总体流程和具体施工作业的先后顺序。在正常情况下,要坚持先准备后施工、先深后浅、先土建后安装、先验收后交工等顺序。

(3)检查工序施工条件,即每道工序投入的材料,使用的工具、设备及操作工艺及环境条件是否符合施工组织设计的要求。

(4)检查工序施工中人员操作程序、操作质量是否符合质量规程要求。

(5)检查工序施工中间产品的质量,即工序质量和分项工程质量。

(6)对工序质量符合要求的中间产品(分项工程)及时进行工序验收或隐蔽工程验收。

(7)质量合格的工序验收后方可进入下道工序施工。未经验收合格的工序,不得进入下道工序施工。

3.施工工序质量控制点的设置

在施工过程中,为了对施工质量进行有效控制,需要找出对工序的关键或重要质量特性起支配作用的全部活动,对这些支配性要素,要加以重点控制。工序质量控制点就是根据支配性要素进行重点控制的要求而选择的质量控制重点部位、重点工序和重点因素。一般来讲,质量控制点是随不同的工程项目类型和特点而不完全相同的,基本原则是选择施工过程中的关键工序、隐蔽工程、薄弱环节,以及对后续工序有重大影响、施工条件困难、技术难度大等的环节。

4.施工工序控制的检验

施工过程中对施工工序的质量控制效果如何,应在施工单位自检的基础上,在现场对工序施工质量进行检验,以判断工序活动的质量效果是否符合质量标准的要求。

(1)抽样。对工序抽取规定数量的样品,或者确定数量符合的检测点。

（2）实测。采用必要的检测设备和手段，对抽取的样品或确定的检测点进行检测，测定其质量性能指标或质量性能状况。

（3）分析。对检验所得烦琐数据，用统计方法进行分析、整理，发现其遵循的变化规律。

（4）判断。根据对数据分析的结果，经与质量标准或规定对比，判断该工序施工的质量是否达到规定的质量标准要求。

（5）处理。根据对抽样检测的结论，如果符合规定的质量标准的要求，则可对该工序的质量予以确认。如果通过判断，发现该工序的质量不符合规定的质量标准的要求，则应进一步分析产生偏差的原因，并采取相应的措施进行纠正。

### 4.4.4.3　施工竣工阶段的质量控制

竣工验收阶段的质量控制包括最终质量检验和试验、技术资料的整理、施工质量缺陷的处理、工程竣工验收文件的编制和移交准备、产品防护和撤场计划等。这个阶段主要的质量控制有以下要求：

（1）最终质量检验。工程项目最终检验和试验是指对单位工程质量进行的验证，是对建筑工程产品质量的最后把关，是全面考核产品质量是否满足质量控制计划预期要求的重要手段。最终检验和试验提供的结果是证明产品符合性的证据。如各种质量合格证书、材料试验检验单、隐蔽工程记录、施工记录和验收记录等。

（2）缺陷纠正与处理。施工阶段出现的所有质量缺陷，应及时予以纠正，并在纠正后要再次验证，以证明其纠正的有效性。处理方案包括修补处理、返工处理、限制使用和不做处理。

（3）资料移交。组织有关专业人员按合同要求，编制工程竣工文件，整理竣工资料及档案，并做好工程移交准备。

（4）产品防护。在最终检验和试验合格后，对产品采取防护措施，防止部件丢失和损坏。

（5）撤场计划。工程通过验收后，项目部应编制符合文明施工和环境保护要求的撤场计划，及时拆除、运走多余物资，按照项目规划要求恢复或平整场地，做到符合质量要求的项目整体移交。

### 4.4.4.4　施工成品保护

在施工阶段，由于工序和工程进度的不同，有些分项、分部工程可能已经完成，而其他工程尚在施工，或者有些部位已经完工，其他部位还在施工，因此这一阶段需特别重视对施工成品的质量保护问题。

（1）树立施工成品质量保护的观念。

施工阶段的成品保护问题，也应该看成是施工质量控制的范围，因此需要全员树立施工成品的质量保护观念，尊重他人和自己的劳动成果，施工操作中珍惜已完成和部分完成的成品，把这种保护变成施工过程中的一种自觉行为。

（2）采取保护施工成品的措施。

根据需要保护的施工成品的特点和要求，首先在施工顺序上给予充分合理的安排，按正确的施工流程组织施工，在此基础上，可采取以下保护措施：

①防护。防护是指针对具体的施工成品,采取各种保护的措施,以防止成品可能发生的损伤和质量侵害。如对出入口的台阶可采取垫砖或方木搭设防护踏板以供临时通行;对于门口易碰的部位钉上防护条或者槽型盖铁保护等;用塑料布、纸等把铝合金门窗、暖气片、管道、电器开关、插座等设施包上,以防污染。

　　②包裹。包裹是指对欲保护的施工成品采取临时外包装进行保护的办法。如对镶面的饰材可用立板包裹或保留好原包装;铝合金门窗采用塑料布包裹等。

　　③覆盖。覆盖是指采用其他材料覆盖在需要保护的成品表面,起到防堵塞、防损伤的目的。如预制水磨石、大理石楼梯,应用木板、加气板等覆盖,以防操作人员踩踏和物体磕碰;水泥地面、现浇水磨石地面,应铺干锯末保护;落水口、排水管应加以覆盖以防堵塞;对其他一些需防晒、防冻、保温养护的成品,也要加以覆盖,做好保护工作。

　　④封闭。封闭是指对施工成品采取局部临时性隔离保护的办法。如房间水泥地面或木地板油漆完成后,应将该房间暂时封闭;屋面防水完成后,需封闭进入该屋面的楼梯口或出入口等。

# 学习单元4.5　建筑工程项目质量验收

## 工作任务表

| 能力目标 | 主讲内容 | 学生完成任务 |
|---|---|---|
| 　　通过学习训练,使学生掌握工程项目施工过程质量验收、工程项目竣工质量验收、工程竣工验收备案 | 　　着重介绍工程项目竣工质量验收、工程竣工验收备案等相关知识 | 　　根据本单元的基本条件,在学习过程中完成施工过程质量验收、工程项目竣工质量验收、工程竣工验收备案 |

## 4.5.1　施工过程质量验收

　　工程质量验收是对已完工的工程实体的外观质量及内在质量按规定程序检查后,确认其是否符合设计及各项验收标准的要求,可交付使用的一个重要环节。正确地进行工程项目质量的检查评定和验收,是保证工程质量的重要手段。

　　鉴于工程施工规模较大、专业分工较多、技术安全要求高等特点,国家相关行政管理部门对各类工程项目的质量验收标准制定了相应的规范,以保证工程验收的质量,工程验收应严格执行规范的要求和标准。

### 4.5.1.1　施工质量验收的概念

　　工程项目质量的评定验收,是对工程项目整体而言的,工程项目质量的等级分为"合格"和"优良",凡不合格的项目不予验收;凡验收通过的项目,必有等级的评定。因此,对工程项目整体的质量验收,可称之为工程项目质量的评定验收,或简称工程质量验收。

　　工程质量验收可分为过程验收和竣工验收。过程验收,按项目阶段划分有勘察设计质量验收、施工质量验收;按项目构成划分有单位工程、分部工程、分项工程和检验批四种层次的验收。其中,检验批是指施工过程中条件相同并含有一定数量材料、构配件或安装项目的施工内容。由于其质量基本均匀一致,所以可作为检验的基础单位,并按批验收。

与检验批有关的另一个概念是主控项目和一般检验项目。主控项目是指对检验批的基本质量起决定性影响的检验项目,一般检验项目是除主控项目外的其他检验项目。

施工质量验收是指对已完工的工程实体的外观质量及内在质量按规定程序检查后,确认其是否符合设计及各项验收标准要求的质量控制过程,也是确认是否可交付使用的一个重要环节。正确地进行工程施工质量的检查评定和验收,是保证工程项目质量的重要手段。

施工质量验收属于过程验收。其程序包括:

(1)施工过程中隐蔽工程在隐蔽前通知建设单位(或工程监理)进行验收,并形成验收文件。

(2)分部分项施工完成后应在施工单位自行验收合格后,通知建设单位(或工程监理)验收,重要的分部分项应请设计单位参加验收。

(3)单位工程完工后,施工单位应自行组织检查、评定,符合验收标准后,向建设单位提交验收申请。

(4)建设单位收到验收申请后,应组织施工、勘察、设计、监理单位等方面人员进行单位工程验收,明确验收结果,并形成验收报告。

(5)按国家现行管理制度,房屋建筑工程及市政基础设施工程验收合格后,尚需在规定时间内,将验收文件报政府管理部门备案。

### 4.5.1.2 施工过程质量验收的内容

施工过程的质量验收包括以下验收环节,通过验收后留下完整的质量验收记录和资料,为工程项目竣工质量验收提供依据。

1.检验批质量验收

所谓检验批,是指按同一生产条件或按规定的方式汇总起来供检验用的,由一定数量样本组成的检验体,检验批可根据施工及质量控制和专业验收需要按楼层、施工段、变形缝等进行划分。

检验批质量验收的一般规定如下:

(1)检验批应由监理工程师(建设单位项目技术负责人)组织施工、单位项目专业质量(技术)负责人等进行验收。

(2)检验批合格质量应符合下列规定:

①主控项目和一般项目的质量经抽样检验合格;

②具有完整的施工操作依据、质量检查记录。主控项目是指对安全、卫生、环境保护和公众利益起决定性作用的检验项目。因此,主控项目的验收必须从严要求,不允许有不符合要求的检验结果,主控项目的检查具有否决权。除主控项目外的检验项目称为一般项目。

2.分项工程质量验收

分项工程应按主要工种、材料、施工工艺、设备类别等进行划分。分项工程可由一个或若干个检验批组成。

（1）分项工程应由监理工程师（建设单位项目技术负责人）组织施工单位项目专业质量（技术）负责人进行验收。

（2）分项工程质量验收合格应符合下列规定：

①分项工程所含的检验批均应符合合格质量的规定；

②分项工程所含的检验批的质量验收记录应完整。

**3.分部工程质量验收**

当分部工程较大或较复杂时，可按材料种类、施工特点、施工程序、专业系统及类别等分为若干子分部工程。

（1）分部工程应由总监理工程师（建设单位项目负责人）组织施工单位项目负责人和技术、质量负责人等进行验收；地基与基础、主体结构分部工程的勘察、设计单位工程项目负责人和施工单位技术、质量部门负责人也应参加相关分部工程验收。

（2）分部（子分部）工程质量验收合格应符合下列规定：

①所含分项工程的质量均应验收合格；

②质量控制资料应完整；

③地基与基础、主体结构和设备安装等分部工程有关安全及功能的检验和抽样检测结果应符合有关规定；

④观感质量验收应符合要求。

必须注意的是，由于分部工程所含的各分项工程性质不同，因此它并不是在所含分项验收基础上的简单相加，即所含分项验收合格且质量控制资料完整只是分部工程质量验收的基本条件，还必须在此基础上对涉及安全和使用功能的地基基础、主体结构、有关安全及重要使用功能的安装分部工程进行见证取样试验或抽样检测，而且需要对其观感质量进行验收，并综合给出质量评价，观感差的检查点应通过返修处理等补救。

## 4.5.2　工程项目竣工质量验收

### 4.5.2.1　竣工工程质量验收的要求

单位工程是工程项目竣工质量验收的基本对象，也是工程项目投入使用前的最后一次验收，其重要性不言而喻。应按下列要求进行施工质量验收：

（1）工程施工质量应符合各类工程质量统一验收标准和相关专业验收规范的规定。

（2）工程施工应符合工程勘察、设计文件的要求。

（3）参加工程施工质量验收的各方人员应具备规定的资格。

（4）工程质量的验收均应在施工单位自行检查评定的基础上进行。

（5）隐蔽工程在隐蔽前应由施工单位通知有关单位进行验收，并应形成验收文件。

（6）涉及结构安全的试块、试件以及有关材料，应按规定进行见证取样检测。

（7）检验批的质量应按主控项目、一般项目验收。

（8）对涉及结构安全和功能的重要分部工程应进行抽样检测。

（9）承担见证取样检测及有关结构安全检测的单位应具有相应资质。

（10）工程的观感质量应由验收人员通过现场检查共同确认。

#### 4.5.2.2　竣工工程质量验收的程序

承发包人之间所进行的建设工程项目竣工验收,通常分为验收准备、初步验收和正式验收三个环节进行。整个验收过程涉及建设单位、设计单位、监理单位及施工总分包各方的工作,必须按照工程项目质量控制系统的职能分工,以监理工程师为核心进行竣工验收的组织协调。

1. 竣工验收准备

施工单位按照合同规定的施工范围和质量标准完成施工任务后,经质量自检并合格后,向现场监理机构(或建设单位)提交工程竣工申请报告,要求组织工程竣工验收。施工单位的竣工验收准备,包括工程实体的验收准备和相关工程档案资料的验收准备,使之达到竣工验收的要求,其中设备及管道安装工程等,应经过试压、试车和系统联动试运行检查记录。

2. 竣工预验收

监理机构收到施工单位的工程竣工申请报告后,应就验收的准备情况和验收条件进行检查。对工程实体质量及档案资料存在的缺陷,及时提出整改意见,并与施工单位协商整改清单,确定整改要求和完成时间。工程竣工验收应具备下列条件:

(1)完成工程设计和合同约定的各项内容。

(2)有完整的技术档案和施工管理资料。

(3)有工程使用的主要建筑材料、构配件和设备的进场试验报告。

(4)有工程勘察、设计、施工、工程监理等单位分别签署的质量合格文件。

(5)有施工单位签署的工程保修书。

3. 正式竣工验收

当竣工预验收检查结果符合竣工验收要求时,监理工程师应将施工单位的竣工申请报告报送建设单位,着手组织勘察、设计、施工、监理等单位和其他方面的专家组成竣工验收小组并制订验收方案。

建设单位应在工程竣工验收前 7 个工作日将验收时间、地点、验收组名单通知该工程的工程质量监督机构。建设单位组织竣工验收会议。正式竣工验收过程的主要工作有:

(1)建设、勘察、设计、施工、监理单位分别汇报工程合同履约情况及工程施工各环节施工满足设计要求,质量符合法律、法规和强制性标准的情况。

(2)检查审核设计、勘察、施工、监理单位的工程档案资料及质量验收资料。

(3)实地检查工程外观质量,对工程的使用功能进行抽查。

(4)对工程施工质量管理各环节工作、对工程实体质量及质保资料情况进行全面评价,形成经验收组人员共同确认签署的工程竣工验收意见。

(5)竣工验收合格,建设单位应及时提出工程竣工验收报告。验收报告还应附有工程施工许可证、设计文件审查意见、质量检测功能性试验资料、工程质量保修书等法规所规定的其他文件。

(6)工程质量监督机构应对工程竣工验收工作进行监督。

### 4.5.3　工程竣工验收备案

我国实行工程竣工验收备案制度。新建、扩建和改建的各类房屋建筑工程和市政基础设施工程的竣工验收,均应按《建设工程质量管理条例》规定进行备案。

(1)建设单位应当自工程竣工验收合格之日起15日内,将工程竣工验收报告和规划、公安消防、环保等部门出具的认可文件或准许使用文件,报建设行政主管部门或者其他相关部门备案。

(2)备案部门在收到备案文件资料后的15日内,对文件资料进行审查,符合要求的工程,在验收备案表上加盖"竣工验收备案专用章",并将一份退建设单位存档。如审查中发现建设单位在竣工验收过程中,有违反国家有关建设工程质量管理规定行为的,责令停止使用,重新组织竣工验收。

(3)建设单位有下列行为之一的,责令改正,处以工程合同价款百分之二以上百分之四以下的罚款,造成损失的依法承担赔偿责任:

①未组织竣工验收,擅自交付使用的;

②验收不合格,擅自交付使用的;

③对不合格的建设工程按照合格工程验收的。

## ■ 学习单元4.6　建筑工程项目质量的政府监督

### 工作任务表

| 能力目标 | 主讲内容 | 学生完成任务 |
| --- | --- | --- |
| 通过学习训练,使学生了解工程项目质量政府监督的职能、内容 | 着重介绍工程项目质量政府监督的职能、内容等相关知识 | 根据本单元的基本条件,在学习过程中完成工程项目质量政府监督的职能、内容等相关知识的理解 |

为加强对建筑工程质量的管理,我国《建筑法》及《建设工程质量管理条例》明确政府行政主管部门设立专门机构对工程质量行使监督职能,其目的是保证工程质量、保证工程的使用安全及环境质量。国务院建设行政主管部门对全国建设工程质量实行统一监督管理,国务院铁路、交通、水利等有关部门按照规定的职责分工,负责对全国有关专业建设工程质量的监督管理。

### 4.6.1　工程项目质量政府监督的职能

各级政府质量监督机构对工程质量监督的依据是国家、地方和各专业建设管理部门颁发的法律、法规及各类规范和强制性标准。其监督的职能包括以下两大方面:

(1)监督工程建设的各方主体(包括建设单位、施工单位、材料设备供应单位、设计勘察单位和监理单位等)的质量行为是否符合国家法律法规及各项制度的规定;查处违法违规行为和质量事故。

（2）监督检查工程实体的施工质量，尤其是地基基础、主体结构、专业设备安装等涉及结构安全和使用功能的施工质量。

### 4.6.2　工程项目质量政府监督的内容

政府对工程质量的监督管理以施工许可制度和竣工验收备案制度为主要手段。

#### 4.6.2.1　受理质量监督申报

在工程项目开工前，政府质量监督机构在受理工程质量监督的申报手续时，对建设单位提供的文件资料进行审查，审查合格签发有关质量监督文件。

#### 4.6.2.2　开工前的质量监督

开工前召开项目参与各方参加的首次监督会议，公布监督方案，提出监督要求，并进行第一次监督检查。监督检查的主要内容为工程项目质量控制系统及各施工方的质量保证体系是否已经建立，以及完善的程度。具体内容包括以下几点：

（1）检查项目各施工方的质保体系，包括组织机构、质量控制方案及质量责任制等制度。

（2）审查施工组织设计、监理规划等文件及审批手续。

（3）检查项目各参与方的营业执照、资质证书及有关人员的资格证书。

（4）检查的结果记录保存。

#### 4.6.2.3　施工期间的质量监督

（1）在工程施工期间，质量监督机构按照监督方案对工程项目施工情况进行不定期的检查。其中，在基础和结构阶段每月安排监督检查。检查内容为工程参与各方的质量行为及质量责任制的履行情况、工程实体质量和质保资料的状况。

（2）对工程项目结构主要部位（如桩基、基础、主体结构）除常规检查外，还要在分部工程验收时，要求建设单位将施工、设计、监理、建设方分别签字的质量验收证明在验收后3天内报监督机构备案。

（3）对施工过程中发生的质量问题、质量事故进行查处；根据质量检查状况，对查实的问题签发"质量问题整改通知单"或"局部暂停施工指令单"，对问题严重的单位也可根据问题情况发出"临时收缴资质证书通知书"等处理意见。

#### 4.6.2.4　竣工阶段的质量监督

政府工程质量监督机构按规定对工程竣工验收备案工作实施监督。

（1）做好竣工验收前的质量复查。对质量监督检查中提出质量问题的整改情况进行复查，了解其整改情况。

（2）参与竣工验收会议。对竣工工程的质量验收程序、验收组织与方法、验收过程等进行监督。

（3）编制单位工程质量监督报告。工程质量监督报告作为竣工验收资料的组成部分提交竣工验收备案部门。

（4）建立工程质量监督档案。工程质量监督档案按单位工程建立，要求归档及时，资料记录等各类文件齐全，经监督机构负责人签字后归档，按规定定年限保存。

# 学习单元4.7　施工企业质量管理体系标准

## 工作任务表

| 能力目标 | 主讲内容 | 学生完成任务 |
| --- | --- | --- |
| 通过学习训练,使学生掌握质量管理体系的原则、文件构成、建立、运行、认证、监督 | 着重介绍施工企业质量管理体系的原则、文件构成、认证和监督等相关知识 | 根据本单元的基本条件,在学习过程中完成施工企业质量管理体系的原则、文件构成、认证和监督等相关知识的理解 |

## 4.7.1　质量管理体系八项原则

ISO9000 标准是 ISO(国际标准化组织)制定的国际质量管理标准和指南,作为组织建立质量体系的基本要求在世界范围内被广泛采用,是迄今为止应用最广泛的 ISO 标准。在总结优秀质量管理实践经验的基础上,ISO9000 标准提出了八项质量管理原则,明确了一个组织在实施质量管理中必须遵循的原则。这八项质量管理原则如下。

### 4.7.1.1　以顾客为关注焦点

"组织依存于顾客。因此,组织应当理解顾客当前的需求和未来的需求,满足顾客要求并争取超越顾客期望"。组织在贯彻这一原则时应采取的措施包括通过市场调查研究或访问顾客等方式,准确详细了解顾客当前或未来的需要和期望,并将其作为设计开发和质量改进的依据;将顾客和其他利益相关方的需要和愿望的信息按照规定的渠道和方法,在组织内部完整而准确地传递和沟通;组织在设计开发和生产经营过程中,按规定的方法测量顾客的满意程度,以便针对顾客的不满意因素采取相应的措施。

### 4.7.1.2　领导作用

"领导者确立组织统一的宗旨及方向。他们应当创造并保持使员工能充分参与实现组织目标的内部环境"。领导的作用是指最高管理者具有决策和领导一个组织的关键作用,为全体员工实现组织的目标创造良好的工作环境,最高管理者应建立质量方针和质量目标,以体现组织总的质量宗旨和方向,以及在质量方面所追求的目的。应时刻关注组织经营的国内外环境,制定组织的发展战略,规划组织的蓝图。质量方针应随着环境的变化而变化,并与组织的宗旨相一致。最高管理者应将质量方针、目标传达落实到组织的各职能部门和相关层次,让全体员工理解和执行。

### 4.7.1.3　全员参与

"各级人员是组织之本,只有他们的充分参与,才能使他们的才干为组织带来收益"。全体员工是每个组织的基础,人是生产力中最活跃的因素。组织的成功不仅取决于正确的领导,还有赖于全体人员的积极参与,所以应赋予各部门、各岗位人员应有的职责和权限,为全体员工创造一个良好的工作环境,激励他们的积极性和创造性,通过教育和培训增长他们的才干和能力,发挥员工的革新和创新精神,共享知识和经验,积极寻求增长知识和经验的机遇,为员工的成长和发展创造良好的条件,这样才能给组织带来最大的收益。

#### 4.7.1.4　过程方法

"将活动和相关的资源作为过程进行管理,可以更高效地得到期望的结果"。工程项目的实施可以作为一个过程来实施管理,过程是指将输入转化为输出所使用资源的各项活动的系统。过程的目的是提高价值,因此在开展质量管理各项活动中应采用过程的方法实施控制,确保每个过程的质量,并按确定的工作步骤和活动顺序建立工作流程,人员培训,所需的设备、材料、测量和控制实施过程的方法,以及所需的信息和其他资源等。

#### 4.7.1.5　管理的系统方法

"将相互关联的过程作为系统加以识别、理解和管理,有助于组织提高实现目标的有效性和效率"。管理的系统方法包括从确定顾客的需求和期望、建立组织的质量方针和目标、确定过程及过程的相互关系和作用,明确职责和资源需求、建立过程有效性的测量方法,并用以测量现行过程的有效性、防止不合格、寻找改进机会、确立改进方向、实施改进、监控改进效果、评价结果、评审改进措施和确定后续措施。这种建立和实施质量管理体系的方法,既可建立新体系,也可用于改进现行的体系。这种方法不仅可提高过程能力及项目质量,还可为持续改进打好基础,最终使顾客满意和使组织获得成功。

#### 4.7.1.6　持续改进

"持续改进整体业绩应当是组织的一个永恒目标"。持续改进是一个组织积极寻找改进的机会,努力提高有效性和效率的重要手段,确保不断增强组织的竞争力,使顾客满意。

#### 4.7.1.7　基于事实的决策方法

"有效决策是建立在数据和信息分析的基础上"。决策是通过调查和分析,确定项目质量目标并提出实现目标的方案,对可供选择的若干方案进行优选后做出抉择的过程,项目组织在工程实施的各项管理活动过程中都需要做出决策。能否对各个过程做出正确的决策,将会影响到组织的有效性和效率,甚至关系到项目的成败。所以,有效的决策必须以充分的数据和真实的信息为基础。

#### 4.7.1.8　与供方互利的关系

"组织与供方是相互依存的,互利的关系可增强双方创造价值的能力"。供方提供的材料、设备和半成品等对于项目组织能否向顾客提供满意的最终产品可以产生重要的影响。因此,把供方、协作方和合作方等都看作是项目组织同盟中的利益相关者,形成共同的竞争优势,可以优化成本和资源,有利于项目主体和供方共同双赢。

上述八项质量管理原则构成 ISO9000:2000 族质量管理体系标准的理论基础,又是企业的最高管理者进行质量管理的基本准则。八项质量管理原则用精练的语言表达的最基本、最通用的质量管理的一般规律,可以成为企业文化的一个重要组成部分,从而指导企业在一个较长时期内,通过关注顾客及其他相关方的需求和期望,达到改进总体业绩的目的。

### 4.7.2　企业质量管理体系文件构成

(1)质量体系文件的构成包括质量方针和质量目标、质量手册、各种生产、工作和管理的程序性文件以及质量记录。

（2）质量手册的内容一般包括企业的质量方针、质量目标；组织机构及质量职责；体系要素或基本控制程序；质量手册的评审、修改和控制的管理办法。质量手册作为企业质量管理系统的纲领性文件应具备指令性、系统性、协调性、先进性、可行性和可检查性。

（3）质量体系程序文件是质量手册的支持性文件，它包括六个方面的通用程序：文件控制程序、质量记录管理程序、内部审核程序、不合格品控制程序、纠正措施控制程序、预防措施控制程序。

（4）质量记录是产品质量水平和质量体系中各项质量活动进行及结果的客观反映。质量记录应具有可追溯性。

### 4.7.3　企业质量管理体系的建立和运行

#### 4.7.3.1　企业质量管理体系的建立

（1）企业质量管理体系的建立，是在确定市场及顾客需求的前提下，按照八项质量管理原则制订企业的质量方针、质量目标、质量手册、程序文件及质量记录等体系文件，并将质量目标分解落实到相关层次、相关岗位的职能和职责中，形成企业质量管理体系的执行系统。

（2）企业质量管理体系的建立还包含组织企业不同层次的员工进行培训，使体系的工作内容和执行要求为员工所了解，为形成全员参与的企业质量管理体系的运行创造条件。

（3）企业质量管理体系的建立需识别并提供实现质量目标和持续改进所需的资源，包括人员、基础设施、环境、信息等。

#### 4.7.3.2　企业质量管理体系的运行

（1）按质量管理体系文件所制定的程序、标准、工作要求及目标分解的岗位职责进行运作。

（2）按各类体系文件的要求，监视、测量和分析过程的有效性和效率，做好文件规定的质量记录。

（3）按文件规定的办法进行质量管理评审和考核。

（4）落实质量管理体系的内部审核程序，有组织、有计划地开展内部质量审核活动，其主要目的是：

①评价质量管理程序的执行情况及适用性；

②揭露过程中存在的问题，为质量改进提供依据；

③检查质量管理体系运行的信息；

④向外部审核单位提供体系有效的证据。

### 4.7.4　企业质量管理体系的认证与监督

#### 4.7.4.1　企业质量管理体系认证的意义

质量认证制度是由公正的第三方认证机构对企业的产品及质量体系作出正确可靠的评价。

（1）提高供方企业的质量信誉。

获得质量管理体系认证通过的企业，证明建立了有效的质量保障机制，因此可以获得市场的广泛认可，即可以提升企业组织的质量信誉。实际上，质量管理体系对企业的信誉和产品的质量水平都起着重要的保障作用。

（2）促进企业完善质量管理体系。

质量管理体系实行认证制度，既能帮助企业建立有效、适用的质量管理体系，又能促使企业不断改进、完善自己的质量管理制度，以获得认证的通过。

（3）增强国际市场竞争能力。

质量管理体系认证属于国际质量认证的统一标准，在经济全球化的今天，我国企业要参与国际竞争，就应采取国际标准规范自己，与国际惯例接轨。只有这样，才能增强自身的国际市场竞争力。

（4）减少社会重复检验和检查费用。

从政府角度，引导组织加强内部质量管理，通过质量管理体系认证，可以避免因重复检查与评定而给社会造成浪费。

（5）有利于保护消费者利益。

质量管理体系认证能帮助用户和消费者鉴别组织的质量保证能力，确保消费者买到优质、满意的产品，达到保护消费者利益的目的。

（6）有利于法规的实施。

### 4.7.4.2　企业质量管理体系认证的程序

（1）申请和受理。具有法人资格，申请单位须按要求填写申请书，接受或不接受均予发出书面通知书。

（2）审核。包括文件审查、现场审核，并提出审核报告。

（3）审批与注册发证。符合标准者批准并予以注册，发给认证证书。

### 4.7.4.3　获准认证后的维持与监督管理

企业质量管理体系获准认证的有效期为 3 年。获准认证后的质量管理体系，维持与监督管理内容如下：

（1）企业通报。认证合格的企业质量管理体系在运行中出现较大变化时，需向认证机构通报。

（2）监督检查。包括定期和不定期的监督检查。

（3）认证注销。注销是企业的自愿行为。

（4）认证暂停。认证暂停期间，企业不得使用质量管理体系认证证书做宣传。

（5）认证撤销。撤销认证的企业一年后可重新提出认证申请。

（6）复评。认证合格有效期满前，如企业愿继续延长，可向认证机构提出复评申请。

（7）重新换证。在认证证书有效期内，出现体系认证标准变更、体系认证范围变更、体系认证证书持有者变更，可按规定重新换证。

# 学习单元 4.8 工程质量统计方法

**工作任务表**

| 能力目标 | 主讲内容 | 学生完成任务 |
| --- | --- | --- |
| 通过学习训练,使学生掌握工程项目质量统计方法 | 着重介绍因果分析图法、排列图法、直方图法等相关知识 | 根据本单元的基本条件,在学习过程中完成因果分析图法、排列图法、直方图法的对比和应用等任务 |

在进行质量控制时,坚持"一切以数据说话"。数据是进行质量管理的基础,用数理统计的方法通过收集、整理质量数据,可以帮助我们分析、发现质量问题,以便及时采取措施进行处理。数理统计方法有分层法、因果分析图法、排列图法、直方图法、控制图法、相关图法、调查分析表法。现简单介绍工程施工中常用的几种方法。

## 4.8.1 分层法

### 4.8.1.1 分层法的概述

分层法也叫分类法或分组法,是把收集到的数据按统计分析的目的和要求进行分类,通过对数据的整理把质量问题系统化、条理化,以便从中找出规律,发现影响质量因素的一种方法。由于工程质量形成的影响因素多,因此对工程质量状况的调查和质量问题的分析,必须分门别类地进行,以便准确有效地找出问题及其原因所在,这就是分层法的基本思想。

分层法关键是调查分析的类别和层次划分,根据管理需要和统计目的,通常可按照以下分层方法取得原始数据:

(1)按施工时间分:如月、日、上午、下午、白天、晚间、季节。

(2)按地区部位分,如区域、城市、乡村、楼层、外墙、内墙。

(3)按产品材料分,如产地、厂商、规格、品种。

(4)按检测方法分,如方法、仪器、测定人、取样方式。

(5)按作业组织分,如工法、班组、工长、工人、分包商。

(6)按工程类型分,如住宅、办公楼、道路、桥梁、隧道。

(7)按合同结构分,如总承包、专业分包、劳务分包。

经过第一次分层调查和分析,找出主要问题的所在以后,还可以针对这个问题再次分层进行调查分析,直到分析结果满足管理需要。层次类别划分越明确、越细致,就越能够准确有效地找出问题及其原因所在。

### 4.8.1.2 例题

(1)某钢筋焊接质量调查数据如下:调查点 50 个,其中不合格的有 18 个,不合格率为 36%。试分析如何提高钢筋焊接质量。

为了查清不合格原因,需要进行分层收集数据。现查明,该批钢筋焊接操作者为三人,焊条由两个厂家提供,因此分别按操作者(见表4.8-1)、焊条供应厂家(见表4.8-2)及两者综合分层(见表4.8-3)进行分类。

表 4.8-1　按操作者分类

| 操作者 | 不合格(点) | 合格(点) | 不合格率(%) |
|---|---|---|---|
| A | 5 | 13 | 28 |
| B | 3 | 9 | 25 |
| C | 10 | 10 | 50 |
| 合计 | 18 | 32 | 36 |

表 4.8-2　按供应焊条工厂分类

| 工厂 | 不合格(条) | 合格(条) | 不合格率(%) |
|---|---|---|---|
| 甲 | 7 | 13 | 35 |
| 乙 | 11 | 19 | 37 |
| 合计 | 18 | 32 | 36 |

表 4.8-3　综合分层分析焊条质量

| 操作者 | | 甲厂 | 乙厂 | 合计 |
|---|---|---|---|---|
| A | 不合格 | 3 | 2 | 5 |
| | 合格 | 2 | 11 | 13 |
| B | 不合格 | 0 | 3 | 3 |
| | 合格 | 5 | 4 | 9 |
| C | 不合格 | 4 | 6 | 10 |
| | 合格 | 6 | 4 | 10 |
| 合计 | 不合格 | 7 | 11 | 18 |
| | 合格 | 13 | 19 | 32 |

　　从表4.8-3中可以看出,用甲厂的焊条,采取工人 B 的操作方法可使钢筋焊接质量提高。

　　(2)对混凝土工程质量问题进行分析。

　　根据影响因素及各项影响因素所造成的经济损失进行分层,如表4.8-4 所示。

表4.8-4　混凝土经济损失分层

| 序号 | 质量问题类型 | 损失金额(元) | 所占比率(%) |
|---|---|---|---|
| 1 | 混凝土强度不够 | 1 300 | 54.2 |
| 2 | 麻面、蜂窝 | 700 | 29.2 |
| 3 | 露筋、保护层厚度不够 | 250 | 10.4 |
| 4 | 预埋件偏移 | 150 | 6.2 |
| 5 | 合计 | 2 400 | 100 |

从表4.8-4中可以分析得出,混凝土质量损失的主要原因是混凝土强度不够。

### 4.8.2　因果分析图法

因果分析图又叫特性要因图、鱼刺图、树枝图,是一种逐步深入研究和讨论影响质量问题原因的图示方法。在工程实践中,质量问题的产生是多种原因造成的,这些原因有大有小、有主有次。通过因果分析图,从影响产品质量的主要因素出发,分析原因,逐步深入,直到找出具体根源。

因果分析图法最终目的是查出并确定主要原因,以便制定对策,解决工程质量问题,从而达到控制质量的目的。

下面以对混凝土质量不合格的主要影响因素"强度不够、蜂窝麻面"的分析为例(见图4.8-1),说明因果分析图法的作图步骤和方法。

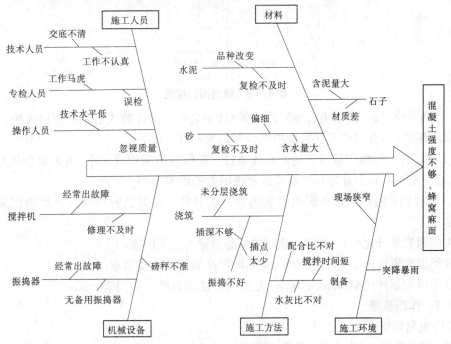

图4.8-1　混凝土强度不够、蜂窝麻面因果分析

（1）要分析的对象，即要解决的质量特征"混凝土强度不够、蜂窝麻面"，放在主干箭头的前面。

（2）对原因进行分类，确定影响质量因素的大原因。影响工程质量的因素主要有施工人员、材料、机械设备、施工方法、施工环境五大方面。

（3）确定产生质量问题的大原因背后的中原因，中原因背后的小原因，小原因背后的更小原因。

（4）发扬技术民主、反复讨论，补充遗漏的因素。

（5）找出主要原因，做显著记号。

（6）针对主要原因，有的放矢制定对策，并落实到人，限期改正，做出对策计划表。

### 4.8.3　排列图法

排列图法是把影响产品质量的因素由大到小用矩形表示出来，又叫巴特列图法或巴氏图法，也叫主次因素分析法。

#### 4.8.3.1　排列图的组成

排列图的组成如图4.8-2所示。

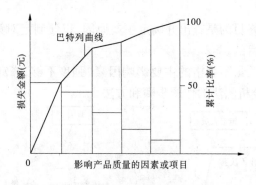

**图 4.8-2　排列图的组成**

（1）两个纵坐标：左纵坐标表示产品频数（不合格产品件数或造成金额损失数）；右纵坐标表示频率（不合格产品件数或损失金额的累计百分率）。

（2）横坐标：影响产品质量的因素或项目。按影响质量程度大小，由大到小从左到右排列，底宽相同。每个直方形的高度表示该因素的影响大小。

（3）巴特列曲线：表示各影响因素的累计百分数。根据巴特列曲线把影响因素分为三级：

A 类因素累计比率 0~80%，是影响产品质量的主要因素。

B 类因素累计比率 80%~90%，是影响产品质量的次要因素。

C 类因素累计比率 90%~100%，是影响产品质量的一般因素。

#### 4.8.3.2　作图步骤

（1）收集数据。

（2）整理数据，混凝土质量损失分层见表4.8-5。

表 4.8-5 混凝土质量损失分层

| 序号 | 质量问题类型 | 损失金额(元) | 所占比率(%) | 累计比率(%) |
|---|---|---|---|---|
| 1 | 混凝土强度不够 | 1 300 | 54.2 | 54.2 |
| 2 | 麻面、蜂窝 | 700 | 29.2 | 83.4 |
| 3 | 露筋、保护层厚度不够 | 250 | 10.4 | 93.8 |
| 4 | 预埋件偏移 | 150 | 6.2 | 100 |
| 5 | 合计 | 2 400 | 100 | |

(3)画坐标图和巴特列曲线,如图 4.8-3 所示。

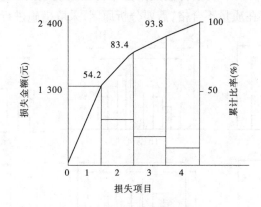

图 4.8-3 巴特列曲线

(4)图形分析。

主要因素 A:混凝土强度不够、蜂窝麻面 0 ~ 80%。次要因素 B:露筋、保护层厚度不够 80% ~ 90%。一般因素 C:预埋件偏移 90% ~ 100%。

## 4.8.4 直方图法

直方图的分布形状及分布区间宽窄是由质量特性统计数据的平均值和标准偏差决定的。

### 4.8.4.1 直方图法的主要用途

(1)整理统计数据,了解统计数据的分布特征,即数据分布的集中或离散状况,从而掌握质量能力状态。

(2)观察分析生产过程质量是否处于正常、稳定和受控状态,以及质量水平是否保持在公差允许的范围内。

### 4.8.4.2 直方图的观察与分析

正常直方图呈正态分布,其形状特征是中间高、两边低、成对称。正常直方图反映生产过程质量处于正常、稳定状态。数理统计研究证明,当随机抽样方案合理且样本数量足够大,在生产能力处于正常、稳定状态时,质量特性检测数据趋于正态分布。

所谓位置观察分析,是指将直方图的分布位置与质量控制标准的上下限范围进行比较分析,如图4.8-4所示。

(1)生产过程的质量正常、稳定和受控,还必须在公差标准上、下界限范围内达到质量合格的要求。只有正常、稳定和受控才是经济合理的受控状态,如图4.8-4(a)所示。

(2)图4.8-4(b)所示质量特性数据分布偏下限,易出现不合格,在管理上必须提高总体能力。

(3)图4.8-4(c)所示质量特性数据的分布宽度边界达到质量标准的上下界限,其质量能力处于临界状态,易出现不合格,必须分析原因,采取措施。

(4)图4.8-4(d)所示质量特性数据的分布居中且边界与质量标准的上下界限有较大的距离,说明其质量能力偏大,不经济。

(5)图4.8-4(e)、(f)所示质量特性数据分布均已出现超出质量标准的上下界限,这些数据说明生产过程存在质量不合格,需要分析原因,采取措施进行纠偏。

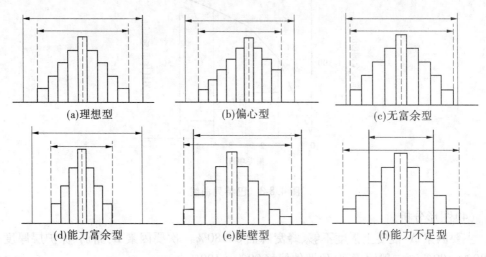

图 4.8-4　直方图与质量标准上下限

## 学习单元4.9　建筑工程项目总体规划和设计质量控制

### 工作任务表

| 能力目标 | 主讲内容 | 学生完成任务 |
| --- | --- | --- |
| 通过学习训练,使学生掌握工程项目总体规划、设计质量控制 | 着重介绍工程项目总体规划、设计质量控制 | 根据本单元的基本条件,在学习过程中完成工程项目总体规划的编制和设计质量控制的方法 |

### 4.9.1　工程项目总体规划的编制

#### 4.9.1.1　工程项目总体规划的过程

从广义上来说,工程项目总体规划的过程包括建设方案的策划、决策过程和总体规划的制定过程。工程项目的策划与决策过程主要包括建设方案策划、项目可行性研究论证和工程项目决策。工程项目总体规划的制定，是要具体编制工程项目规划设计文件，对工程项目的决策意图进行直观的描述。

#### 4.9.1.2 工程项目总体规划的内容

工程项目总体规划的主要内容是解决平面空间布局、道路交通组织、场地竖向设计、总体配套方案、总体规划指标等问题。

### 4.9.2 工程项目设计质量控制的方法

#### 4.9.2.1 工程项目设计质量控制的内容

主要从满足建设需求入手，包括法律法规、强制性标准和合同规定的明确需要及潜在需要，以使用功能和安全可靠性为核心，做好功能性、可靠性、观感性和经济性质量的综合控制。

#### 4.9.2.2 工程项目设计质量控制的方法

设计质量的控制方法主要是通过设计任务的组织、设计过程控制和设计项目管理来实现。

## 学习单元4.10 案 例

【案例4-1】

1. 背景

某工业厂房工程采用地梁基础施工，按照已审批的施工方案组织实施。在第一区域施工过程中，材料已送检。为了在停电（季度）检查保养系统电路之前完成第一区域基础的施工，施工单位负责人未经监理许可，在材料送检还没有得到检验结果时，擅自决定进行混凝土施工。待地梁混凝土浇筑完毕后，发现水泥试验报告中某些检验项目质量不合格，造成该分部工程返工拆除重做，工期延误16天，经济损失达20 000元，并造成一定的信誉影响。

2. 问题

（1）施工单位未经监理工程师许可即进行混凝土浇筑施工，该做法是否正确？如果不正确，正确做法是什么？

（2）为了保证该工业厂房工程质量达到设计和规范要求，施工单位应该对进场原材料如何进行质量控制？

（3）材料质量控制的要点是什么？

（4）材料质量控制的主要内容有哪些？

（5）如何处理该质量不合格项？

3. 分析

（1）施工单位未经监理工程师许可即进行地梁基础的混凝土浇筑的做法是完全错误的。正确的做法应该是：施工单位在水泥运进场之前，应向监理单位提交工程材料报审表，并附上该水泥的出厂合格证及相关的技术说明书，同时按规定将此批号的水泥检验报告亦附上,经监理工程师审查并确定其质量合格后,方可进入现场。

（2）材料质量控制的主要方法:严格检查验收,建立管理台账,进行收、发、储、运等环节的技术管理;正确合理地使用,避免混料和将不合格的材料使用到工程上去,要使其形成闭环管理,具有可追溯性。

（3）进入现场材料控制要点:掌握材料信息,优选供货厂家。建立长期的信誉好、质量稳定、服务周到的供货商。合理组织材料供应,从经过专家评审通过的合格材料供应商中购货,按计划确保施工正常进行。科学合理进行材料的使用,减少材料的浪费和损失。要注重材料的使用认证及辨识,以防止错用或使用不合格的材料。加强材料的检查验收,严把材料入场的质量关。加强现场材料的使用管理。

（4）主要内容有材料的质量标准、材料的取样、材料的性能、试验方法、材料的使用范围和施工要求。

（5）如果是重要的检验项目不合格,会影响到工程的结构安全,则应推倒重来,拆除重做。即使经济上受到一些损失,但工程不会再出现问题。另外,这种对工程认真负责的态度也会得到业主的肯定,在质量问题上会更信任施工方。

如果不是重要的检验项目质量不合格,且不会影响到工程的结构安全,可进行必要的工程修复达到合格,满足使用要求。

【案例 4-2】

1.背景

某钢铁公司新上一个焦化工程项目,施工企业根据业主的要求编制了施工进度计划。在施工三个风机设备基础施工阶段,材料已送检。为了确保施工进度计划按节点完成,施工单位负责人未经监理许可,在材料试验报告返回前擅自施工,将设备基础浇筑完毕后,发现混凝土试验报告中某些检验项目质量不合格。如果返工重新施工,工期将拖延 20 天,经济损失达 2.6 万元。

2.问题

（1）施工单位未经监理许可即进行混凝土浇筑,这样做对不对? 如果不对,应如何做?

（2）为了确保该项目设备基础的工程质量达到设计和规范要求,施工单位应如何对进场材料进行质量控制?

（3）施工单位在材料质量控制方面应掌握哪些要点?

（4）材料质量控制的内容有哪些?

3.分析

（1）施工单位未经监理许可即进行三个风机设备基础混凝土浇筑的做法是不对的,施工单位不应该在材料送检报告出来之前进行混凝土浇筑,应该合理调整施工进度计划,先组织已具备条件的工序部位作业,待送检报告出来后,经检验确认其质量合格后,方准材料进场组织施工。为保证三个风机基础施工进度计划的按期完成,可组织职工三班连续作业施工,确保节点按期完成。

（2）施工单位对材料质量控制可采用严格检查验收,正确合理使用。建立健全材料管理台账,进行收、支、储、运等环节的技术管理,材料在储备过程中要分类堆放,并要做好材料标识工作,避免混料和不合格的原材料使用到工程中。

(3)施工单位在材料质量控制方向应掌握以下要点:及时掌握材料信息,选择好的材料厂家供货;按材料计划,及时组织材料供应,确保工程顺利施工;强化材料管理,严格检查验收,把好材料质量关,坚决杜绝未经检验就收货的现象;合理组织材料使用,尽量减少材料消耗;加强现场材料管理,重视材料的使用认证,以防错用或使用不合格材料。

(4)严格控制工程所用材料质量,其内容有材料的质量标准、材料的性能、材料取样、试验方法等。

**【案例4-3】**

1. 背景

某冶建单位承接了某钢厂办公大楼工程。该工程紧临主要干道,施工场地比较狭窄。主体地上18层,地下2层,建筑面积32 100 m²,基础开挖深度7.5 m,低于地下水位。为了确保整个工程的施工质量,按照"预防为主"的原则,施工单位加强每道施工工序的质量控制,工程最终取得较好的质量效果。

2. 问题

(1)该项目工序质量控制的内容有哪些?

(2)针对该工程的工序质量检验包括哪些内容?

(3)如何确定该工程的质量控制点?

(4)简述施工质量控制的步骤。

3. 分析

(1)工序质量控制的内容主要有:严格按照工艺规程进行施工;控制好工序施工条件的质量;及时检查工序施工效果的质量;制定工序质量的控制点。

(2)工序质量检验内容为标准具体化、实测实量、比较、判定、处理、记录。

(3)质量控制点确定原则,是根据工程的重要程度来确定,首先要对施工的工程对象进行全面的分析、比较来明确控制点;其次要进一步分析质量控制点在施工过程中可能出现的质量问题,或造成质量隐患的原因,针对这些原因,相应地制定出对策措施来预防。

(4)控制步骤包括实测、分析、判断。

**【案例4-4】**

1. 背景

某公司承接了一项大型工业建设项目,该项目投资近6亿元人民币。工程内容包括PHC桩、土建基础、混凝土结构、钢结构及相关的水电安装,是一个大型综合性建筑群体工程。其中,主体结构为两个洁净室厂房,厂房面积近20万 m²,钢结构工程量3万多 t。由于行业特点,业主要求承包方必须在6个月内完成主要建(构)筑物的主体结构。

由于工期压力,项目部将主要精力放在进度安排上,工程发生了多起质量事故,有的违反管理程序,有的忽略质量要求,甚至有违反国家强制性标准的现象。为此,业主方连续召开了两次质量专题会,并将相关信息传递到公司总部。

2. 问题

(1)公司管理部门应如何对待上述事件? 采取什么样的措施和行动?

(2)项目部在工程质量管理上应该注意哪些问题?

（3）工程项目质量与工期的关系如何处理？

3. 分析

（1）公司管理部门应在第一时间对该项目的质量管理运行情况进行调查,分析产生问题的原因,做出判断并提出改进措施,可能的原因有工期紧张。项目部放松了对质量的管理要求——质量意识的问题;质量管理体系不健全,缺少必要的监督控制人员——体系建设的问题;现场作业班组不清楚管理程序和标准——质量培训和交底问题。针对这些问题,管理部门应就上述问题给项目发出整改意见书,并将信息传递给业主相关方;为使得各项措施能具体落实,管理部门可组织专项审核检查,促进项目部的质量管理工作。

（2）首先,项目部的质量管理体系是否真正建立,各项制度是否健全,和业主的沟通是否全面,业主的需求和规定是否了解;其次,工程各种资源包括管理资源、劳动力资源的组织是否充分并符合工程建设的要求,这是保证质量的最基本条件;再者,工程项目的进度安排及各类技术方案是否适应工程的需要,相对合理;最后,质量管理和工程实体的标准是否能真正传达到作业班组,参与的人员是否符合要求,必要时,应组织相应的培训。

（3）就工程建设本身而言,合理工期是质量保证的一个非常重要的前提,如果完成工序的必要时间无法保证,保证工程质量是难以想象的;但就上述工程而言,业主投资的是一个对时间要求非常苛刻的项目,时间就意味着市场占有,作为承包商满足业主的这一要求,否则,工期的拖延就可能意味着项目的失败;从某种程度上讲,有时工期和质量的矛盾是很突出的,但作为项目建造人员,应该正确处理好两者之间的关系,可以通过充分的资源组织、相对合理的工期安排、严格的质量管理程序、明晰的质量要求来保证工程实体质量符合业主的要求和项目功能的要求。

【案例 4-5】

1. 背景

某工厂建设过程中采用现场预制构件,然后进行吊装。在对薄腹梁下弦钢铰线进行预应力加载中,出现端头混凝土局部压碎现象。施工方在没有通知监理方情况下,自己采取加固措施对薄腹梁进行加固处理,并进行正常吊装,加固花费约 5 万元,加固后薄腹梁能够正常使用。

2. 问题

（1）施工方的做法是否正确？ 存在哪些问题？

（2）工程质量事故处理一般程序有哪些？

（3）按工程质量事故的严重程度划分,属于哪一类事故？

（4）质量事故处理方案有几类？上述处理方法属于哪几类？

3. 分析

（1）施工方法不正确。存在问题:事故发生时未立即停止有关部位的施工;不能独自进行处理;未立即报告监理工程师和质量管理部门。

（2）处理程序是:停止施工,报告监理工程师和质量管理部门,施工方接到监理或质量部门的"质量通知单",对事故现场采取必要的防护措施;在监理工程师的组织和参与下,对质量事故进行调查,写出调查报告;在事故调查的基础上进行事故原因分析;在事故原因分析的基础上制订事故处理方案;施工方按监理批复的处理方案实施对质量缺陷的处理;质量缺陷处理后,监理工程师组织有关人员对处理的结果进行严格的检查、鉴定和验收,写出"质量事故处理报告"提交业主或建设单位,并报送有关主管部门。

(3)按工程质量事故严重程度划分,其损失费为 5 万元,5 000 元 < 50 000 元 < 100 000 元,属于一般事故。

(4)加固后的薄腹梁能够正常使用,属于修补处理。

【案例 4-6】

1. 背景

某钢厂高炉焦矿槽振动筛安装结束投入生产后 1 周,发现 4 台偏心振动轴接手连接螺栓断裂,造成驱动电机输出轴打弯。经检查,所有接手连接螺栓均为 4.8 级普通螺栓,业主分析后决定,电机修复由施工单位负责拆装,业主负责委托机加工车间修复,所有连接螺栓更换为 8.8 级高强螺栓,由业主提供,施工单位更换。运行 1 周后,3 台振动筛再次出现同样的故障,并且出现接手法兰碎裂现象。业主研究后认为,原设计振动筛停机时采用电机反向制动,在高速运转时实现立即停机,造成瞬时扭矩过大,是故障的根本原因,决定改造电气控制方式,取消反向制动,改为直流制动。所有拆装、更换以及电气控制改造均由业主提出方案,施工单位实施。该项目设备选型为设计院,设计审定为业主,设备供应为甲供。

2. 问题

(1)施工单位是否应接受业主的决定负责修理改造的实施?

(2)判断该故障处理发生的费用应由设备制造厂家或设计院承担还是业主承担?

(3)施工单位因设备修复而发生的费用应列入施工费用还是设备修配改费用?

3. 分析

(1)施工单位应当接受业主的决定负责修理改造的实施。因为该设备的安装调试本来就由该施工单位完成,人员尚未退场,有资质、有能力、有条件也有责任协助业主妥善处理设备故障,以保证生产的正常进行。

(2)该故障处理发生的费用应由业主承担。因为该振动筛为定型产品,设计选型时配套电控设备应能满足产品正常运行的条件,因此不应由设备制造厂家负责;而设计方案已由业主逐项审定批准,因此也不应由设计院负责。施工单位因设备修复而发生的费用应另行列入设备修配费用。因为施工单位已经按照合同完成了设备安装、调试的全部内容,按程序移交业主使用,由于非施工质量原因而发生设备损坏的修复及相关费用不应列入合同施工费用,也不应列入保修内容,而应另行计入设备修配费用,另行结算。

【案例 4-7】

1. 背景

某公司总承包某热轧工程,工程总造价近 5.9 亿元,工期 24.5 个月。由于该工程建设中工艺的复杂性,其施工前准备阶段工作做的是否充分对以后工作的顺利进行非常重要。准备工作中尤其要做好质量的控制,为施工中质量的保证打好基础。

2. 问题

(1)施工准备阶段质量控制管理体系准备包括哪些内容?

(2)施工准备阶段质量控制技术准备包括哪些内容?

(3)施工准备阶段质量控制物资准备包括哪些内容?

(4)施工准备阶段质量控制劳动组织准备包括哪些内容?

(5)施工准备阶段质量控制施工现场准备包括哪些内容?

3.分析

(1)管理体系准备工作包括:施工企业确定项目目标,进行项目策划。成立项目经理部,建立项目部组织机构,配置管理人员,确定职能分工,岗位责任制。项目部编写施工组织设计和质量计划。建立项目部管理制度。项目部按施工企业质量管理体系文件要求进行。按施工组织设计、质量计划配置所需资源。

(2)技术准备工作包括:施工图纸是施工的前提条件。业主应向施工单位提供施工全套图纸和技术资料。项目部收到图纸和技术资料后应在文件控制清单上登记,妥善保管,并安排发放给有关人员。项目总工程师应组织专业工程师和其他有关人员进行施工图的学习和自审,做好审图记录、设计交底和图纸会审。项目部派有关技术人员参加业主(监理工程师)主持的设计交底和图纸会审。通过交流,了解设计要求,纠正图纸差错。图纸会审纪要的文件地位和施工图相同,应严格控制。项目部应收集与本工程有关的国家标准、规范和其他技术标准,并列入文件控制清单。项目总工程师应组织编写施工组织设计、质量计划。项目部专业工程师应根据施工组织设计要求编制必要的施工方案。编制施工图预算。

(3)物资设备准备工作包括:依据施工组织设计,进行施工机具、周转材料准备,按规定时间进场,并做好相应的保养和试运转工作。依据施工图纸和施工进度计划,组织工程设备和工程材料进场。对进场工程设备、材料进行验证。确定物资运输方案,建立物资仓储设施。按规定方式,在规定地点储存、堆放。

(4)劳动组织准备包括:建立项目部领导班子和管理机构。确定合理的劳动组织,依照施工组织设计,有计划地组织工人进场。安排好职工生活,进行安全、防水、文明施工教育,对现场人员进行登记、资质审查,需持证上岗人员要验证,项目部应留下证件的复印件。做好分包或劳务安排,制订培训计划并实施。

(5)施工现场准备包括:施工现场控制网测量。根据业主书面提供的坐标和高程,按照总平面图要求,进行施工现场控制网测量,并做好永久控制桩的保护工作。对业主提供的书面坐标和高程及其控制实物,项目部应进行闭合验证,要妥善保管好书面资料,做好控制点的保护工作。尽可能将业主提供的控制点转投到附近建筑物上。清除现场障碍物,做好现场"四通一平"(路通、水通、电通、通信通、场地平整)。施工场地空间条件良好,并按消防要求设置足够数量的消防设施。按照施工组织设计中施工大临布置计划,建造各项施工设施,为正式开工准备好用房、用地。编制项目冬、雨期施工方案,做好季节性施工用物资、机具的准备。

# 学习任务 5　建设工程职业健康安全与环境管理

## 【学习目标】

通过学习,熟悉建筑工程项目安全管理的基本概念,安全管理的方法;掌握安全技术措施的选择、安全事故的处理。

## 学习单元 5.1　建设工程职业健康安全与环境管理的概念

### 工作任务表

| 能力目标 | 主讲内容 | 学生完成任务 |
|---|---|---|
| 通过学习训练,使学生了解工程项目安全与环境管理的特点、任务、目的 | 着重介绍工程项目安全与环境管理的特点、目的、任务等相关知识 | 根据本单元的基本条件,在学习过程中完成对工程项目安全与环境管理的特点、目的、任务等相关知识的理解 |

安全管理的对象是各类危险源,后果是安全事故的发生,造成人身伤害事故,存在偶发性的特点。如果安全事故不发生,安全管理与控制的投入是闲置的。现阶段我国工程投资建设领域的管理不规范,单纯压低标价以图中标的现象很普遍,造成工程建设的投入先天不足。而且我国工程建设企业管理水平参差不齐,工程建设过程中,经常出现成本控制失控的情况。为了缓解我国工程建设中安全管理比较薄弱的问题,一开始把安全管理和质量管理合并在一起称为工程质量与安全管理,因为安全事故总是与质量事故紧密相连的。经过工程实践检验,这样的做法并不能完全解决安全管理薄弱的问题。所以,我国单独提出了建设工程安全管理作为工程项目管理的一个组成部分。

安全管理全称是建设工程职业健康安全与环境管理。在我国通常把职业健康安全管理称为安全生产管理。在国际上通用的词语是职业健康安全,通常是指影响作业场所内的员工、临时工作人员、合同工作人员、合同方人员、访问者和其他人员健康安全的条件和因素。环境是指组织运行活动的外部存在,包括空气、水、土地、自然资源、植物、动物、人,以及它们之间的相互关系。

职业健康安全与环境管理体系的管理目标基本一致、管理原理基本相同,都不规定具体的绩效标准,但需要满足的对象不同、管理的侧重点不同。

### 5.1.1　建设工程职业健康安全与环境管理的目的

建设工程职业健康安全管理的目的:防止和减少生产安全事故、保护产品生产者的健康与安全、保障人民群众的生命和财产免受损失。

环境管理的目的:保护生态环境,使社会的经济发展与人类的生存环境相协调。控制作业现场的各种粉尘、废水、废气、固体废弃物及噪声、振动对环境的污染和危害,考虑能源节约和避免资源的浪费。

## 5.1.2　建设工程职业健康安全与环境管理的任务

### 5.1.2.1　世界经济增长和科学技术发展带来的问题

#### 1.市场竞争日益加剧

随着经济的高速增长和科学技术的飞速发展,人们为了追求物质文明,生产力得到了高速发展,许多新技术、新材料、新能源涌现,使一些传统的产业和产品生产工艺逐渐消失、新的产业和生产工艺不断产生。但是,在这样一个生产力高速发展的背后,却出现了许多不文明的现象,尤其是在市场竞争日益加剧的情况下,人们往往专注于追求低成本、高利润,而忽视了劳动者的劳动条件和环境的改善,甚至以牺牲劳动者的职业健康安全和破坏人类赖以生存的自然环境为代价。

#### 2.生产事故和劳动疾病有增无减

据国际劳工组织统计,全球每年发生各类生产事故和劳动疾病约为 2.5 亿起,平均每天 68.5 万起,每分钟就发生 475 起,其中每年死于职业事故和劳动疾病的人数多达 110 万人,远远多于交通事故、暴力死亡、局部战争以及艾滋病死亡的人数。特别是发展中家的劳动事故死亡率比发达国家要高出 1 倍以上,有少数不发达的国家和地区要高出 4 倍以上。

#### 3.21 世纪人类面临的挑战

据有关专家预测,到 2050 年,地球上的人口将由现在的 60 亿增加到 100 亿。从目前发达国家发展速度来看,能源的生产和消耗每 5 ~ 10 年就要翻一番,按如此的速度计算,到 2050 年全球的石油储存量只够用 3 年,天然气只够用 4 年,煤炭只够用 15 年。由于资源的开发和利用而产生的废物严重威胁人们的健康,21 世纪人类的生存环境将面临八大挑战:

(1)森林面积锐减。现在全球森林覆盖率约为 25%(中国约为 13.4%)。

(2)土地严重沙化。现在全球沙漠面积 3 500 万 $km^2$,目前每年以几百万公顷的速度发展。

(3)自然灾害频发。仅 1995 年全球自然灾害损失 18 000 亿美元,死亡 50 万人。

(4)淡水资源日益枯竭。目前,全球有 2/3 以上的贫民得不到洁净的饮用水,每年至少 1 200 万人因水污染失去生命。

(5)温室效应造成气候严重失常。全球平均气温升高,海平面上升。

(6)臭氧层遭破坏,紫外线辐射增加。

(7)酸雨频繁,使土壤酸化,建筑和材料设备遭腐蚀,动植物生存受到危害。

(8)化学废物排量剧增,海洋、河流遭化学物质和放射性废物污染。

#### 5.1.2.2　职业健康安全与环境管理的任务

组织为达到建设工程的职业安全与环境的目标而进行的计划、控制、领导和协调的活动,包括制定、实施、实现、评审和保持建设工程职业健康安全与环境方针所需的组织结构、计划活动、职责、惯例、程序、过程和资源。

### 5.1.3　建设工程职业健康安全与环境管理的特点

(1)建筑产品的固定性和生产的流动性及受外部环境影响因素多,决定了职业健康安全与环境管理的复杂性。

①建筑产品生产过程中生产人员、工具与设备的流动性,主要表现为:同一工地不同建筑之间流动;同一建筑不同建筑部位上流动;一项建设工程建设完毕后,施工队伍又要投入另一项新的工程。

②建筑产品受不同外部环境影响的因素多,主要表现为:露天作业多;气候条件变化的影响;工程地质和水文条件的变化;地理条件和地域资源的影响。

由于生产人员、工具和设备的交叉和流动作业,受不同外部环境的影响因素多,使健康安全与环境管理很复杂,稍有考虑不周就会出现问题。

(2)产品的多样性和生产的单件性决定了职业健康安全与环境管理的多变性。

建筑产品的多样性决定了生产的单件性。每一个建筑产品都要根据其特定要求进行施工,主要表现为:①不能按同一图纸、同一施工工艺、同一生产设备进行批量重复生产。②施工生产组织及机构变动频繁,生产经营的"一次性"特征特别突出。③生产过程中试验性研究课题多,所碰到的新技术、新工艺、新设备、新材料给职业健康安全与环境管理带来不少难题。

因此,对于每个建设工程项目都要根据其实际情况,制订健康安全与环境管理计划,不可相互套用。

(3)产品生产过程的连续性和分工性决定了职业健康安全与环境管理的协调性。

建筑产品不能像其他许多工业产品一样可以分解为若干部分同时生产,而必须在同一固定场地按严格程序连续生产,上一道程序不完成,下一道程序不能进行,上一道工序生产的结果往往会被下一道工序掩盖,而且每一道程序由不同的人员和单位来完成,这就要求在职业健康安全与环境管理中要求各单位和各专业人员横向配合和协调,共同注意产品生产过程接口部分的健康安全和环境管理的协调性。

(4)产品的委托性决定了职业健康安全与环境管理的不符合性。

建筑产品在建造前就确定了买主,按建设单位特定的要求委托进行生产建造。而建设工程市场在供大于求的情况下,业主经常会压低标价,造成产品的生产单位对健康安全与环境管理费用投入的减少,不符合健康安全与环境管理有关规定的现象时有发生。这就要建设单位和生产组织都要重视对健康安全和环保费用的投入,不可不符合健康安全与环境管理的要求。

(5)产品生产的阶段性决定职业健康安全与环境管理的持续性。

一个建设工程项目从立项到投产使用要经历五个阶段,即设计前的准备阶段(包括项目的可行性研究和立项)、设计阶段、施工阶段、使用前的准备阶段(包括竣工验收和试运行)、保修阶段。这五个阶段都要十分重视项目的安全和环境问题,持续不断地对项目各个阶段出现安全和环境问题实施管理。否则,一旦在某个阶段出现安全问题和环境问题就会造成投资的巨大浪费,甚至造成工程项目建设的夭折。

(6)产品的时代性和社会性决定环境管理的经济性。

①时代性。建设工程产品是时代政治、经济、文化、风俗的历史记录,表现了不同时代的艺术风格和科学文化水平,反映一定社会的、道德的、文化的、美学的艺术效果,成为可供人们观赏和旅游的景观。

②社会性。建设工程产品是否适应可持续发展的要求,工程的规划、设计、施工质量的好坏,受益和受害不仅仅是使用者,而是整个社会,影响社会持续发展的环境。

③经济性。建设工程不仅应考虑建造成本的消耗,还应考虑其寿命期内的使用成本消耗。环境管理注重包括工程使用期内的成本,如能耗、水耗、维护、保养、改建更新的费用,并通过比较分析,判定工程是否符合经济要求,一般采用生命周期法可作为对其进行管理的参考。另外,环境管理要求节约资源,以减少资源消耗来降低环境污染。

## 学习单元 5.2　　工程安全生产管理

### 工作任务表

| 能力目标 | 主讲内容 | 学生完成任务 |
| --- | --- | --- |
| 通过学习训练,使学生掌握工程项目安全生产管理 | 着重介绍工程项目安全生产管理制度、危险源、安全检查等相关知识 | 根据本单元的基本条件,在学习过程中完成工程项目安全生产管理制度、危险源、安全检查等相关知识的理解 |

### 5.2.1　工程安全生产管理制度

《建设工程安全生产管理条例》依据《中华人民共和国建筑法》和《中华人民共和国安全生产法》的规定进一步明确了建设工程安全生产管理基本制度。

#### 5.2.1.1　安全生产责任制度

安全生产责任制度是建筑生产中最基本的安全管理制度,是所有安全规章制度的核心。安全生产责任制度是指将各种不同的安全责任落实到负有安全管理责任的人员和具体岗位人员身上的一种制度。这一制度是安全第一、预防为主方针的具体体现,是建筑安全生产的基本制度。在建筑活动中,只有明确安全责任,分工负责,才能形成完整有效的安全管理体系,激发每个人的安全责任感,严格执行建筑工程安全的法律、法规和安全规程、技术规范,防患于未然,减少和杜绝建筑工程事故,为建筑工程的生产创造一个良好的环境。

安全责任制度的主要内容包括以下几方面:

(1)从事建筑活动主体的负责人的责任制。建筑施工企业的法定代表人要对本企业的安全负主要的安全责任。

(2)从事建筑活动主体的职能机构或职能处室负责人及其工作人员的安全生产责任

制。建筑企业根据需要设置的安全处室或者专职安全人员要对安全负责。

（3）岗位人员的安全生产责任制。岗位人员必须对安全负责。从事特种作业的安全人员必须进行培训，经过考试合格后方能上岗作业。

### 5.2.1.2　群防群治制度

群防群治制度是职工群众进行预防和治理安全的一种制度。这一制度也是"安全第一、预防为主"的具体体现，同时也是群众路线在安全工作中的具体体现，是企业进行民主管理的重要内容。这一制度要求建筑企业职工在施工中应当遵守有关生产的法律、法规和建筑行业安全规章、规程，不得违章作业；对于危及生命安全和身体健康的行为有权提出批评、检举和控告。

### 5.2.1.3　安全生产教育培训制度

安全生产教育培训制度是对广大建筑干部职工进行安全教育培训，提高安全意识，增加安全知识和技能的制度。安全生产，人人有责。只有通过对广大职工进行安全教育、培训，才能使广大职工真正认识到安全生产的重要性、必要性，才能使广大职工掌握更多更有效的安全生产的科学技术知识，牢固树立安全第一的思想，自觉遵守各项安全生产和规章制度。分析许多建筑安全事故原因后发现，一个重要的原因就是有关人员安全意识不强，安全技能不够，这些都是没有做好安全教育培训工作的后果。

### 5.2.1.4　安全生产检查制度

安全生产检查制度是上级管理部门或企业自身对安全生产状况进行定期或不定期检查的制度。通过检查可以发现问题，查出隐患，从而采取有效措施，堵塞漏洞，把事故消灭在发生之前，做到防患于未然，是"预防为主"的具体体现。通过检查，还可总结出好的经验加以推广，为进一步做好安全工作打下基础。安全检查制度是安全生产的保障。

### 5.2.1.5　伤亡事故处理报告制度

伤亡事故处理报告制度是指施工中发生事故时，建筑企业应当采取紧急措施减少人员伤亡和事故损失，并按照国家有关规定及时向有关部门报告的制度。事故处理必须遵循一定的程序，按照"事故原因不查清不放过，事故责任者得不到处理不放过，整改措施不落实不放过，教训不吸取不放过"的"四不放过"原则，查明原因，严肃处理。通过对事故的严格处理，可以总结出教训，为制定规程、规章提供第一手素材。

### 5.2.1.6　安全责任追究制度

建设单位、设计单位、施工单位、监理单位，由于没有履行职责造成人员伤亡和事故损失的，视情节给予相应处理；情节严重的，责令停业整顿，降低资质等级或吊销资质证书；构成犯罪的，依法追究刑事责任。

### 5.2.1.7　安全生产许可证制度

《中华人民共和国建筑法》明确了建设行政主管部门审核发放施工许可证时，对建设工程是否有安全施工措施进行审查把关。《建筑施工企业生产许可证管理规定》（建设部令第128号）明确了建设行政主管部门审核发放施工许可证时，应当对已经确定的建筑施工企业是否具有安全生产许可证进行审查把关。没有安全施工措施的，或没有取得建筑施工企业安全生产许可证的，不得颁发施工许可证。安全生产许可证的有效期为3年。

#### 5.2.1.8　施工企业资质管理制度

《中华人民共和国建筑法》明确了施工企业资质管理制度,《建设工程安全生产管理条例》进一步明确规定安全生产条件作为施工企业资质的必要条件,把住安全的准入关。

#### 5.2.1.9　特种作业人员持证上岗制度

垂直运输机械作业人员、起重机械安装拆卸工、爆破作业人员、起重信号工、登高架设作业人员等特种作业人员,必须按照国家有关规定经过专门的安全作业业务培训,并取得特种作业操作资格证书后,方可上岗作业。

#### 5.2.1.10　专项施工方案专家论证制度

施工单位应当在施工组织设计中编制安全技术措施和施工现场临时用电方案,对下列达到一定规模的危险性较大的分部分项工程编制专项施工方案,并附具安全验算结果,经施工单位技术负责人、总监理工程师签字后实施,由专职安全生产管理人员进行现场监督:基坑支护与降水工程;土方开挖工程;模板工程;起重吊装工程;脚手架工程;拆除、爆破工程;国务院建设行政主管部门或者其他有关部门规定的其他危险性较大的工程。

对所列工程中涉及深基坑、地下暗挖工程、高大模板工程的专项施工方案,施工单位还应当组织专家进行论证、审查。

#### 5.2.1.11　"三同时"制度

生产经营单位新建、改建、扩建工程项目的安全设施,必须与主体工程同时设计、同时施工、同时投入生产和使用。安全设施投资应当纳入建设项目概算。

#### 5.2.1.12　危及施工安全工艺、设备、材料淘汰制度

国家对严重危及施工安全的工艺、设备、材料实行淘汰制度。具体要求建设行政部门会同国务院其他有关部门制定并公布。

#### 5.2.1.13　意外伤害保险制度

《中华人民共和国建筑法》明确了意外伤害保险制度。《建设工程安全生产管理条例》进一步明确了意外伤害保险制度。意外伤害保险是法定的强制性保险,由施工单位作为投保人与保险公司订立保险合同,支付保险费,以本单位从事危险作业的人员作为被保险人,当被保险人在施工作业发生意外伤害事故时,由保险公司依照合同约定向被保险人或者受益人支付保险金。该项保险是施工单位必须办理的,以维护施工现场从事危险作业人员的利益。

### 5.2.2　危险源辨识与风险评价

#### 5.2.2.1　危险源

危险源是可能导致人身伤害或疾病、财产损失、工作环境破坏或这些情况组合的危险因素和有害因素。危险因素强调突发性和瞬间作用的因素,有害因素强调在一定时期内的慢性损害和累积作用。危险源是安全控制的主要对象,所以有人把安全控制也称为危险控制或安全风险控制。

在实际生活和生产过程中危险源是以多种多样的形式存在的,危险源导致事故可归结为能量的意外释放或有害物质的泄漏。根据危险源在事故发生发展中的作用,把危险源分为两大类,即第一类危险源和第二类危险源。

1. 第一类危险源

可能发生意外释放的能量的载体或危险物质称作第一类危险源(如炸药是能够产生能量的物质;压力容器是拥有能量的载体)。能量或危险物质的意外释放是事故发生的物理本质。通常把产生能量的能量源或拥有能量的能量载体作为第一类危险源来处理。

2. 第二类危险源

造成约束、限制能量措施失效或破坏的各种不安全因素称作第二类危险源(如电缆绝缘层、脚手架、起重机钢绳等)。在生产、生活中,为了利用能源,人们制造了各种机器设备,让能量按照人们的意图在系统中流动、转换和做功为人类服务,而这些设备设施又可看成是限制或约束能量的工具。正常情况下,生产过程的能量或危险物质受到约束或限制,不会发生意外释放,即不会发生事故。但是,一旦这些约束或限制能量或危险物质的措施受到破坏或失效(故障),则将发生事故。第二类危险源包括人的不安全行为、物的不安全状态和不良环境条件三个方面。

事故的发生是两类危险源共同作用的结果,第一类危险源是事故发生的前提,第二类危险源的出现是第一类危险源导致事故的必要条件。在事故的发生和发展过程中,两类危险源相互依存,相辅相成。第一类危险源是事故的主体,决定事故的严重程度,第二类危险源出现的难易决定事故发生的可能性大小。

### 5.2.2.2　危险源控制的方法

(1)专家调查法是通过向有经验的专家咨询、调查,辨识、分析和评价危险源的一类方法,其优点是简便、易行,其缺点是受专家的知识、经验和占有资料的限制,可能出现遗漏。常用的有头脑风暴法和德尔菲法。

头脑风暴法是通过专家创造性的思考,从而产生大量的观点、问题和议题的方法。其特点是多人讨论,集思广益,可以弥补个人判断的不足,常采取专家会议的方式来相互启发、交换意见,使危险、危害因素的辨识更加细致和具体。常用于目标比较单纯的议题,如果涉及面较广,包含因素多,可以分解目标,再对单一目标或简单目标使用此方法。

德尔菲法是采用背对背的方式对专家进行调查,其特点是避免了集体讨论中的从众性倾向,更代表专家的真实意见。要求对调查的各种意见进行汇总统计处理,再反馈给专家反复征求意见。

(2)安全检查表法实际上就是实施安全检查和诊断项目的明细表。运用已编制好的安全检查表,进行系统的安全检查,辨识工程项目存在的危险源。检查表的内容一般包括分类项目、检查内容及要求、检查以后处理意见等。可以用"是""否"作回答或"√""×"符号作标记,同时注明检查日期,并由检查人员和被检单位同时签字。

安全检查表法的优点是:简单易懂、容易掌握,可以事先组织专家编制检查项目,使安全检查做到系统化、完整化。缺点是一般只能做出定性评价。

### 5.2.2.3　风险评价方法

风险评价是评估危险源所带来的风险大小及确定风险是否可容许的全过程。根据评价结果对风险进行分级,按不同级别的风险有针对性地采取风险控制措施。以下介绍两种常用的风险评价方法。

(1)将安全风险的大小用事故发生的可能性($p$)与发生事故后果的严重程度($f$)的乘

积来衡量,即

$$R = pf$$

式中　$R$——风险大小;

　　　　$p$——事故发生的概率(频率);

　　　　$f$——事故后果的严重程度。

根据上述的估算结果,可按表 5.2-1 对风险的大小进行分级。

表 5.2-1　风险分级

| 后果($f$) | 轻度损失 | 中度损失 | 重大损失 |
|---|---|---|---|
| 风险级别(大小) | (轻微伤害) | (伤害) | (严重伤害) |
| 可能性($p$) | | | |
| 很大 | Ⅲ | Ⅳ | Ⅴ |
| 中等 | Ⅱ | Ⅲ | Ⅳ |
| 极小 | Ⅰ | Ⅱ | Ⅲ |

注:Ⅰ—可忽略风险;Ⅱ—可容许风险;Ⅲ—中度风险;Ⅳ—重大风险;Ⅴ—不容许风险。

(2)将可能造成安全风险的大小用事故发生的可能性($L$)、人员暴露于危险环境中的频繁程度($E$)和事故后果($C$)三个自变量的乘积衡量,即

$$S = LEC$$

式中　$S$——风险大小;

　　　　$L$——事故发生的可能性,按表 5.2-2 所给的定义取值;

　　　　$E$——人员暴露于危险环境中的频繁程度,按表 5.2-3 所给的定义取值;

　　　　$C$——事故后果的严重程度,按表 5.2-4 所给的定义取值。

此方法因为引用了 $L$、$E$、$C$ 三个自变量,故也称为 LEC 方法。

根据经验,危险性量值在 20 分以下为可忽略风险;危险性量值在 20~70 为可容许风险;危险性量值在 70~160 为中度风险;危险性量值在 160~320 为重大风险。危险性量值大于 320 的为不容许风险,如表 5.2-5 所示。

表 5.2-2　事故发生的可能性($L$)

| 分数值 | 事故发生的可能性 | 分数值 | 事故发生的可能性 |
|---|---|---|---|
| 10 | 必然发生的 | 0.5 | 很不可能,可以设想 |
| 6 | 相当可能 | 0.2 | 极不可能 |
| 3 | 可能,但不经常 | 0.1 | 实际不可能 |
| 1 | 可能性极小,完全意外 | | |

表 5.2-3　暴露于危险环境中的频繁程度($E$)

| 分数值 | 人员暴露于危险环境中的频繁程度 | 分数值 | 人员暴露于危险环境中的频繁程度 |
|---|---|---|---|
| 10 | 连续暴露 | 2 | 每月一次暴露 |
| 6 | 每天工作时间暴露 | 1 | 每年几次暴露 |
| 3 | 每周一次暴露 | 0.5 | 非常罕见的暴露 |

表5.2-4　发生事故产生的后果(C)

| 分数值 | 事故发生造成的后果 | 分数值 | 事故发生造成的后果 |
|---|---|---|---|
| 100 | 大灾难,许多人死亡 | 7 | 严重,重伤 |
| 40 | 灾难,多人死亡 | 3 | 较严重,受伤较重 |
| 15 | 非常严重,一人死亡 | 1 | 引人关注,轻伤 |

表5.2-5　危险性等级划分

| 危险性量值(S) | 危险程度 | 危险性量值(S) | 危险程度 |
|---|---|---|---|
| ≥320 | 不容许风险,不能继续作业 | 20～70 | 可容许风险,需要注意 |
| 160～320 | 重大风险,需要立即整改 | ≤20 | 可忽略风险,可以接受 |
| 70～160 | 中度风险,需要整改 | | |

#### 5.2.2.4　危险源的控制方法

1.第一类危险源的控制方法

(1)防止事故发生的方法:消除危险源、限制能量或危险物质、隔离。

(2)避免或减少事故损失的方法:隔离、个体防护、设置薄弱环节、使能量或危险物质按人们的意图释放、避难与援救措施。

2.第二类危险源的控制方法

(1)减少故障:增加安全系数、提高可靠性、设置安全监控系统。

(2)故障—安全设计:包括故障—消极方案(即故障发生后,设备、系统处于最低能量状态,直到采取校正措施之前不能运转);故障—积极方案(即故障发生后,在没有采取校正措施之前使系统、设备处于安全的能量状态之下);故障—正常方案(即保证在采取校正行动之前,设备、系统正常发挥功能)。

#### 5.2.2.5　危险源控制的策划原则

(1)尽可能完全消除有不可接受风险的危险源,如用安全品取代危险品。

(2)如果是不可能消除有重大风险的危险源,应努力采取降低风险的措施,如使用低压电器等。

(3)在条件允许时,应使工作适合于人,如考虑降低人的精神压力和体能消耗。

(4)应尽可能利用技术进步来改善安全控制措施。

(5)应考虑采取保护每个工作人员的措施。

(6)将技术管理与程序控制结合起来。

(7)应考虑引入诸如机械安全防护装置的维护计划的要求。

(8)在各种措施还不能绝对保证安全的情况下,作为最终手段,还应考虑使用个人防护用品。

(9)应有可行、有效的应急方案。

(10)预防性测定指标是否符合监视控制措施计划的要求。

不同的组织可根据不同的风险量选择适合的控制策略。表5.2-6为简单的风险控制策划。

表 5.2-6　风险控制策划

| 风险 | 措施 |
| --- | --- |
| 可忽略的 | 不采取措施且不必保留文件记录 |
| 可容许的 | 不需要另外的控制措施,应考虑投资效果更佳的解决方案或不增加额外成本的改进措施,需要监视来确保控制措施得以维持 |
| 中度的 | 应努力降低风险,但应仔细测定并限定预防成本,并在规定的时间期限内采取降低风险的措施。在中度风险与严重伤害后果相关的场合,必须进一步地评价,以更准确地确定伤害的可能性,以确定是否需要改进控制措施 |
| 重大的 | 直至风险降低后才能开始工作。为降低风险有时必须配给大量的资源。当风险涉及正在进行中的工作时,就应采取应急措施 |
| 不容许的 | 只有当风险已经降低时,才能开始或继续工作。如果无限的资源投入也不能降低风险,就必须禁止工作 |

### 5.2.3　施工安全技术措施

#### 5.2.3.1　安全控制的概念

安全控制是生产过程中涉及的计划、组织、监控、调节和改进等一系列致力于满足生产安全所进行的管理活动。

#### 5.2.3.2　安全控制的目标

安全控制的目标是减少和消除生产过程中的事故,保证人员健康安全和财产免受损失。具体应包括以下几点:

(1)减少或消除人的不安全行为的目标。

(2)减少或消除设备、材料的不安全状态的目标。

(3)改善生产环境和保护自然环境的目标。

#### 5.2.3.3　施工安全控制的特点

建设工程施工安全控制的特点主要有以下几个方面:

(1)控制面广。

建设工程规模较大,生产工艺复杂、工序多,在建造过程中流动作业多,高处作业多,作业位置多变,遇到的不确定因素多,安全控制工作涉及范围大,控制面广。

(2)控制的动态性。

①建设工程项目的单件性,使得每项工程所处的条件不同,所面临的危险因素和防范措施也会有所改变,员工在转移工地后,熟悉一个新的工作环境需要一定的时间,有些工作制度和安全技术措施也会有所调整,员工同样有个熟悉的过程。

②建设工程项目施工的分散性。因为现场施工是分散于施工现场的各个部位,尽管有各种规章制度和安全技术交底的环节,但是面对具体的生产环境时,仍然需要自己的判断和处理,有经验的人员还必须适应不断变化的情况。

(3)控制系统交叉性。

建设工程项目是开放系统,受自然环境和社会环境影响很大,同时也会对社会和环境造成影响,安全控制需要把工程系统、环境系统及社会系统结合起来。

(4)控制的严谨性。

由于建设工程施工的危害因素复杂、风险程度高、伤亡事故多,所以预防控制措施必须严谨,如有疏漏就可能发展到失控,而酿成事故,造成损失和伤害。

#### 5.2.3.4　施工安全的控制程序

(1)确定每项具体建设工程项目的安全目标。

按"目标管理"方法在以项目经理为首的项目管理系统内进行分解,从而确定每个岗位的安全目标,实现全员安全控制。

(2)编制建设工程项目安全技术措施计划。

工程施工安全技术措施计划是对生产过程中的不安全因素,用技术手段加以消除和控制的文件,是落实"预防为主"方针的具体体现,是进行工程项目安全控制的指导性文件。

(3)安全技术措施计划的落实和实施。

计划的落实和实施包括建立健全安全生产责任制,设置安全生产设施,采用安全技术和应急措施,进行安全教育和培训,通过一系列安全措施的贯彻,使生产作业的安全状况处于受控状态。

(4)安全技术措施计划的验证。

安全技术措施计划的验证是通过施工过程中对安全技术措施计划实施情况的安全检查,纠正不符合安全技术措施计划的情况,保证安全技术措施的贯彻和实施。

根据安全技术措施计划的验证结果,对不适宜的安全技术措施计划进行修改、补充和完善。

#### 5.2.3.5　施工安全技术措施的一般要求

(1)施工安全技术措施必须在工程开工前制订。施工安全技术措施是施工组织设计的重要组成部分,应在工程开工前与施工组织设计一同编制。为保证各项安全设施的落实,在工程图纸会审时,就应特别注意考虑安全施工的问题,并在开工前制定好安全技术措施,使得用于该工程的各种安全设施有较充分的时间进行采购、制作和维护等准备工作。

(2)施工安全技术措施要有全面性。按照有关法律法规的要求,在编制工程施工组织设计时,应当根据工程特点制定相应的施工安全技术措施。对于大中型工程项目、结构复杂的重点工程,除必须在施工组织设计中编制施工安全技术措施外,还应编制专项工程施工安全技术措施,详细说明有关安全方面的防护要求和措施,确保单位工程或分部分项工程的施工安全。对爆破、拆除、起重吊装、水下、基坑支护和降水、土方开挖、脚手架、模板等危险性较大的作业,必须编制专项安全施工技术方案。

(3)施工安全技术措施要有针对性。建筑工程施工安全技术措施是针对每项工程的特点制定的,编制安全技术措施的技术人员必须掌握工程概况、施工方法、施工环境、条件等第一手资料,并熟悉安全法规、标准等,才能制定有针对性的安全技术措施。

(4)施工安全技术措施应力求全面、具体、可靠。施工安全技术措施应把可能出现的各种不安全因素考虑周全,制订的对策措施方案应力求全面、具体、可靠,这样才能真正做到预防事故的发生。但是,全面不等于罗列一般通常的操作工艺、施工方法以及日常安全制度、安全纪律等。这些制度性规定,安全技术措施中不需要再作抄录,但必须严格执行。

（5）施工安全技术措施必须包括应急预案。施工安全技术措施是在相应的工程施工实施之前制定的，所涉及的施工条件和危险情况大都建立在可预测的基础上，而建筑工程施工是开放的过程，在施工期间的变化是经常发生的，还可能出现预测不到的突发事件或灾害（如地震、火灾、台风、洪水等）。因此，施工技术措施计划必须包括面对突发事件或紧急状态的各种应急设施、人员逃生和救援预案，以便在紧急情况下，能及时启动应急预案，减少损失，保护人员安全。

（6）施工安全技术措施要有可行性和可操作性。施工安全技术措施应能够在每个施工工序之中得到贯彻实施，既要考虑保证安全要求，又要考虑现场环境条件和施工技术条件能够做得到。

### 5.2.3.6　施工安全技术措施的主要内容

建筑工程大致分为两种：一是结构共性较多的一般工程；二是结构比较复杂、施工特点较多的特殊工程。有人认为在安全技术措施中摘录几条标准就可以了，这是不行的。因为，即使是同类结构的工程，由于施工条件、环境等不同，既有共性，也有不同之处，这些不同之处在共性措施中无法解决。因此，应根据工程施工特点，将不同危险因素，按照有关规程的规定，结合以往的施工经验与教训，参照以下内容编制安全技术措施。

1. 一般工程安全技术措施

（1）土方工程。根据基坑、基槽、地下室等土方开挖深度和土的种类，选择开挖方法，确定边坡的坡度或采取哪种基坑支护措施，以防止塌方。

（2）脚手架、吊篮、工具式脚手架等的选用及设计搭设方案和安全防护措施。

（3）高处作业的上下安全通道及防护措施。

（4）安全网（平网、立网）的架设要求、范围（保护区域）、架设层次、段落。

（5）对施工用的电梯、井架（龙门架）等垂直运输设备，位置搭设的要求，稳定性、安全装置等的要求和措施。

（6）施工洞口及临边的防护方法和立体交叉施工作业区的隔离措施。

（7）场内运输道路及人行通道的布置。

（8）编制施工临时用电的组织设计和绘制临时用电图纸。在建工程（包括脚手架具）的外侧边缘与外电架空线路的间距没有达到最小安全距离时应采取的防护措施。

（9）中小型机具的使用安全。

（10）模板的安装和拆除安全。

（11）在建工程与周围人行通道及民房的防护隔离装置设置。

2. 特殊工程安全技术措施

对于结构复杂、危险性大的特殊工程，应编制单项的安全措施。如爆破、大型吊装、沉箱、沉井、烟囱、水塔，大跨度结构、高支撑模板体系、各种特殊架设作业、高层脚手架、井架和拆除工程等，必须编制单项的安全技术措施，并要有设计依据、计算书、详图、文字要求。

3. 季节性施工安全措施

季节性施工安全措施，就是考虑不同季节的气候对施工生产带来的不安全因素，可能造成的各种突发性事故，而从防护上、技术上、管理上采取的措施。一般建筑工程可在施工组织设计或施工方案的安全技术措施中编制季节性施工安全措施；危险性大、高温作业多的建筑工程，应单独编制季节性的施工安全措施。季节性主要指夏季、雨季和冬季。各季节性施工安全的主要内容是：

（1）夏季施工安全措施。夏季气候炎热，高温持续时间较长，主要做好防暑降温工作。

（2）雨季施工安全措施。雨季进行作业，主要做好防触电、防雷击、防坍塌和防台风等项工作。

（3）冬季施工安全措施。冬季进行作业，主要做好防风、防火、防滑、防煤气中毒、防亚硝酸钠中毒等项工作。

### 5.2.3.7　安全技术交底

1.安全技术交底的内容

（1）本工程项目的施工作业特点和危险点。

（2）针对危险点的具体预防措施。

（3）应注意的安全事项。

（4）相应的安全操作规程和标准。

（5）发生事故后应及时采取的避难和急救措施。

2.安全技术交底的要求

（1）项目经理部必须实行逐级安全技术交底制度，纵向延伸到班组全体作业人员。

（2）技术交底必须具体、明确，针对性强。

（3）技术交底的内容应针对分部分项工程施工中给作业人员带来的潜在危险因素和存在的问题。

（4）应优先采用新的安全技术措施。

（5）对于涉及"四新"项目或技术含量高、技术难度大的单项技术设计，必须经过两阶段技术交底，即初步设计技术交底和实施性施工图技术设计交底。

（6）应将工程概况、施工方法、施工程序、安全技术措施等向工长、班组长进行详细交底。

（7）定期向由两个以上作业队和多工种进行交叉施工的作业队伍进行书面交底。

（8）保持书面安全技术交底签字记录。

3.安全技术交底的作用

（1）让一线作业人员了解和掌握该作业项目的安全技术操作规程和注意事项，减少因违章操作而导致事故的可能。

（2）是安全管理人员在项目安全管理工作中的重要环节。

（3）是安全管理内业的内容要求，同时做好安全技术交底也是安全管理人员自我保护的手段。

## 5.2.4　安全检查

工程项目安全检查的目的是消除隐患、防止事故、改善劳动条件及提高员工安全生产意识，是安全控制工作的一项重要内容。通过安全检查可以发现工程中的危险因素，以便有计划地采取措施，保证安全生产。工程项目的安全检查应由项目经理组织，定期进行。

### 5.2.4.1　安全检查的类型

安全检查可分为全面安全检查、日常性检查、专业或专职安全管理人员的专业安全检查、季节性检查、节假日前后的检查和要害部门重点检查。

（1）全面安全检查。全面检查应包括职业健康安全管理方针、管理组织机构及其安全管理的职责、安全设施、操作环境、防护用品、卫生条件、运输管理、火灾预防、安全教育和安全检查制度等项内容。对全面检查的结果必须进行汇总分析，详细探讨所出现的问题及相应对策。

（2）日常性检查。日常性检查即经常的、普遍的检查。企业一般每年进行 1~4 次；工程项目组、车间、科室每月至少进行一次；班组每周、每班次都应进行检查。专职安全技术人员的日常检查应该有计划，针对重点部位周期性地进行。

（3）专业或专职安全管理人员的专业安全检查。由于操作人员在进行设备的检查时，往往是根据自身的安全知识和经验进行主观判断，因而有很大的局限性，不能反映出客观情况，流于形式。而专业或专职安全管理人员则有较丰富的安全知识和经验，通过认真检查就能够得到较为理想的效果。专业或专职安全管理人员在进行安全检查时，必须不徇私情，按章检查，发现违章操作情况要立即纠正，发现隐患及时指出并提出相应防护措施，并及时上报检查结果。

（4）季节性检查。季节性检查是指根据季节特点，为保障安全生产的特殊要求所进行的检查。如春季风大，要着重防火、防爆；夏季高温多雨雷电，要着重防暑、降温、防汛、防雷击、防触电；冬季着重防寒、防冻等。

（5）节假日前后的检查。节假日前后的检查是针对节假日期间容易产生麻痹思想的特点而进行的安全检查，包括节日前进行安全生产综合检查，节日后要进行遵章守纪的检查等。

（6）要害部门重点检查。对于企业要害部门和重要设备必须进行重点检查。由于其重要性和特殊性，一旦发生意外，会造成大的伤害，给企业的经济效益和社会效益带来不良的影响。为了确保安全，对设备的运转和零件的状况要定时进行检查，发现损伤立刻更换，决不能"带病"作业；一到有效年限，即使没有故障，也应该予以更新，不能因小失大。

#### 5.2.4.2　安全检查的注意事项

（1）安全检查要深入基层、紧紧依靠职工，坚持领导与群众相结合的原则，组织好检查工作。

（2）建立检查的组织领导机构，配备适当的检查力量，挑选具有较高技术业务水平的专业人员参加。

（3）做好检查的各项准备工作，包括思想、业务知识、法规政策和检查设备、奖金的准备。

（4）明确检查的目的和要求。既要严格要求，又要防止"一刀切"，要从实际出发，分清主、次矛盾，力求实效。

（5）把自查与互查有机结合起来，基层以自检为主，企业内相应部门间互相检查，取长补短，相互学习和借鉴。

（6）坚持查改结合。检查不是目的，只是一种手段，整改才是最终目的。发现问题，要及时采取切实有效的防范措施。

（7）建立检查档案。结合安全检查表的实施，逐步建立健全检查档案，收集基本的数据，掌握基本安全状况，为及时消除隐患提供数据，同时也为以后的职业健康安全检查奠定基础。

（8）在制定安全检查表时，应根据用途和目的具体确定安全检查表的种类。安全检查表的主要种类有设计用安全检查表、厂级安全检查表、车间安全检查表、班组及岗位安全检查表、专业安全检查表等。制定安全检查表要在安全技术部门的指导下，充分依靠职工来进行。初步制定出来的检查表，要经过群众的讨论，反复试行，再加以修订，最后由安全技术部门审定后方可正式实行。

### 5.2.4.3　安全检查的主要内容

（1）查思想。主要检查企业的领导和职工对安全生产工作的认识。

（2）查管理。主要检查工程的安全生产管理是否有效。主要内容包括安全生产责任制、安全技术措施计划、安全组织机构、安全保证措施、安全技术交底、安全教育、持证上岗、安全设施、安全标识、操作规程、违规行为、安全记录等。

（3）查隐患。主要检查作业现场是否符合安全生产、文明生产的要求。

（4）查整改。主要检查对过去提出问题的整改情况。

（5）查事故处理。对安全事故的处理应达到查明事故原因、明确责任并对责任者作出处理、明确和落实整改措施等要求。同时还应检查对伤亡事故是否及时报告、认真调查、严肃处理。

安全检查的重点是违章指挥和违章作业。安全检查后应编制安全检查报告，说明已达标项目、未达标项目、存在问题、原因分析、纠正和预防措施。

### 5.2.4.4　项目经理部安全检查的主要规定

（1）项目经理应组织项目经理部定期对安全控制计划的执行情况进行检查考核和评价。对施工中存在的不安全行为和隐患、作业中存在的不安全行为和隐患，签发安全整改通知，项目经理部应分析原因并制定落实相应整改防范措施，实施整改后应予复查。

（2）项目经理部应根据施工过程的特点和安全目标的要求，确定安全检查内容。

（3）项目经理部安全检查应配备必要的设备或器具，确定检查负责人和检查人员，并明确检查内容及要求。

（4）项目经理部安全检查应采取随机抽样、现场观察、实地检测相结合的方法，并记录检测结果。对现场管理人员的违章指挥和操作人员的违章作业行为应进行纠正。

（5）安全检查人员应对检查结果进行分析，找出安全隐患部位，确定危险程度。

（6）项目经理部应编写安全检查报告并上报。

## 5.2.5　工程安全隐患

安全与不安全是相对的概念。从事施工生产活动，随时随地都会遇到、接触、克服多方面的危险因素。一旦对危险因素失控，必将导致事故。探求事故成因，人、物和环境因素的作用，是事故的根本原因。从对人和管理两方面去探讨，人的不安全行为和物的不安全状态，都是构成安全隐患的直接原因。

### 5.2.5.1　人的不安全行为与人的失误

不安全行为是人表现出来的，与人的心理特征相违背的，非正常行为。人在生产活动中，曾引起或可能引起事故的行为，必然是不安全行为。人的自身因素是人的行为根据、内因。环境因素是人的行为外因，是影响人的行为的条件，甚至产生重大影响。人失误指人的行为结果偏离了规定的目标或超出可接受的界限,并产生了不良影响的行为。在生产作业中,往往人失误是不可避免的副产物。

**1. 人失误与人能力的可比性**

工作环境可诱发人失误,由于人失误是不可避免的,因此在生产中凭直觉、靠侥幸,是不能长期成功地维持安全生产的。当编制操作程序和操作方法时,侧重地考虑了生产和产品条件,而忽视人的能力与水平,有促使发生人失误的可能。

**2. 人失误的类型**

(1)随机失误。由人的行为、动作的随机性质引起的人失误,属于随机失误。与人的心理、生理原因有关。随机失误往往是不可预测,也不重复出现的。

(2)系统失误。由系统设计不足或人的不正常状态引发的人失误属于系统失误。系统失误与工作条件有关,类似的条件可能引发失误再出现或重复发生。改善工作条件,加强职业训练可以克服系统失误。

**3. 人失误的表现**

一般是出现失误结果以后,是很难预测的。比如遗漏或遗忘现象,把事弄颠倒,没按要求或规定的时间操作,无意识动作,调整错误,进行规定外的动作等。

**4. 人的信息处理过程失误**

可以认为,人失误现象是人对外界信息刺激反应的失误,与人自身的信息处理过程与质量有关,与人的心理紧张度有关。人在进行信息处理时,必然要出现失误,是客观的倾向。信息处理失误倾向,都可能导致人失误。在工艺、操作、设备等进行设计时,采取一些预防失误倾向的措施,对克服失误倾向是极为有利的。

**5. 心理紧张与人失误的关联**

人大脑意识水平降低,直接引起信息处理能力的降低,影响人对事物注意力的集中,降低警觉程度。意识水平的降低是发生人失误的内在原因。经常进行教育、训练,合理安排工作,消除心理紧张因素,有效控制心理紧张的外部原因,使人保持最优的心理紧张度,对消除人失误现象是十分重要的。

**6. 人失误的致因**

造成人失误的原因是多方面的,有人的自身因素对过负荷的不适应原因,如超体能、精神状态、熟练程度、疲劳、疾病时的超荷操作,以及环境过负荷、心理过负荷、人际立场负荷等都能使人发生操作失误。也有与外界刺激要求不一致时,出现要求与行为的偏差的原因,在这种情况下,可能出现信息处理故障和决策错误。此外,还由于对正确的方法认识不清,有意采取不恰当的行为等,出现完全错误的行为。人的能力是感觉、注意、记忆、思维和行为能力等的综合信息处理能力。人的能力直接影响活动效率,具有使活动顺利完成的个性心理特征。人的能力随其自身的硬件、心理、软件的状态变化而改变。

**7. 不安全行为的心理原因**

个体人经常、稳定表现的能力、性格、气质等心理特点的总和,称为个性心理特征。这是在人的先天条件基础上,受到社会条件影响和具体实践活动;接受教育与影响而逐渐形成、发展的。一切人的个性心理特征,不会完全相同。人的性格是个性心理的核心,因此性格能决定人对某种情况的态度和行为。鲁莽、草率、懒惰等性格,往往成为产生不安全行为的原因。非理智行为在引发人为事故的不安全行为中所占比例相当大,在生产中出现的违章、违纪现象都是非理智行为的表现,冒险蛮干则表现得尤为突出。非理智行为的产生,多由侥幸、省能、逆反和凑兴等心理所支配。在安全管理过程中,控制非理智行为的任务是相当重的,也是非常严肃、非常细致的一项工作。

### 5.2.5.2　物的不安全状态和安全技术措施

人机系统把生产过程中发挥一定作用的机械、物料、生产对象以及其他生产要素统称为物。物都具有不同形式、性质的能量,有出现能量意外释放而引发事故的可能性。由于物的能量可能释放引起事故的状态,称为物的不安全状态。这是从能量与人的伤害间的联系所给出的定义。如果从发生事故的角度,也可把物的不安全状态看作曾引起或可能引起事故的物的状态。在生产过程中,物的不安全状态极易出现。所有的物的不安全状态,都与人的不安全行为或人的操作、管理失误有关。往往在物的不安全状态背后,隐藏着人的不安全行为或人的失误。物的不安全状态既反映了物的自身特性,又反映了人的素质和人的决策水平。物的不安全状态的运动轨迹,一旦与人的不安全行为的运动轨迹交叉,就是发生事故的时间与空间。所以,物的不安全状态是发生事故的直接原因。因此,正确判断物的具体不安全状态,控制其发展,对预防、消除事故有直接的现实意义。针对生产中物的不安全状态的形成与发展,在进行施工设计、工艺安排、施工组织与具体操作时,采取有效的控制措施,把物的不安全状态消除在生产活动进行之前,或引发为事故之前,是安全管理的重要任务之一。消除生产活动中物的不安全状态,是生产活动所必须的,又是预防为主方针落实的需要,同时,也体现了生产组织者的素质状况和工作才能。

#### 1.能量意外释放与控制方法

生产活动中一时也未间断过能量的利用,在利用中,人们给以能量种种约束与限制,使之按人的意志进行流动与转换,正常发挥能量用以做功。一旦能量失去人的控制,便会立即超越约束与限制,自行开辟新的流动渠道,出现能量的突然释放,于是,发生事故的可能性就随着突然释放而变得完全可能。突然释放的能量,如果触及人体又超过人体的承受能力,就会酿成伤害事故。从这个观点来看,事故是不正常或不希望的能量意外释放的最终结果。一切机械能、电能、热能、化学能、声能、光能、生物能和辐射能等,都能引发伤害事故。能量超过人的机体组织的抵抗能力,就会造成人体的各种伤害。人与环境的正常能量交换受到干扰,就造成窒息或淹溺。能量媒介或载体与人体接触,将会把能量传递给人体造成伤害。人丧失了对能量的有效约束与控制,是能量意外释放的直接原因和根本原因。出现能量的意外释放,反映了人对能量控制认识、意识、知识和技术的严重不足。同时,又反映了安全管理认识、方法、原则等方面的差距。

#### 2.屏蔽

约束、限制能量意外释放,防止能量与人体接触的措施,统称为屏蔽。常采用的屏蔽形式大致有安全能源代替不安全能源、限制能量、防止能量蓄积、缓释能量、物理屏蔽、时空隔离、信息屏蔽等。

#### 3.能量意外释放伤害及预防措施

人意外地进入能量正常流动与转换渠道而致伤害。有效的预防方法是采取物理屏蔽和信息屏蔽,阻止人进入流动渠道。能量意外逸出,在开辟新流动渠道时触及人体而致伤害,发生此类事故有突然性,事故发生瞬间,人往往来不及采取措施即已受到伤害,预防的方法比较复杂,除了加大流动渠道的安全性,从根本上防止能量外逸,同时在能量正常流动与转换时,采取物理屏蔽、信息屏蔽、时空屏蔽等综合措施,能够减轻伤害的机会和严重程度。出现这类事故时,人的行为是否正确,往往决定人的伤害或生存。在有毒有害物质渠道出现泄漏时,人的行为对人的伤害或生存的影响,尤其明显。预防此类事故,完善能量控制系统最为重要,如自动报警、自动控制,既需要在出现能量释放时立即报警,又能进行自动疏放或封闭。同时在能量正常流动与转换时,应考虑非正常时的处理,及早采取时空与物理屏蔽措施。

### 5.2.5.3　安全隐患的治理原则

1. 冗余安全度治理原则

例如道路上有一个坑,既要设防护栏及警示牌,又要设照明及夜间警示红灯。

2. 单项隐患综合治理原则

例如某工地发生触电事故,一方面要进行人的安全用电操作教育,同时现场也要设置漏电开关,对配电箱、用电线路进行防护改造,也要严禁非专业电工乱接乱拉电线。

3. 事故直接隐患与间接隐患并治原则

对人、机、环境系统进行安全治理,同时还需治理安全管理措施。

4. 预防与减灾并重治理原则

应及时切断供料及切断能源;应及时降压、降温、降速以及停止运行;应及时排放毒物;应及时疏散及抢救;应及时请求救援等。

5. 重点治理原则

按对隐患的分析评价结果实行危险点分级治理,也可以用安全检查表打分,对隐患危险程度分级。

6. 动态治理原则

生产过程中发现问题及时治理,既可以及时消除隐患,又可以避免小的隐患发展成大的隐患。

### 5.2.5.4　安全事故隐患的处理

施工单位对事故安全隐患的处理方法有:当场指正,限期纠正,预防隐患发生;做好记录,及时整改,消除安全隐患;分析统计,查找原因,制定预防措施;跟踪验证。

## ■ 学习单元5.3　工程职业健康安全事故的分类和处理

**工作任务表**

| 能力目标 | 主讲内容 | 学生完成任务 |
| --- | --- | --- |
| 通过学习训练,使学生了解工程项目职业伤害事故分类和处理 | 着重介绍工程项目职业伤害事故分类、处理等相关知识 | 根据本单元的基本条件,在学习过程中完成对工程项目职业伤害事故的分类、处理 |

### 5.3.1　职业伤害事故的分类

#### 5.3.1.1　按照事故发生的原因分类

按照我国《企业伤亡事故分类标准》(GB 6441—86)标准规定,职业伤害事故分为20

类,其中与建筑业有关的有以下12类:

(1)物体打击:指落物、滚石、锤击、碎裂、崩块、砸伤等造成的人身伤害,不包括因爆炸而引起的物体打击。

(2)车辆伤害:指被车辆挤、压、撞和车辆倾覆等造成的人身伤害。

(3)机械伤害:指被机械设备或工具绞、碾、碰、割、戳等造成的人身伤害,不包括车辆、起重设备引起的伤害。

(4)起重伤害:指从事各种起重作业时发生的机械伤害事故,不包括上下驾驶室时发生的坠落伤害,起重设备引起的触电及检修时制动失灵造成的伤害。

(5)触电:由于电流经过人体导致的生理伤害,包括雷击伤害。

(6)灼烫:指火焰引起的烧伤、高温物体引起的烫伤、强酸或强碱引起的灼伤、放射线引起的皮肤损伤,不包括电烧伤及火灾事故引起的烧伤。

(7)火灾:在火灾时造成的人体烧伤、窒息、中毒等。

(8)高处坠落:由于危险势能差引起的伤害,包括从架子、屋架上坠落以及从平地坠入坑内等。

(9)坍塌:指建筑物、堆置物倒塌以及土石塌方等引起的事故伤害。

(10)火药爆炸:指在火药的生产、运输、储藏过程中发生的爆炸事故。

(11)中毒和窒息:指煤气、油气、沥青、化学、一氧化碳中毒等。

(12)其他伤害:包括扭伤、跌伤、冻伤、野兽咬伤等。

### 5.3.1.2 按事故后果严重程度分类

(1)轻伤事故:造成职工肢体或某些器官功能性或器质性轻度损伤,表现为劳动能力轻度或暂时丧失的伤害,一般每个受伤人员休息1个工作日以上、105个工作日以下。

(2)重伤事故:一般指受伤人员肢体残缺或视觉、听觉等器官受到严重损伤,能引起人体长期存在功能障碍或劳动能力有重大损失的伤害,或者造成每个受伤人员损失105个工作日以上的失能伤害。

(3)死亡事故:一次事故中死亡职工1~2人的事故。

(4)重大伤亡事故:一次事故中死亡3人以上(含3人)的事故。

(5)特大伤亡事故:一次事故中死亡10人以上(含10人)的事故。

(6)特别重大伤亡事故:按照原劳动部对国务院第34号令《特别重大事故调查程序暂行规定》(简称《规定》)有关条文解释为:凡符合下列情况之一者即为《规定》所称特别重大伤亡事故:

①民航客机发生的机毁人亡(死亡40人及其以上)事故。

②专机和外国民航客机在中国境内发生的机毁人亡事故。

③铁路、水运、矿山、水利、电力事故造成一次死亡50人及其以上,或者一次造成直接经济损失1 000万元及其以上的。

④公路和其他发生一次死亡30人及其以上或直接经济损失在500万元及其以上的事故(航空、航天科研过程中发生的事故除外)。

⑤一次造成职工和居民100人及其以上的急性中毒事故。

⑥其他性质特别严重产生重大影响的事故。

### 5.3.1.3 　按事故造成的人员伤亡或者直接经济损失分类

（1）特别重大事故，是指造成 30 人以上死亡，或者 100 人以上重伤（包括急性工业中毒，下同），或者 1 亿元以上直接经济损失的事故。

（2）重大事故，是指造成 10 人以上、30 人以下死亡，或者 50 人以上、100 人以下重伤，或者 5 000 万元以上、1 亿元以下直接经济损失的事故。

（3）较大事故，是指造成 3 人以上、10 人以下死亡，或者 10 人以上、50 人以下重伤，或者 1 000 万元以上、5 000 万元以下直接经济损失的事故。

（4）一般事故，是指造成 3 人以下死亡，或者 10 人以下重伤，或者 1 000 万元以下直接经济损失的事故。

## 5.3.2 　职业伤害事故的处理

### 5.3.2.1 　建筑工程安全事故的处理原则

强化安全生产监管监察行政执法。各级安全生产监管监察机构要增强执法意识，做到严格、公正、文明执法。对生产经营单位的安全生产情况进行监督检查，指导督促生产经营单位建立健全安全生产责任制，落实各项防范措施。组织开展好企业安全评估，搞好分类指导和重点监管。对严重忽视安全生产的企业及其负责人或业主，要依法加大行政执法和经济处罚的力度。认真查处各类事故，坚持事故原因未查清不放过、责任人员未处理不放过、整改措施未落实不放过、有关人员未受到教育不放过的"四不放过"原则，不仅要追究事故直接责任人的责任，同时要追究有关责任人的领导责任。

### 5.3.2.2 　建筑工程安全事故的处理程序

依据国务院令第 75 号《企业职工伤亡事故报告和处理规定》及《建设工程安全生产管理条例》，安全事故的报告和处理应遵循以下规定程序：

伤亡事故发生后，负伤者或者事故现场有关人员应当立即直接或者逐级报告企业负责人。企业负责人接到重伤、死亡、重大死亡事故报告后，应当立即报告企业主管部门和企业所在地安全行政管理部门、劳动部门、公安部门、人民检察院、工会。

企业主管部门和劳动部门接到死亡、重大死亡事故报告后，应当立即按系统逐级上报。

死亡事故报至省、自治区、直辖市企业主管部门和劳动部门；重大死亡事故报至国务院有关主管部门、劳动部门。

发生死亡、重大死亡事故的企业应当保护事故现场，并迅速采取必要措施抢救人员和财产，防止事故扩大。

轻伤、重伤事故，由企业负责人或其指定人员组织生产、技术、安全等有关人员以及工会成员参加事故调查组，进行调查。

死亡事故，由企业主管部门会同企业所在地设区的市（或者相当于设区的市一级）安全行政管理部门、劳动部门、公安部门、工会组成事故调查组，进行调查。

重大伤亡事故，按照企业的隶属关系由省、自治区、直辖市企业主管部门或者国务院有关主管部门会同同级安全行政管理部门、劳动部门、公安部门、监察部门、工会组成事故调查组，进行调查。

事故调查组应当邀请人民检察院派员参加,还可邀请其他部门的人员和有关专家参加。

事故调查组成员应当符合下列条件:具有事故调查所需要的某一方面的专长;与所发生事故没有直接利害关系。

事故调查组的职责,查明事故发生原因、过程和人员伤亡、经济损失情况;确定事故责任人;提出事故处理意见和防范措施的建议。

写出事故调查报告。事故调查组有权向发生事故的企业和有关单位、有关人员了解有关情况和索取有关资料,任何单位和个人不得拒绝。

事故调查组在查明事故情况以后,如果对事故的分析和事故责任者的处理不能取得一致意见,劳动部门有权提出结论性意见;如果仍有不同意见,应当报上级劳动部门及有关部门处理;仍不能达成一致意见的,报同级人民政府裁决。但不得超过事故处理工作的时限。

任何单位和个人不得阻碍、干涉事故调查组的正常工作。

### 5.3.2.3　安全事故处理

事故调查组提出的事故处理意见和防范措施建议,由发生事故的企业及其主管部门负责处理。因忽视安全生产、违章指挥、违章作业、玩忽职守或者发现事故隐患、危害情况而不采取有效措施以致导致伤亡事故的,由企业主管部门或者企业按照国家有关规定,对企业负责人和直接责任人员给予行政处分;构成犯罪的,由司法机关依法追究刑事责任。

在伤亡事故发生后隐瞒不报、谎报、故意迟延不报、故意破坏事故现场,或者无正当理由,拒绝接受调查以及拒绝提供有关情况和资料的,由有关部门按照国家规定,对有关单位负责人和直接责任人员给予行政处分;构成犯罪的,由司法机关依法追究刑事责任。

在调查、处理伤亡事故中玩忽职守、徇私舞弊或者打击报复的,由其所在单位按照国家有关规定给予行政处分;构成犯罪的,由司法机关依法追究刑事责任。

伤亡事故处理工作应当在90日内结案,特殊情况不得超过180日。伤亡事故处理结案后,应当公开宣布处理结果。

### 5.3.2.4　安全事故统计规定

《中华人民共和国安全生产法》和国家安全生产监督管理局制定的《生产安全事故统计报表制度》(国统函〔2003〕253号)有如下规定:

(1)企业职工伤亡事故统计实行以地区考核为主的制度。各级隶属关系的企业和企业主管单位要按当地安全生产行政主管部门规定的时间报送报表。

(2)安全生产行政主管部门对各部门的企业职工伤亡事故情况实行分级考核。企业报送主管部门的数字要与报送当地安全生产行政主管部门的数字一致,各级主管部门应如实向同级安全生产行政主管部门报送。

(3)省级安全生产行政主管部门和国务院各有关部门及计划单列的企业集团的职工伤亡事故统计月报表、年报表应按时报到国家安全生产行政主管部门。

## 学习单元 5.4　工程环境保护的要求和措施

### 工作任务表

| 能力目标 | 主讲内容 | 学生完成任务 |
| --- | --- | --- |
| 通过学习训练,使学生了解工程环境保护的要求和措施 | 着重介绍工程环境保护的要求和措施等相关知识 | 根据本单元的基本条件,在学习过程中完成工程环境保护的要求和措施等相关知识的理解 |

### 5.4.1　工程环境保护的要求

(1)开发利用自然资源的项目,必须采取措施保护生态环境。

(2)建设工程项目选址、选线、布局应当符合区域、流域规划和城市总体规划。

(3)应满足项目所在区域环境质量、相应环境功能区划和生态功能区划标准或要求。

(4)应采取生态保护措施,有效预防和控制生态破坏。

(5)对环境可能造成重大影响、应当编制环境影响报告书的建设工程项目,可能严重影响项目所在地居民生活环境质量的建设工程项目,以及存在重大意见分歧的建设工程项目,环保总局可以举行听证会,听取有关单位、专家和公众的意见,并公开听证结果,说明对有关意见采纳或不采纳的理由。

(6)建设工程项目中防治污染的设施,必须与主体工程同时设计、同时施工、同时投产使用。防治污染的设施必须经原审批环境影响报告书的环境保护行政主管部门验收合格后,该建设工程项目方可投入生产或者使用。

### 5.4.2　工程环境保护的措施

大气污染物通常以气体状态和粒子状态存在于空气中。

(1)粒子状态污染物又称为固体颗粒污染物,粒径在 $0.01 \sim 100 \ \mu m$。通常根据粒子状态污染物在重力作用下的沉降特性又可分为降尘和飘尘。

①降尘:其粒径大于 $10 \ \mu m$。

②飘尘:其粒径小于 $10 \ \mu m$。飘尘具有胶体的性质,故又称为气溶胶。飘尘易随呼吸进入人体肺脏,危害人体健康,故称为可吸入颗粒。

(2)废水处理可分为物理法、化学法、物理化学方法及生物法。

①物理法:利用筛滤、沉淀、气浮等方法。

②化学法:利用化学反应来分离、分解污染物,或使其转化为无害物质的处理方法。

③物理化学方法:主要有吸附法、反渗透法、电渗析法。

④生物法:噪声控制技术可从声源、传播途径、接收者防护等方面来考虑。

(3)噪声传播途径的控制包括吸声、隔音、消声、减振、降噪。

凡在人口稠密区进行强噪声作业时,须严格控制作业时间,一般晚10点到次日早6点之间停止强噪声作业。建筑施工场界噪声限值见表 5.4-1。

表5.4-1　建筑施工场界噪声限值

| 施工阶段 | 主要噪声源 | 昼间噪声限值dB(A) | 夜间噪声限值dB(A) |
|---|---|---|---|
| 土石方 | 推土机、挖掘机、装载机等 | 75 | 55 |
| 打桩 | 各种打桩机械等 | 85 | 禁止施工 |
| 结构 | 混凝土搅拌机、振动棒、电锯等 | 70 | 55 |
| 装修 | 吊车、升降机等 | 65 | 55 |

## 5.4.3　污染的防治

### 5.4.3.1　建设项目环境噪声污染的防治

《中华人民共和国环境噪声污染防治法》(简称《环境噪声污染防治法》)规定,新建、改建、扩建的建设项目,必须遵守国家有关建设项目环境保护管理的规定。

建设项目可能产生环境噪声污染的,建设单位必须提出环境影响报告书,规定环境噪声污染的防治措施,并按照国家规定的程序报环境保护行政主管部门批准。环境影响报告书中,应当有该建设项目所在地单位和居民的意见。

建设项目的环境噪声污染防治设施必须与主体工程同时设计、同时施工、同时投产使用。

建设项目在投入生产或者使用之前,其环境噪声污染防治设施必须经原审批环境影响报告书的环境保护行政主管部门验收;达不到国家规定要求的,该建设项目不得投入生产或者使用。

### 5.4.3.2　施工现场环境噪声污染的防治

1. 使用机械设备可能产生环境噪声污染的申报

《环境噪声污染防治法》规定,在城市市区范围内,建筑施工过程中使用机械设备,可能产生环境噪声污染的,施工单位必须在工程开工15日以前向工程所在地县级以上地方人民政府环境保护行政主管部门申报该工程的项目名称、施工场所和期限、可能产生的环境噪声值以及所采取的环境噪声污染防治措施的情况。

2. 禁止夜间进行产生环境噪声污染施工作业的规定

《环境噪声污染防治法》规定,在城市市区噪声敏感建筑物集中区域内,禁止夜间进行产生环境噪声污染的建筑施工作业,但抢修、抢险作业和因生产工艺上要求或者特殊需要必须连续作业的除外。因特殊需要必须连续作业的,必须有县级以上人民政府或者其有关主管部门的证明。以上规定的夜间作业,必须公告附近居民。

所谓噪声敏感建筑物集中区域,是指医疗区、文教科研区和以机关或者居民住宅为主的区域。所谓噪声敏感建筑物,是指医院、学校、机关、科研单位、住宅等需要保持安静的建筑物。

3. 政府监管部门的现场检查

《环境噪声污染防治法》规定,县级以上人民政府环境保护行政主管部门和其他环境噪声污染防治工作的监督管理部门、机构,有权依据各自的职责对管辖范围内排放环境噪声的单位进行现场检查。

### 5.4.3.3　交通运输噪声污染的防治

《环境噪声污染防治法》规定,在城市市区范围内行驶的机动车辆的消声器和喇叭必须符合国家规定的要求。机动车辆必须加强维修和保养,保持技术性能良好,防治环境噪声污染。警车、消防车、工程抢险车、救护车等机动车辆安装、使用警报器,必须符合国务院公安部门的规定;在执行非紧急任务时,禁止使用警报器。

### 5.4.3.4　对产生环境噪声污染企业事业单位的规定

《环境噪声污染防治法》规定,产生环境噪声污染的企业事业单位,必须保持防治环境噪声污染的设施的正常使用;拆除或者闲置环境噪声污染防治设施的,必须事先报经所在地的县级以上地方人民政府环境保护行政主管部门批准。

产生环境噪声污染的单位,应当采取措施进行治理,并按照国家规定缴纳超标准排污费。征收的超标准排污费必须用于污染的防治,不得挪作他用。

### 5.4.3.5　大气污染的防治

**1. 建设项目大气污染的防治**

《中华人民共和国大气污染防治法》(简称《大气污染防治法》)规定,新建、扩建、改建向大气排放污染物的项目,必须遵守国家有关建设项目环境保护管理的规定。

建设项目的环境影响报告书,必须对建设项目可能产生的大气污染和对生态环境的影响作出评价,规定防治措施,并按照规定的程序报环境保护行政主管部门审查批准。

建设项目投入生产或者使用之前,其大气污染防治设施必须经过环境保护行政主管部门验收,达不到国家有关建设项目环境保护管理规定的要求的建设项目,不得投入生产或者使用。

**2. 施工现场大气污染的防治**

《大气污染防治法》规定,城市人民政府应当采取绿化责任制、加强建设施工管理、扩大地面铺装面积、控制渣土堆放和清洁运输等措施,提高人均占有绿地面积,减少市区裸露地面和地面尘土,防治城市扬尘污染。

在人口集中地区存放煤炭、煤矸石、煤渣、煤灰、砂石、灰土等物料,必须采取防燃、防尘措施,防止污染大气。严格限制向大气排放含有毒物质的废气和粉尘;确需排放的,必须经过净化处理,不超过规定的排放标准。

施工现场大气污染的防治,重点是防治扬尘污染。对于扬尘控制,建设部《绿色施工导则》中规定:

(1)运送土方、垃圾、设备及建筑材料等,不污损场外道路。运输容易散落、飞扬、流漏物料的车辆,必须采取措施封闭严密,保证车辆清洁。施工现场出口应设置洗车槽。

(2)土方作业阶段,采取洒水、覆盖等措施,达到作业区目测扬尘高度小于 1.5 m,不扩散到场区外。

(3)结构施工、安装、装饰装修阶段,作业区目测扬尘高度小于 0.5 m。对易产生扬尘的堆放材料应采取覆盖措施;对粉末状材料应封闭存放;场区内可能引起扬尘的材料及建筑垃圾搬运应有降尘措施,如覆盖、洒水等;浇筑混凝土前清理灰尘和垃圾时尽量使用吸尘器,避免使用吹风器等易产生扬尘的设备;机械剔凿作业时可用局部遮挡、掩盖、水淋等防护措施;高层或多层建筑清理垃圾应搭设封闭性临时专用道或采用容器吊运。

（4）施工现场非作业区达到目测无扬尘的要求。对现场易飞扬物质采取有效措施,如洒水、地面硬化、围挡、密网覆盖、封闭等,防止扬尘产生。

（5）构筑物机械拆除前,做好扬尘控制计划。可采取清理积尘、拆除体洒水、设置隔挡等措施。

（6）构筑物爆破拆除前,做好扬尘控制计划。可采用清理积尘、淋湿地面、预湿墙体、屋面敷水袋、楼面蓄水、建筑外设高压喷雾状水系统、搭设防尘排栅和直升机投水弹等综合降尘。选择风力小的天气进行爆破作业。

（7）在场界四周隔挡高度位置测得的大气总悬浮颗粒物（TSP）月平均浓度与城市背景值的差值不大于 0.08 mg/m³。

3. 对向大气排放污染物单位的监管

《大气污染防治法》规定,向大气排放污染物的单位,必须按照国务院环境保护行政主管部门的规定向所在地的环境保护行政主管部门申报拥有的污染物排放设施、处理设施和在正常作业条件下排放污染物的种类、数量、浓度,并提供防治大气污染方面的有关技术资料。排污单位排放大气污染物的种类、数量、浓度有重大改变的,应当及时申报;其大气污染物处理设施必须保持正常使用,拆除或者闲置大气污染物处理设施的,必须事先报经所在地的县级以上地方人民政府环境保护行政主管部门批准。

向大气排放污染物的,其污染物排放浓度不得超过国家和地方规定的排放标准。在人口集中地区和其他依法需要特殊保护的区域内,禁止焚烧沥青、油毡、橡胶、塑料、皮革、垃圾以及其他产生有毒有害烟尘和恶臭气体的物质。

### 5.4.3.6　水污染的防治

《中华人民共和国水污染防治法》（简称《水污染防治法》）规定,水污染防治应当坚持预防为主、防治结合、综合治理的原则,优先保护饮用水水源,严格控制工业污染、城镇生活污染,防治农业面源污染,积极推进生态治理工程建设,预防、控制和减少水环境污染和生态破坏。

1. 建设项目水污染的防治

《水污染防治法》规定,新建、改建、扩建直接或者间接向水体排放污染物的建设项目和其他水上设施,应当依法进行环境影响评价。

建设单位在江河、湖泊新建、改建、扩建排污口的,应当取得水行政主管部门或者流域管理机构同意;涉及通航、渔业水域的,环境保护主管部门在审批环境影响评价文件时,应当征求交通、渔业主管部门的意见。

建设项目的水污染防治设施,应当与主体工程同时设计、同时施工、同时投入使用。水污染防治设施应当经过环境保护主管部门验收,验收不合格的,该建设项目不得投入生产或者使用。

禁止在饮用水水源一级保护区内新建、改建、扩建与供水设施和保护水源无关的建设项目;已建成的与供水设施和保护水源无关的建设项目,由县级以上人民政府责令拆除或者关闭。禁止在饮用水水源二级保护区内新建、改建、扩建排放污染物的建设项目;已建成的排放污染物的建设项目,由县级以上人民政府责令拆除或者关闭。

禁止在饮用水水源准保护区内新建、扩建对水体污染严重的建设项目;改建建设项目,不得增加排污量。

2.施工现场水污染的防治

《水污染防治法》规定,排放水污染物,不得超过国家或者地方规定的水污染物排放标准和重点水污染物排放总量控制指标。

直接或者间接向水体排放污染物的企业事业单位和个体工商户,应当按照国务院环境保护主管部门的规定,向县级以上地方人民政府环境保护主管部门申报登记拥有的水污染物排放设施、处理设施和在正常作业条件下排放水污染物的种类、数量和浓度,并提供防治水污染方面的有关技术资料。

禁止向水体排放油类、酸液、碱液或者剧毒废液。禁止向水体排放、倾倒工业废渣、城镇垃圾和其他废弃物。

在饮用水水源保护区内,禁止设置排污口。在风景名胜区水体、重要渔业水体和其他具有特殊经济文化价值的水体的保护区内,不得新建排污口。在保护区附近新建排污口,应当保证保护区水体不受污染。

禁止利用渗井、渗坑、裂隙和溶洞排放、倾倒含有毒污染物的废水、含病原体的污水和其他废弃物。禁止利用无防渗漏措施的沟渠、坑塘等输送或者储存含有毒污染物的废水、含病原体的污水和其他废弃物。

兴建地下工程设施或者进行地下勘探、采矿等活动,应当采取防护性措施,防止地下水污染。人工回灌补给地下水,不得恶化地下水质。

建设部《绿色施工导则》进一步规定,水污染控制:

(1)施工现场污水排放应达到国家标准《污水综合排放标准》(GB 8978—1996)的要求。

(2)在施工现场应针对不同的污水,设置相应的处理设施,如沉淀池、隔油池、化粪池等。

(3)污水排放应委托有资质的单位进行废水水质检测,提供相应的污水检测报告。

(4)保护地下水环境。

(5)对于化学品等有毒材料、油料的储存地,应有严格的隔水层设计,做好渗漏液收集和处理。

3.发生事故或者其他突发性事件的规定

《水污染防治法》规定,企业事业单位发生事故或者其他突发性事件,造成或者可能造成水污染事故的,应当立即启动本单位的应急方案,采取应急措施,并向事故发生地的县级以上地方人民政府或者环境保护主管部门报告。

### 5.4.3.7　建设项目固体废物污染环境的防治

《中华人民共和国固体废物污染环境防治法》(简称《固体废物污染环境防治法》)规定,建设产生固体废物的项目以及建设储存、利用、处置固体废物的项目,必须依法进行环境影响评价,并遵守国家有关建设项目环境保护管理的规定。

建设项目的环境影响评价文件确定需要配套建设的固体废物污染环境防治设施,必须与主体工程同时设计、同时施工、同时投入使用。固体废物污染环境防治设施必须经原审批环境影响评价文件的环境保护行政主管部门验收合格后,该建设项目方可投入生产或者使用。

对固体废物污染环境防治设施的验收应当与对主体工程的验收同时进行。

在国务院和国务院有关主管部门及省、自治区、直辖市人民政府划定的自然保护区、风景名胜区、饮用水水源保护区、基本农田保护区和其他需要特别保护的区域内,禁止建设工业固体废物集中贮存、处置的设施、场所和生活垃圾填埋场。

### 5.4.3.8　施工现场固体废物污染环境的防治

#### 1.一般固体废物污染环境的防治

《固体废物污染环境防治法》规定,产生固体废物的单位和个人,应当采取措施,防止或者减少固体废物对环境的污染。

收集、贮存、运输、利用、处置固体废物的单位和个人,必须采取防扬散、防流失、防渗漏或者其他防止污染环境的措施;不得擅自倾倒、堆放、丢弃、遗撒固体废物。禁止任何单位或者个人向江河、湖泊、运河、渠道、水库及其最高水位线以下的滩地和岸坡等法律、法规规定禁止倾倒、堆放废弃物的地点倾倒、堆放固体废物。

转移固体废物出省、自治区、直辖市行政区域贮存、处置的,应当向固体废物移出地的省、自治区、直辖市人民政府环境保护行政主管部门提出申请。移出地的省、自治区、直辖市人民政府环境保护行政主管部门应当商经接受地的省、自治区、直辖市人民政府环境保护行政主管部门同意后,方可批准转移该固体废物出省、自治区、直辖市行政区域。未经批准的,不得转移。

#### 2.危险废物污染环境防治的特别规定

对危险废物的容器和包装物以及收集、贮存、运输、处置危险废物的设施、场所,必须设置危险废物识别标志。以填埋方式处置危险废物不符合国务院环境保护行政主管部门规定的,应当缴纳危险废物排污费。危险废物排污费用于污染环境的防治,不得挪作他用。

收集、贮存、运输、处置危险废物的场所、设施、设备和容器、包装物及其他物品转作他用时,必须经过消除污染的处理,方可使用。

产生、收集、贮存、运输、利用、处置危险废物的单位,应当制定意外事故的防范措施和应急预案,并向所在地县级以上地方人民政府环境保护行政主管部门备案;环境保护行政主管部门应当进行检查。因发生事故或者其他突发性事件,造成危险废物严重污染环境的单位,必须立即采取措施消除或者减轻对环境的污染危害,及时通报可能受到污染危害的单位和居民,并向所在地县级以上地方人民政府环境保护行政主管部门和有关部门报告,接受调查处理。

#### 3.施工现场固体废物的减量化和回收再利用

《绿色施工导则》规定,制订建筑垃圾减量化计划,如住宅建筑,每万平方米的建筑垃圾不宜超过 400 t。

加强建筑垃圾的回收再利用,力争建筑垃圾的再利用和回收率达到 30%,建筑物拆除产生的废弃物的再利用和回收率大于 40%。对于碎石类、土石方类建筑垃圾,可采用地基填埋、铺路等方式提高再利用率,力争再利用率大于 50%。

施工现场生活区设置封闭式垃圾容器,施工场地生活垃圾实行袋装化,及时清运。对建筑垃圾进行分类,并收集到现场封闭式垃圾站,集中运出。

# 学习单元5.5　案　例

## 【案例5-1】

某工程项目实行总承包,施工单位没有在电梯井口设置安全警示标志,导致劳务分包单位的一名农民工坠落井中,造成重伤。就此背景材料,现提出如下问题,请讨论:

(1)《建设工程安全生产管理条例》对施工总承包单位与分包单位的安全责任是怎样划分的?

(2)安全生产责任制度在建筑工程安全生产管理六项基本制度中的地位是怎样的?包括哪些内容?

(3)此安全事故发生后,施工单位和监理单位是否应承担责任? 为什么?

分析:

(1)《建设工程安全生产管理条例》第24条规定,建设工程实行施工总承包的,由总承包单位对施工现场的安全生产负总责。总承包单位应当自行完成建设工程主体结构的施工。

总承包单位依法将建设工程分包给其他单位的,分包合同中应当明确各自在安全生产方面的权利、义务。总承包单位和分包单位对分包工程的安全生产承担连带责任。特别要注意的是,分包单位应当接受总承包单位的安全生产管理,分包单位不服从管理导致生产安全事故的,由分包单位承担主要责任。

(2)安全生产责任制度是建筑生产中最基本的安全管理制度,是所有安全规章制度的核心。它主要包括三个层次的内容:一是从事建筑活动单位的负责人的责任制;二是从事建筑活动单位的职能机构或职能处室负责人及其工作人员的安全生产责任制;三是岗位人员的安全生产责任制。

(3)施工单位和监理单位都要为此承担责任。《建设工程安全生产管理条例》第28条规定,施工单位应当在施工现场入口处、施工起重机械、临时用电设施、脚手架、出入通道口、楼梯口、电梯井口、孔洞口、桥梁口、隧道口、基坑边沿、爆破物及有害危险气体和液体存放处等危险部位,设置明显的安全警示标志。安全警示标志必须符合国家标准。

施工单位没有在电梯井口设置安全警示标志,属于违法行为。

《建设工程安全生产管理条例》第14条规定,工程监理单位应当审查施工组织设计中的安全技术措施或者专项施工方案是否符合工程建设强制性标准。

工程监理单位在实施监理过程中,发现存在安全事故隐患的,应当要求施工单位整改;情况严重的,应当要求施工单位暂时停止施工,并及时报告建设单位。施工单位拒不整改或者不停止施工的,工程监理单位应当及时向有关主管部门报告。

工程监理单位和监理工程师应当按照法律、法规和工程建设强制性标准实施监理,并对建设工程安全生产承担监理责任。

本案例中,如果监理单位未采取第14条中的措施,则也要为此承担责任。

【案例5-2】

施工单位向下挖基坑的时候将地下的通信缆线挖断了,主要原因在于建设单位提供的图纸中没有标出这里有缆线。请分析相关单位所应承担的责任。

分析:

首先,施工单位要向电信局承担赔偿责任。

其次,施工单位可以就此损失向建设单位索赔。因为根据《建设工程安全生产管理条例》第6条,建设单位应当向施工单位提供施工现场及毗邻区域内供水、排水、供电、供气、供热、通信、广播电视等地下管线资料,气象和水文观测资料,相邻建筑物和构筑物地下工程的有关资料,并保证资料的真实、准确、完整。

再者,建设单位可以就此向勘察单位索赔。因为根据《建设工程安全生产管理条例》第12条,勘察单位应当按照法律、法规和工程建设强制性标准进行勘察,提供的勘察文件应当真实、准确,满足建设工程安全生产的需要。

【案例5-3】

某施工现场发生了生产安全事故,工人郑某从拟建工程的三楼向下抛钳子,导致地面的工人黄州受重伤。经过调查,发现施工单位存在下列问题:

(1)郑某从未经过安全教育培训。

(2)该施工单位只设置了安全生产管理机构,而没有配备专职安全生产管理人员。

(3)现场的工人没有一个佩戴安全帽。

请根据《建设工程安全生产管理条例》分析上述情况所存在的安全管理问题。

分析:

对于问题(1),《建设工程安全生产管理条例》第36条规定,施工单位应当对管理人员和作业人员每年至少进行一次安全生产教育培训,其教育培训情况记入个人工作档案。安全生产教育培训考核不合格的人员,不得上岗。

对于问题(2),《建设工程安全生产管理条例》第23条规定,施工单位应当设立安全生产管理机构,配备专职安全生产管理人员。

对于问题(3),《建设工程安全生产管理条例》第33条规定,作业人员应当遵守安全施工的强制性标准、规章制度和操作规程,正确使用安全防护用具、机械设备等。

# 学习任务 6　建筑工程合同与合同管理

## 【学习目标】

通过学习能够熟悉招标投标的概念、程序、内容、条件以及标底的编审;熟练掌握招标投标的方式、方法;能够进行招标投标文件的编制;掌握投标技巧,增强中标能力。能够熟练掌握建筑工程项目的合同管理的基本概念和主要方法,掌握工程项目合同的评审、实施控制、实施计划、终止和评价,了解如何签订工程项目合同、履行工程项目合同以及合同索赔的相关问题。

## ■ 学习单元 6.1　建设工程的招标与投标

### 工作任务表

| 能力目标 | 主讲内容 | 学生完成任务 |
|---|---|---|
| 通过学习训练,使学生掌握工程招标投标的概念 | 着重介绍工程招标投标的概念、特征、意义、招标程序、投标程序及策略 | 根据本单元的基本条件,在学习过程中完成工程招标投标文件的编制 |

### 6.1.1　建设工程招标投标的基本知识

#### 6.1.1.1　建设工程招标投标的概念

建设工程招标投标包括招标和投标两个基本环节。所谓工程招标,是指具备招标资格的招标单位或招标代理单位,就拟建工程编制招标文件和标底,发出招标通知,公开或非公开地邀请投标单位前来投标,经过评标、定标,最终与中标单位签订承包合同的过程。所谓工程投标,是指投标单位进行投标活动的全过程。投标单位积极响应招标公告或邀请函,编制投标文件,履行相关手续,争取中标。

#### 6.1.1.2　标底

编制标底是建设工程招标的一项重要工作。

标底是招标工程的预期价格,是衡量投标人投标报价合理性的尺度,是评标的参考之一。虽然在工程招标投标结束以后,最终的发包价格(合同价)不一定是标底,但它却是约束合同价和衡量招标优劣的重要依据。

#### 6.1.1.3　报价

投标报价是建设工程投标的一项重要工作。

投标人应该响应招标人发出的投标文件,结合施工现场环境,考虑影响工程造价的各种因素,编制投标报价。投标报价由投标人自行决定,不得低于本企业的成本。

## 6.1.2 建筑工程施工招标

### 6.1.2.1 施工招标概述

建筑工程施工招标是指招标人通过招标方式发包各类建筑工程、安装工程和装饰工程等施工任务,与选择的施工承包或工程总承包企业订立合同的行为。

1.施工招标的范围

从理论上讲,建筑工程施工项目是否采用招标的方式确定承包人,业主有着完全的话语权;以何种方式进行招标,业主也有着完全的决定权。但为了保障公共项目的利益,《中华人民共和国招标投标法》(简称《招标投标法》)明确规定了必须依法招标和可以不招标的工程建设项目内容、范围和规模标准。

1)必须招标的范围

社会公共利益、公共安全的基础设施项目;关系社会公共利益、公共安全的公用事业项目;使用国有资金投资项目;国家融资项目;使用国际组织或者外国政府资金的各类建设项目,施工单项合同估算价在200万元人民币以上,或单项合同估算价虽低于200万元人民币,但项目总投资额在3 000万元人民币以上的工程应采用招标方式订立合同。

2)可以不进行招标的范围

项目复杂或有特殊要求,只有少量几家潜在投标人可供选择的;受自然地域环境限制的;涉及国家安全、国家秘密或者抢险救灾而不适宜招标的;拟公开招标的费用与项目价值相比,不值得的;法律、行政法规规定的其他情形。

2.招标方式

《招标投标法》规定,招标分为公开招标和邀请招标两种方式。

1)公开招标

公开招标属于无限制性竞争招标,是招标人通过依法指定的媒介发布招标公告的方式邀请所有不特定的潜在投标人参加投标,并按照法律规定程序和招标文件规定的评标标准和方法确定中标人的一种竞争交易方式。

公开招标充分体现了市场机制公开信息,规范程序、公平竞争。公开招标由于投标人较多、竞争充分,且不容易串标、围标,有利于招标人从众多竞争者中选择合适的中标人并获得最佳的竞争效益,择优率更高。按规定应该招标的建设工程项目,一般应采用公开招标方式。若采用公开招标方式,招标人就不得以不合理的条件限制或排斥潜在投标人。

2)邀请招标

邀请招标属于有限竞争性招标,是招标人以投标邀请书的方式直接邀请特定的潜在投标人参加投标,并按照法律程序和招标文件规定的评标标准和方法确定中标人的一种竞争交易方式。

与公开招标相比,投标人数量相对较少,竞争开放度相对较弱,招标工作量和招标费用相对较小,既可以省去招标公告和资格预审程序(招标投标资格审查)及时间,又可以获得基本或者较好的竞争效果。但是邀请招标的范围较小、选择面窄,可能排斥了某些在技术或报价上有竞争实力的潜在投标人,因此投标竞争的激烈程度相对较差。

#### 6.1.2.2　施工招标程序

**1.招标准备**

1)资格与备案

招标人自行办理招标事宜的,按规定向建设行政主管部门备案;委托代理招标事宜的,应签订委托代理合同。

2)招标机构的资质

(1)自行招标。

招标人自行办理招标事宜,应满足以下要求,向有关行政监督部门进行备案即可。具体包括:有与招标工作相适应的经济、法律咨询和技术管理人员;有组织编制招标文件的能力;有审查招标单位资质的能力;有组织开标、评标、定标的能力;拥有3名以上取得招标职业资格的专职业务人员;熟悉和掌握招标投标法及有关法规规章。

如果招标单位不具备上述要求,则须委托具有相应资质的中介机构代理招标。

(2)委托代理招标。

工程招标代理机构资格分为甲、乙两级。其中,乙级工程招标代理机构只能承担工程投资额3 000万元以下的工程招标代理业务。

工程招标代理机构可以跨省、自治区、直辖市承担工程招标代理业务。

3)编制招标文件、编制标底

招标人应结合招标项目的具体特点和实际需要,编制招标文件。招标文件是投标人编制投标文件和投标报价的主要依据,因此应该包括招标项目的所有实质性要求和条件。并编制标底。

4)发布招标公告

实行公开招标的,应在国家或地方指定的报刊、信息网或其他媒体发布招标公告;实行邀请招标的,应向3个以上符合条件的投标人发放投标邀请书。

**2.组织资格审查、出售招标文件**

采用资格预审的,应编制资格预审文件,向投标申请人发放(售)资格预审文件。审查、分析投标申请人报送的资格预审申请书的内容,确定合格的投标申请人并向其发放资格预审合格通知书。招标人按照招标公告或投标邀请书的时间、地点向合格的投标人发放(售)招标文件。自招标文件或资格预审文件出售之日起至停止出售之日止,最短不得少于5个工作日。

**3.现场踏勘并答疑**

招标人组织投标人对项目实施现场的经济、地理、地质、气候等客观条件和环境进行现场调查。投标人参加现场勘察并承担踏勘现场的责任、风险和费用。

招标人对投标人就投标文件和现场情况提出的问题进行解答,但需同时将解答以书面方式通知所有购买招标文件的潜在投标人,该解答的内容为招标文件的组成部分。

**4.投标文件的接收**

投标人应当在招标文件要求提交投标文件的截止时间前,将投标文件密封送达投标地点。招标人在收到投标文件后,应当签收保存,任何单位和个人不得在开标前开启投标文件。

5.组建评标委员会

1）评标委员会

评标委员会依法组建,负责评标活动,向招标人推荐中标候选人或者根据招标人的授权直接确定中标人。

评标委员会由招标人负责组建。评标委员会成员名单一般应于开标前确定。评标委员会成员名单在中标结果确定前保密。

评标委员会由招标人或其委托的招标代理机构熟悉相关业务的代表,以及有关技术、经济等方面的专家组成,成员人数为五人以上单数,其中技术、经济等方面的专家不得少于成员总数的三分之二。

2）评标专家应满足的条件

评标专家应从事相关专业领域工作满八年并具有高级职称或者同等专业水平;熟悉有关招标投标的法律法规,并具有与招标项目相关的实践经验;能够认真、公正、诚实、廉洁地履行职责。

3）专家回避制度

有下列情形之一的,不得担任评标委员会成员,应当回避:

（1）投标人或者投标人主要负责人的近亲属。

（2）项目主管部门或者行政监督部门的人员。

（3）与投标人有经济利益关系,可能影响对投标公正评审的。

（4）曾因在招标、评标以及其他与招标投标有关活动从事违法行为而受过行政处罚或刑事处罚的。

6.开标

1）开标地点

招标人及其招标代理机构应按招标文件规定的时间、地点主持开标,邀请所有投标人的法定代表人或其委托的代理人参加。

2）开标程序

（1）开标主持人(即招标人)宣布开标会议开始,同时宣布开标唱标纪律及相关内容。

（2）介绍招标投标的基本情况,包括到会的相关单位、投标单位和人员及评标委员会的产生和组成情况。

（3）宣布开标工作人员,开标工作人员包括唱标人员、监标人员、记录人员等。

（4）宣布评标纪律、评标原则和评标方法。

（5）检查各投标文件的密封、盖章情况,并予以签字确认。

（6）确定唱标顺序,然后按顺序开标唱标。开标时,工作人员当众打开标书,宣读投标文件的主要内容。包括投标人名称、投标价格、工期、附加条件、补充声明、优惠条件、替代方案等都应宣读;如果有标底的,也应当同时公布;联合体投标的,还应宣读联合投标协议书。开标以后,投标人不得更改投标书的内容和报价,也不允许再增加任何优惠条件。

（7）招标人对开标过程进行记录,并存档备查,各投标人对投标报价内容无异议,签字确认。至此,开标会议结束。

7.评标

评标由评标委员会对投标文件进行评审,推荐中标候选人或确定中标人。评标委员会成员应当客观、公正地履行职责,遵守职业道德,对所提出的评审意见承担个人责任。

8.合同签订

1)确定中标人

招标人可以授权评标委员会直接确定中标人,也可依据评标委员会推荐的中标候选人确定中标人。评标委员会一般按择优原则推荐 1~3 名中标候选人。从原则上来说,招标人应当确定排名第一的中标候选人为中标人。排名第一的中标候选人放弃中标、因不可抗力提出不能履行合同,或者招标文件规定应当提交履约保证金而在规定的期限内未能提交的,招标人可以确定排名第二的中标候选人为中标人。排名第二的中标候选人因前款规定的同样原因不能签订合同的,招标人可以确定排名第三的中标候选人为中标人。

招标人确定中标人之后,应当及时向中标人发出中标通知书。同时,也应将中标结果书面通知其他未中标的投标人,并按有关规定及时退还投标保证金。

2)履约担保

履约担保是发包人在招标文件中规定的要求承包人提交的保证履行合同义务的担保。履约担保是工程发包人为防止承包人在合同执行过程中违反合同规定或违约,并弥补给发包人造成的经济损失。

(1)在签订合同时,中标人应按招标文件中规定的金额、担保形式和履约担保格式向招标人提交履约担保。

(2)中标人不能按招标文件要求提交履约担保的,视为放弃中标。

3)合同订立

(1)中标通知书对招标人和中标人都具有法律约束力。中标人收到中标通知书后,即成为该项目承包商,必须在 30 天内和招标人签订合同。

(2)法规规定需向有关行政监督部门备案、核准或登记的,应办理相关备案手续。

## 6.1.3　建筑工程施工投标

### 6.1.3.1　施工投标概述

投标是与招标相对应的概念,它是指投标人应招标人特定或不特定的邀请,按照招标文件规定的要求,在规定的时间和地点主动向招标人递交投标文件并以中标为目的的行为。

在市场经济条件下,投标是承包商获得工程项目建设合同的主要途径。对投标者而言,这是一场激烈的竞争。在这场竞争中,投标者之间不仅是一场报价、技术、经验、实力和信誉的较量,也是一场投标技巧的较量。此外,投标还是一种法律行为,投标人一旦提交了投标文件,就必须在招标文件规定的期限内信守诺言,不得随意退出投标竞争,否则必须承担相应的经济和法律责任。因此,对投标者来说,投标应该是一项严肃认真的工作,必须慎重考虑。为此,了解工程投标的程序、掌握投标工作内容、做好投标准备工作、编制具有竞争实力的投标文件是投标成功的关键。

#### 6.1.3.2 施工投标程序

**1.研究招标文件**

投标人在取得竞争资格,获得投标文件之后首先要对招标文件进行全面透彻的研究。

研究招标文件的重点应放在投标者须知、合同条款、设计图纸、工程范围及工程量表上,还要研究技术规范要求,看是否有特殊要求。

投标人应重点注意招标文件中的以下几个方面问题:投标人须知、投标书附录与合同条件、技术说明、永久性工程之外的报价补充文件。

**2.进行各项调查研究与现场勘察**

在研究招标文件的同时,投标人需要展开详细的调查,深入现场收集有关资料,做好充分的研究准备工作,因为在招标文件中不可能包括所有需要知道的实际情况。通过现场勘察,可以将可能影响招标工程成本、工期等制约因素的有关情况详细了解清楚。现场勘察要特别注意收集以下资料:

(1)市场宏观经济环境调查。

应调查工程所在地的经济形势和经济状况,包括与投标工程实施有关的法律法规、劳动力与材料的供应状况、设备市场租赁状况、专业施工公司的经营情况与价格水平等。

(2)工程现场考察和工程所在地区的环境考察。

要认真考察施工现场,认真调查具体工程所在地区的环境,包括一般自然条件、施工条件及环境,如地质地貌、气候、交通、水电等的供应和其他资源情况等。

(3)工程业主方和竞争对手公司的调查。

业主、咨询工程师的情况,尤其是业主的项目资金落实情况、参加竞争的其他公司与工程所在地的工程公司的情况,与其他承包商或分包商的关系。参加现场踏勘与标前会议,可以获得更充分的信息。

**3.复核工程量**

招标文件中一般会提供工程量清单,即便如此,投标人还需进行复核。因为工程量清单是否符合实际,直接关系到投标成败和是否能获利。例如,当投标人大体上确定了工程总报价后,可适当采用报价技巧如不平衡报价法,对某些工程量可能增加的项目提高报价,而某些工程量可能减少的项目降低报价。

对于单价合同,尽管是以实测工程量结算工程款,但投标人仍应根据图纸仔细核算工程量,当发现相差较大时,投标人应向招标人要求澄清。

对于总价固定合同,更要特别重视,工程量估算的错误可能会带来无法弥补的经济损失,因为总价合同是以总报价为基础进行结算的,若工程量出现差异,可能对施工方极为不利。对于总价合同,如果业主在投标前对争议工程量不予更正,而且是对投标者不利的情况,投标者在投标时要附上声明:工程量表中某项工程量有误,施工结算应按实际完成量计算。

复核工程量时,还要结合招标文件中的技术规范弄清工程量中每一细目的具体内容,避免出现在计算单位、工程量或价格方面的错误与遗漏。有些招标文件中没有工程量清单,则需投标人根据设计图纸自行计算。

**4.选择施工方案**

施工方案包括的内容很多,主要有施工方法的确定、主要施工机具和设备的选择、各工种劳动力的安排及现场施工人员的平衡、施工进度及分批竣工的安排、安全措施等。施工方案是报价的基础和前提,也是招标人评标时要考虑的重要因素之一。

施工方案应由投标单位的技术负责人主持制订,施工方案的制订应在技术、工期和质量保证等方面对招标人有吸引力,同时又有利于降低施工成本。具体包括以下几点:

(1)施工总体部署和场地总平面布置。

(2)选择和确定施工方法。应根据实际情况和自身的施工能力来确定各类工程的施工方法。对各种不同的施工方法应当从保证完成计划目标、保证工程质量、节约设备资源、降低劳动成本等多方面综合比较,选定最适用、经济的施工方案。

(3)选择相应的施工机械设备,并计算所需机具设备的数量和使用周期,确定采购新设备、租赁当地设备或调动企业现有设备。

(4)要研究确定工程分包计划。根据概略指标估算劳务数量,考虑其来源及进场时间安排。并且按照所需的劳务数量,估算所需管理人员和生活性临时设施的数量和标准等。

(5)确定主要材料需用量、来源及分批进场的时间。用概算指标估算主要的和大宗的建筑材料的需用量,考虑其来源和分批进场的时间安排,从而可以估算现场用于储存、加工的临时设施。

(6)确定现场水电需用量、来源及供应设施,确定临时设施的数量和标准。

**5.投标策略与报价技巧**

正确的投标策略对提高中标率并获得较高的利润有重要作用。常用的投标策略有以信誉取胜、以低价取胜、以缩短工期取胜、以改进设计取胜或者以现金或特殊的施工方案取胜等。不同的投标策略要在不同投标阶段的工作(如制订施工方案、投标计算等)中体现和贯彻。

**6.正式投标**

投标人按照招标人的要求完成标书的准备和填报之后,就可以向招标人正式提交投标文件。在投标时应该注意以下几个方面:

(1)注意投标的截止日期。

投标人在规定的投标截止日期之前,必须将准备妥善的所有投标文件密封递送到招标单位。投标人在投标截止日期之前所提交的投标是有效的,超过该日期之后就会被视为无效投标,招标人可以不接受,或算作废标。标书投递也不宜过早投递,以免泄露信息。

(2)投标文件的完备性。

投标人应当按照招标文件的要求编制投标文件。投标文件应当对招标文件提出的实质性要求和条件作出响应。投标不完备或投标没有达到招标人的要求,在招标范围以外提出新的要求,均被视为对招标文件的否定,不会被招标人接受。投标人必须为自己所投出的标负责,如果中标,必须按照投标文件中所阐述的方案来完成工程,这其中包括质量标准、工期与进度计划、报价限额等基本指标,以及招标人所提出的其他要求。

（3）注意标书的标准。

标书的提交需要有固定标准的要求，基本内容是签章、密封。如果不密封或密封不满足要求，视标书为无效标。

目前，国内工程投标一般不提前递交投标文件，而是开标时递交，同时参加开标会议。

（4）注意投标的担保。

通常投标需要提交投标担保，有关投标担保事宜见后面相关章节内容。

# 学习单元6.2　建筑工程项目合同管理概述

## 工作任务表

| 能力目标 | 主讲内容 | 学生完成任务 |
| --- | --- | --- |
| 通过学习训练，使学生掌握合同、工程合同、工程合同管理等相关知识 | 着重介绍工程合同的订立、内容、担保形式及合同管理的内容、程序和制度 | 根据本单元的基本条件，在学习过程中完成工程合同和合同管理的对比理解 |

## 6.2.1　建筑工程项目合同管理的基础知识

### 6.2.1.1　合同的概念

合同是具有平等民事主体的当事人，为达到一定目的，经自愿、平等、协商一致设立、变更、终止民事权利义务关系达成的协议。合同一旦成立，即具有法律约束力，在合同双方当事人之间产生权利和义务的法律关系。也正是通过这种权利和义务的约束，促使签订合同的双方当事人认真全面地履行合同。

### 6.2.1.2　建筑工程合同

一个建筑工程项目的实施，涉及的建筑任务很多，往往需要很多单位共同参与，不同的建设任务由不同的单位分别承担，这些参与单位与业主之间应该通过合同明确其承担的任务和责任以及所拥有的权利。

根据不同的合同任务内容，建筑工程合同可划分为勘察合同、设计合同、施工承包合同、物资采购合同、工程监理合同、咨询合同、代理合同等。根据《中华人民共和国合同法》，勘察合同、设计合同、施工承包合同属于建设工程合同，工程监理合同、咨询合同属于委托合同。

### 6.2.1.3　建筑工程项目合同管理

建筑工程项目合同管理，是指与建筑工程项目建设有关的各类合同，从合同条件的拟定、协商，合同的订立、履行和合同纠纷处理情况的检查和分析等环节的科学管理工作，以期通过合同管理实现建筑工程项目的"三控制"目标，维护合同当事人双方的合法权益。建筑工程项目合同管理的过程是一个动态过程，是随着建筑工程项目的实施而实施的，因此建筑工程项目合同管理是一个全过程的动态管理。

### 6.2.2 建筑工程合同的谈判与订立

#### 6.2.2.1 合同订立的程序

合同订立的过程也就是合同形成的过程、合同协商的过程。与其他合同的订立程序相同,工程合同的订立也要采取要约和承诺方式。根据《招标投标法》对招标、投标的规定,招标、投标、中标的过程实质就是要约、承诺的一种具体方式。招标人通过媒体发布招标公告,或向符合条件的投标人发出招标文件,为要约邀请;投标人根据招标文件内容在约定的期限内向招标人提交投标文件,为要约;招标人通过评标确定中标人,发出中标通知书,为承诺;招标人和中标人按照中标通知书、招标文件和中标人的投标文件等订立书面合同时,合同成立并生效。

工程施工合同的订立往往要经历一个较长的过程。在明确中标人并发出中标通知书后,双方即可就建设工程施工合同的具体内容和有关条款展开谈判,直到最终签订合同。

#### 6.2.2.2 建筑工程施工承包合同谈判的主要内容

1.关于工程内容和范围的确认

招标人和中标人可就招标文件中的某些具体工作内容进行讨论、修改、明确或细化,从而确定工程承包的具体内容和范围。在谈判中双方达成一致的内容,包括在谈判讨论中经双方确认的工程内容和范围方面的修改或调整,应以文字方式确定下来,并以"合同补遗"或"会议纪要"方式作为合同附件,并明确它是构成合同的一部分。

对于为监理工程师提供的建筑物、家具、车辆以及各项服务,也应逐项详细地予以明确。

2.关于技术要求、技术规范和施工技术方案

双方尚可对技术要求、技术规范和施工技术方案等进行进一步讨论和确认,必要的情况下甚至可以变更技术要求和施工方案。

3.关于合同价格条款

一般在招标文件中就会明确规定合同将采用什么计价方式,在合同谈判阶段往往没有讨论的余地。但在可能的情况下,中标人在谈判过程中仍然可以提出降低风险的改进方案。依据计价方式的不同,工程施工合同可以分为总价合同、单价合同和成本加酬金合同。

4.关于价格调整条款

对于工期较长的建设工程,容易遭受货币贬值或通货膨胀等因素的影响,可能给承包人造成较大损失。价格调整条款可以比较公正地解决这一承包人无法控制的风险损失。

无论是单价合同还是总价合同,都可以确定价格调整条款,即是否调整以及如何调整等。可以说,合同计价方式以及价格调整方式共同确定了工程承包合同的实际价格,直接影响着承包人的经济利益。在建设工程实践中,由于各种原因导致费用增加的概率远远大于费用减少的概率,有时最终的合同价格调整金额会远远超过原定的合同总价,因此承包人在投标过程中,尤其是在合同谈判阶段务必对合同的价格调整条款予以充分的重视。

5.关于合同款支付方式的条款

建设工程施工合同的付款分四个阶段进行,即预付款、工程进度款、最终付款和退还

保留金。关于支付时间、支付方式、支付条件和支付审批程序等有很多种可能的选择，并且可能对承包人的成本、进度等产生比较大的影响，因此合同支付方式的有关条款是谈判的重要方面。

6.关于工期和维修期

中标人与招标人可根据招标文件中要求的工期，或者根据投标人在投标文件中承诺的工期，并考虑工程范围和工程量的变动而产生的影响来商定一个确定的工期。同时，还要明确开工日期、竣工日期等。双方可根据各自的项目准备情况、季节和施工环境因素等条件洽商适当的开工时间。

对于具有较多的单项工程的建设工程项目，可在合同中明确允许分部位或分批提交业主验收（例如成批的房屋建筑工程应允许分栋验收；分多段的公路维修工程应允许分段验收；分多片的大型灌溉工程应允许分片验收等），并从该批验收时起开始计算该部分的维修期，以缩短承包人的责任期限，最大限度保障自己的利益。

双方应通过谈判明确，由于工程变更（业主在工程实施中增减工程或改变设计等）、恶劣的气候影响，以及种种"作为一个有经验的承包人无法预料的工程施工条件的变化"等原因对工期产生不利影响时的解决办法，通常在上述情况下应该给予承包人要求合理延长工期的权利。

合同文本中应当对维修工程的范围、维修责任及维修期的开始和结束时间有明确的规定，承包人应该只承担由于材料和施工方法及操作工艺等不符合合同规定而产生的缺陷。

承包人应力争以维修保函来代替业主扣留的保留金。与保留金相比，维修保函对承包人有利，主要是因为可提前取回被扣留的现金，而且保函是有时效的，期满将自动作废。同时，它对业主并无风险，若真正发生维修费用，业主可凭保函向银行索回款项。因此，这一做法是比较公平的。维修期满后，承包人应及时从业主处撤回保函。

7.合同条件中其他特殊条款的完善

主要包括：关于合同图纸；关于违约罚金和工期提前奖金；工程量验收以及衔接工序和隐蔽工程施工的验收程序；关于施工占地；关于向承包人移交施工现场和基础资料；关于工程交付；预付款保函的自动减额条款等。

### 6.2.2.3　工程施工承包合同最后文本的确定和合同签订

1.合同风险评估

在签订合同之前，承包人应对合同的合法性、完备性、合同双方的责任、权益以及合同风险进行评审、认定和评价。

2.合同文件内容

建设工程施工承包合同文件构成内容：合同协议书；工程量及价格；合同条件，包括合同一般条件和合同特殊条件；投标文件；合同技术条件（含图纸）；中标通知书；双方代表共同签署的合同补遗（有时也以合同谈判会议纪要形式）；招标文件；其他双方认为应该作为合同组成部分的文件。

对所有在招标投标及谈判前后各方发出的文件、文字说明、解释性资料进行清理。对凡是与上述合同构成内容有矛盾的文件，应宣布作废。可以在双方签署的"合同补遗"

中,对此做出排除性质的声明。

### 3.关于合同协议的补遗

在合同谈判阶段双方谈判的结果一般以"合同补遗"的形式,有时也可以以"合同谈判纪要"的形式,形成书面文件。

同时应该注意的是,工程施工承包合同必须遵守法律。对于违反法律的条款,即使由合同双方达成协议并签字,也不受法律保障。

### 4.签订合同

对方在合同谈判结束后,应按上述内容和形式形成一个完整的合同文本草案,经双方代表认可后形成正式文件。双方核对无误后,由双方代表草签,至此合同谈判阶段即告结束。此时,承包人应及时准备和递交履约保函,准备正式签署施工承包合同。

## 6.2.3　工程担保

工程担保中大量采用的是第三方担保,即保证担保。承发包双方为了全面履行合同,应互相提供担保。建筑工程中常采用的担保种类有投标担保、履约担保、支付担保、预付款担保、工程保修担保等。

### 6.2.3.1　投标担保

投标担保,或投标保证金,是指投标人向招标人提供的担保,投标人保证中标后履行签订承发包合同的义务,否则,招标人将对投标保证金予以没收。保证投标人一旦中标即按中标通知书、投标文件和招标文件等有关规定与业主签订承包合同。

投标保证金的方式:交付现金;支票;银行汇票;不可撤销信用证;银行保函;由保险公司或者担保公司出具投标保证书。具体方式由招标人在招标文件中规定,未能按照招标文件要求提供投标担保的投标,可视为不响应招标而被拒绝。

根据《工程建设项目施工招标投标办法》规定,施工投标保证金的数额一般不得超过投标总价的2%,但最高不得超过80万元人民币。投标保证金有效期应当超出投标有效期30天。

根据《工程建设项目施工招标投标办法》规定,招标文件要求投标人提交投标保证金的,保证金数额一般不超过勘察设计费投标报价的2%,但最高不得超过10万元人民币。

国际上常见的投标担保的保证金数额为总价的2%~5%。

投标担保的主要目的是保护招标人不因中标人不签约而蒙受经济损失。投标担保要确保投标人在投标有效期内不要撤回投标书,以及投标人在中标后保证与业主签订合同并提供业主所要求的履约担保、预付款担保等。

### 6.2.3.2　履约担保

履约担保,是指招标人在招标文件中规定的要求中标的投标人提交的保证履约合同的义务和责任的担保。

履约担保的形式:银行保函、履约担保书、保留金。银行履约保函是由商业银行开具的担保证明,通常为合同金额的10%左右,银行保函分为有条件的银行保函和无条件的银行保函。由担保公司或保险公司开具履约担保书,当承包人在执行合同中违约时,开出担保书的担保公司或保险公司用该项担保金去完成施工任务或者向发包人支付完成该项目所实际花费的金额,但该金额必须在保证金的担保金额内。保留金,是指发包人根据合同约定,每次支付工程进度款时扣除一定数目的款项,作为承包人完成其修补缺陷义务的保证。保留金一般为每次工程进度款的10%,但总额一般应限制在合同总价款的5%。一般在工程移交时,业主将保留金的一半支付给承包人,质保期时,将剩下一半支付给承包人。

履约担保的有效期始于工程开工之日,终止日期则可以约定为工程竣工交付之日或者保修期满之日。由于合同履行期限应该包括保修期,履约担保的时间范围也应该覆盖保修期,如果确定履约担保的终止日期为工程竣工交付之日,则需要另外提供工程保修担保。

### 6.2.3.3 预付款担保

建筑工程合同签订以后,发包人往往会支付给承包人一定比例预付款,一般为合同金额的10%,若发包人有要求,承包人应向发包人提供预付款担保。预付担保的作用在于保证承包人能够按合同规定进行施工,偿还发包人已支付的全部预付款。

预付款担保的形式一般为银行保函,也可由担保公司担保,或采取抵押等担保形式。预付款一般逐月从工程付款中扣除,预付款担保的担保金额也相应逐月减少。承包人在施工期间,应当定期从发包人处取得同意此保函减值文件,并交送银行确认。承包人还清全部预付款后,发包人应退还预付款担保,承包人将其退回银行注销,解除担保责任。

预付款担保的主要作用在于保证承包人能够按合同规定进行施工,偿还发包人已经支付的全部预付金额。若承包人中途毁约,终止工程,使发包人不能在规定期限内从应付工程款中扣除全部预付款,则发包人作为保函的受益人有权凭预付款担保向银行索赔该保函的担保金额作为补偿。

### 6.2.3.4 支付担保

支付担保是指应承包人的要求,发包人提交的保证履行合同中约定的工程款支付义务的担保。支付担保的形式有银行保函、履约保证金、担保公司担保。

发包人支付担保应是金额担保,实行履约金分段滚动担保。担保额度为工程总额的20%~25%。本段清算后进入下段。

支付担保的作用是通过对发包人资信状况进行严格审查并落实各项反担保措施,确保工程费用已经支付到位。一旦发包人违约,付款担保人将代为履约。

招标文件中要求中标人提交履约担保的,中标人应当提交。招标人应当同时向中标人提供工程款支付担保。

## 6.2.4 建筑工程项目合同管理的内容和程序

建筑合同管理包括合同订立、履行、变更、索赔、解除、终止、争议解决以及控制和综合评价等内容,并应遵守《中华人民共和国合同法》和《中华人民共和国建筑法》的有关规定。

### 6.2.4.1 建设工程合同的内容

一个建设工程项目的实施,涉及的建设任务很多,往往需要许多单位共同参与,不同的建设任务往往由不同的单位分别承担,这些参与主体与业主应该通过合同明确其承担的任务和责任以及所拥有的权利。

由于建设工程项目的规模和特点的差异,不同项目的合同数量可能会有很大的差异,大型建设项目可能会有成百上千个合同。但不论合同数量多少,根据合同中的任务内容来划分,有勘察合同、设计合同、施工承包合同、物资采购合同、工程监理合同、咨询合同、代理合同等。根据《中华人民共和国合同法》,勘察合同、设计合同、施工承包合同属于建设工程合同,工程监理合同、咨询合同等属于委托合同。

(1)建设工程勘察,是指根据建设工程的要求,查明、分析、评价建设场地的地质地理环境特征和岩土工程条件,编制建设工程勘察文件的活动。建设工程勘察合同即发包人与勘察人就完成商定的勘察任务明确双方权利义务关系的协议。

(2)建设工程设计,是指根据建设工程的要求,对建设工程所需的技术、经济、资源、环境等条件进行综合分析、论证,编制建设工程设计文件的活动。建设工程设计合同即发包人与设计人就完成商定的工程设计任务明确双方权利义务关系的协议。

(3)建设工程施工,是指根据建设工程设计文件的要求,对建设工程进行新建、扩建、改建的施工活动。建设工程施工承包合同即发包人与承包人为完成商定的施工任务明确双方权利义务关系的协议。

(4)工程建设过程中的物资包括建筑材料和设备等。建筑材料和设备的供应一般需要经过订货、生产、运输、储存、使用等各个环节,是一个非常复杂的过程。物资采购合同分为建筑材料采购合同和设备采购合同。

(5)建设工程监理合同是建设单位与监理人签订,委托监理人承担工程监理业务而明确双方权利义务关系的协议。

(6)咨询服务,根据其咨询服务的内容和服务的对象不同又可以分为多种形式。咨询服务合同是由委托人与咨询服务的提供者之间就咨询服务的内容、咨询服务方式等签订明确双方权利义务关系的协议。

(7)工程建设过程中的代理活动有工程代建、招标投标代理等,委托人就代理内容、代理人权限、责任、义务以及权利等与代理人签订协议。

### 6.2.4.2　施工承包合同的内容

建设工程施工合同一般分为施工总承包合同和施工分包合同。施工分包合同又分为专业工程分包合同和劳务作业分包合同。

在国际工程合同中,业主可以根据施工承包合同的约定,选择某个单位作为指定分包商,指定分包商一般应与承包人签订分包合同,接受承包人的管理和协调。

1.施工承包合同示范文本

各种建设工程项目之间的差异性很大,因此有关行业管理部门均颁布了专门的合同文本。

2.施工承包合同文件

1)施工合同示范文本的主要内容

(1)各种施工合同示范文本一般都由以下三个部分组成:

①协议书;

②通用条款;

③专用条款。

（2）构成施工合同文件的组成部分，除协议书、通用条款和专用条款外，一般还应该包括中标通知书、投标书及其附件、有关的标准、规范及技术文件、图纸、工程量清单、工程报价单或预算书等。

（3）作为施工合同文件组成部分的上述各个文件，其优先顺序是不同的，解释合同文件优先顺序的规定一般在合同通用条款内，以下是合同通用条款规定的优先顺序：

①协议书（包括补充协议）；

②中标通知书；

③投标书及其附件；

④专用合同条款；

⑤通用合同条款；

⑥有关的标准、规范及技术文件；

⑦图纸；

⑧工程量清单；

⑨工程报价单或预算书等。

发包人在编制招标文件时，可以根据具体情况规定优先顺序。

（4）各种施工合同示范文本的内容一般包括：

①词语定义与解释；

②合同双方的一般权利和义务，包括代表业主利益进行监督管理的监理人员的权利和职责；

③工程施工的进度控制；

④工程施工的质量控制；

⑤工程施工的费用控制；

⑥施工合同的监督与管理；

⑦工程施工的信息管理；

⑧工程施工的组织与协调；

⑨施工安全管理与风险管理等。

在《建设工程施工合同（示范文本）》（GF-2013-0201）的词语定义与解释中，对工程师做了专门定义，明确为工程监理单位委派的总监理工程师或发包人指定的履行合同的代表，其具体身份和职权由发包人和承包人在专用条款中约定。工程师可以根据需要委派代表，行使合同中约定的部分权利和职责。

2）进度控制的主要条款内容

A.合同工期的约定

承发包双方必须在协议书中明确约定工期，包括开工日期和竣工日期。工程竣工验收通过，实际竣工日期为承包人送交竣工验收报告的日期；工程按发包人要求修改后通过验收的，实际竣工日期为承包人修改后提请发包人验收的日期。

B.进度计划

承包人应按合同专用条款约定的时间，将施工组织设计和工程进度计划提交工程师，工程师按专用条款约定的时间予以确认或提出意见。

C.工程对进度计划的检查和监督

开工后,承包人必须按照工程师确认的进度计划组织施工,接受工程师对进度的检查和监督。检查和监督的依据通常为双方已确认的月度进度计划。

工程实际进度与经过确认的进度计划不符时,承包人应按照工程师的要求提出改进措施,经工程师确认后执行。但是,对于由于承包人自身的原因导致实际进度与计划进度不符时,承包人自行承担一切后果,承包人无权就改进措施追加合同价款,工程师也不对改进措施的效果负责。

D.暂停施工

a.工程师要求的暂停施工

工程师认为确有必要暂停施工时,应当以书面形式要求承包人暂停施工,并提出要求48 h 内出具书面处理意见。承包人应按照工程师要求暂停施工,并妥善保护好已完工程。

因发包人原因造成停工的,由发包人承担所发生的追加合同价款,赔偿承包人由此造成的损失,应顺延工期;因承包人原因造成停工的,承包人自行承担费用,工期不顺延。因工程师不及时作出答复,导致承包人无法复工,由发包人承担违约责任。

b.因发包人违约导致承包人主动暂停施工

当发包人出现某些违约情况时,承包人可以暂停施工,这时发包人应当承担相应的违约责任。

c.意外事件导致的暂停施工

在施工过程中出现一些意外情况如果需要承包人暂停施工,承包人应该暂停施工,此时工期是否给予顺延,应视风险责任应由谁承担而确定。

E.竣工验收

a.承包人提交竣工验收报告

当工程全部完工以后,承包人可按国家工程竣工验收的有关规定,向发包人提供完整的竣工资料和竣工验收报告。

b.发包人组织验收

发包人应在收到竣工验收报告 28 天内组织验收,并在验收后 14 天内给予认可或提出修改意见,承包人进行修改,并承担因自身原因造成修改的费用,中间交工工程的范围和竣工时间,由双方在专用条款中约定。

发包人收到承包人送交的竣工验收报告后 28 天内不组织验收,或者在组织验收后14 天内不提出修改意见,则视为竣工验收报告已经被认可。

3)质量控制的主要条款内容

在施工过程中,承包人要随时接受工程师对材料、设备、中间部位、隐蔽工程和竣工工程等质量的检查、验收与监督。

A.工程质量标准

工程质量标准应按国家规范、合同文件约定的质量标准,若双方对工程质量有争议,由双方同意的工程质量检测机构鉴定,所需要的费用以及因此造成的损失由责任方承担。

B.检查和返工

承包人应随时配合工程师的检查检验,为检查检验提供便利条件,而工程师的检查检验应不影响施工的正常进行。若影响施工正常进行,检查检验不合格时,影响正常施工的费用由承包人自行承担。除此之外,影响正常施工的追加合同价款由发包人承担,工期顺延。

C.隐蔽工程和中间验收

工程具备隐蔽条件或达到专用条款约定的中间验收部位,承包人先自检,并在隐蔽工程验收前48 h以书面形式通知工程师验收。验收合格的,承包人方可进行隐蔽和继续施工;验收不合格的,承包人在限定的时间内修改后重新验收。

D.工程试车

双方约定需要试车的,应当组织试车。试车有单机无负荷试车、联动无负荷试车和投料试车。单机无负荷试车由承包人组织,并在试车前48 h内以书面形式通知工程师。联动无负荷试车由发包人组织,并在试车前48 h内以书面形式通知承包人。投料试车应在工程竣工验收后由发包人负责。

E.竣工验收

工程未经竣工验收或竣工验收未通过的,发包人不得使用。发包人强行使用的,发生质量或其他问题由发包人承担责任。

F.质量保修

承包人应在工程竣工验收之前,与发包人签订质量保修书,作为合同附件,主要内容包括工程质量保修范围和内容、质量保修期、质量保修责任和保修金的支付方法等。

G.材料设备供应

a.发包人供应的材料设备

发包人应按合同约定提供材料设备,并向承包人提供产品合格证明,对其质量负责。发包人供应的材料设备使用前,由承包人负责检验试验,不合格的不得使用,检验试验费由发包人承担。

b.承包人采购的材料设备

承包人负责采购材料设备时,应提供产品合格证明,并对材料设备质量负责。承包人供应的材料设备使用前,应按照工程师的要求进行检验试验,不合格的不得使用,检验试验费由承包人承担。

4)费用控制的主要条款内容

(1)施工合同价款。约定可采用固定总价、可调总价、固定单价、可调单价及成本加酬金合同等方式。

(2)工程预付款。双方应在专用条款内约定发包人向承包人预付工程款的时间和数额,开工后按约定时间和比例逐次扣回。

(3)工程进度款。可按月结算、按工程进度分段结算或者竣工后一次性结算。

(4)竣工结算。工程竣工验收报告经发包人认可后28天内,承包人向发包人递交竣工结算报告及完整的结算资料,双方按照协议书约定的合同价款及专用条款约定的合同价款调整内容进行竣工结算。

（5）质量保修金。保修期满，承包人履行了保修义务，发包人应在保修期满后14天内结算，将剩余保修金和按工程质量保修书约定银行利率计算的利息一起返还承包人。

### 6.2.4.3　施工专业分包合同的内容

专业工程分包，是指施工总承包单位将其所承包工程中的专业工程发包给具有相应资质的其他建筑企业完成的活动。

**1.专业工程承包单位的资质**

专业工程分包资质设2~3个等级，60个资质类别。

**2.专业工程分包合同的主要内容**

专业工程分包合同示范文本的结构、主要条款和内容与施工承包合同相似，其特点是既要保持与主合同条件中相关分包工程部分的规定的一致性，又要区分负责实施分包工程的当事人变更后的两个合同的差异。分包合同所采用的语言文字和适用的法律、行政法规及工程建设标准一般应与主合同相同。

**3.工程承包人（总承包单位）的主要责任和义务**

（1）分包人应全面了解总包合同的各项规定。

（2）项目经理应按分包合同的约定，及时向分包人提供所需的指令、批准、图纸并履行其他约定的义务。

（3）承包人的工作如下：

①向分包人提供与分包工程相关的各种证件、批件和各种相关资料，向分包人提供具备施工条件的施工场地；

②组织分包人参加发包人组织的图纸会审，向发包人进行设计图纸交底；

③提供合同专用条款中约定的设备和设施，并承担因此发生的费用；

④随时为分包人提供确保分包工程的施工所要求的施工场地和通道等，满足施工运输的需要，保证施工期间的畅通；

⑤负责整个施工现场的管理工作，协调分包人与同一施工场地的其他分包人之间的交叉配合，确保分包人按照施工组织设计进行施工。

**4.专业分包人的主要责任和义务**

1）分包人对有关分包工程的责任

除合同条款有另行约定外，分包人应履行并承担总包合同中与分包工程有关的承包人的所有义务与责任，同时应避免因分包人自身行为或疏忽造成承包人违反总包合同中约定的承包人义务的情况发生。

2）分包人与发包人的关系

分包人须服从承包人转发的发包人或工程师与分包工程有关的指令。

3）承包人指令

就分包工程范围内的有关工作，承包人随时可以向分包人发出指令，分包人应执行承包人根据分包合同所发出的所有指令。若分包人拒不执行指令，承包人可以委托其他施工单位完成该指令事项，发生的费用从应付给分包人的相应款项中扣除。

4）分包人的工作

（1）按照分包合同的约定外，对分包工程进行设计（分包合同有约定时）、施工、竣工和保修。

（2）按照合同约定的时间，完成规定的设计内容，报承包人确认后在分包工程中使用。承包人承担由此发生的费用。

（3）在合同约定的时间内，向承包人提供年、季、月度工程进度计划及相应进度统计报表。

（4）在合同约定的时间内，向承包人提交详细的施工组织设计，承包人应在专用条款约定的时间内批准，分包人方可执行。

（5）遵守政府有关主管部门对施工场地交通、施工噪声以及环境保护和安全文明生产等的管理规定，按规定办理有关手续，并以书面形式通知承包人，承包人承担由此发生的费用，因分包人责任造成的罚款除外。

（6）分包人应允许承包人、发包人、工程师及其三方中任何一方授权的人员在工作时间内，合理进入分包工程施工场地或材料存放的地点，以及施工场地以外与分包合同有关的任何工作或准备的地点，分包人应提供方便。

（7）已竣工工程未交付承包人之前，分包人应负责已完分包工程的成品保护工作，保护期间内发生损坏，分包人自费予以修复；承包人要求分包人采取特殊措施保护的工程部位和相应的追加合同价款，双方在合同专用条款内约定。

**5.合同价款的支付**

（1）实行工程预付款的，双方应在合同专用条款内约定承包人向分包人预付工程款的时间和数额，开工后按约定的时间和比例逐次扣回。

（2）承包人应按专用条款约定的时间和方式，向分包人支付工程款（进度款），按约定时间承包人应扣回的预付款，与工程款（进度款）同期结算。

（3）分包合同约定的工程变更调整的合同价款、合同价款的调整、索赔的价款或费用以及其他约定的追加合同价款，应与工程进度款同期调整支付。

（4）承包人超过约定的支付时间不支付工程款（预付款、进度款），分包人可向承包人发出要求付款的通知。若承包人不按分包合同约定支付工程款（预付款、进度款），导致施工无法进行，分包人可停止施工，由承包人承担违约责任。

（5）承包人应在收到分包工程竣工结算报告及结算资料后28天内支付工程竣工结算价款，在发包人不拖延工程价款的情况下无正当理由不按时支付，从第29天起按分包人同期向银行贷款利率支付拖欠工程价款的利息，并承担违约责任。

**6.禁止转包或再分包**

（1）分包人不得将其承包的分包工程转包给他人，也不得将其承包的分包工程的全部或部分再分包给他人，否则将被视为违约，并承担违约责任。

（2）分包人经承包人同意可以将劳务作业再分包给具有相应劳务分包资质的劳务分包企业。

（3）分包人应对再分包的劳务作业的质量等相关事宜进行督促和检查，并承担相关连带责任。

#### 6.2.4.4　施工劳务分包合同的内容

劳务作业分包，是指施工承包单位或者专业分包单位（均可作为劳务作业的发包人）

将其承包工程中的劳务作业发包给劳务分包单位(即劳务作业承包人)完成的活动。

1.劳务分包单位的资质

根据《建筑业企业资质管理规定》等有关规定,劳务分包序列企业资质设一至二个等级,13个资质类别。

2.承包人的主要义务

(1)组建与工程相适应的项目管理班子,全面履行总(分)包合同,组织实施项目管理各项工作,对工程的工期和质量向发包人负责。

(2)完成劳务分包人施工前期的下列工作:

①向劳务分包人交付具备劳务作业开工条件的施工场地;

②满足劳务作业所需的能源供应、通信及施工道路畅通;

③向劳务分包人提供相应的工程资料;

④向劳务分包人提供生产、生活临时设施。

(3)负责编制施工组织设计,统一制订各项管理目标,组织编制年、季、月施工计划、物资需用量计划表等。

(4)负责工程测量定位、沉降观测、技术交底,组织图纸会审,统一安排技术档案资料收集整理及交工验收。

(5)按时提供图纸,及时交付材料、设备,所提供的施工机械设备、周转材料、安全设施保证施工需要。

(6)按合同约定,向劳务分包人支付劳动报酬。

(7)负责与发包人、监理、设计及有关部门联系,协调现场工作关系。

3.劳务分包人的主要义务

(1)对劳务分包范围内的工程质量向承包人负责,组织具有相应资格证书的熟练工人投入工作;未经承包人授权或允许,不得擅自与发包人及有关部门建立工作联系;自觉遵守法律法规及有关规章制度。

(2)严格按照设计图纸、施工验收规范、有关技术要求及施工组织设计精心组织施工,确保工程质量达到约定的标准。

(3)自觉接受承包人及有关部门的管理、监督和检查;接受承包人随时检查其设备、材料保管、使用情况,以及其操作人员的有效证件、持证上岗情况;与现场其他单位协调配合,照顾全局。

(4)劳务分包人须服从承包人转发的发包人及工程师的指令。

(5)除非合同另有约定,劳务分包人应对其作业内容的实施、完工负责,劳务分包人应承担并履行总(分)包合同约定的、与劳务作业有关的所有义务及工作程序。

4.保险

(1)劳务分包人施工开始前,承包人应获得发包人为施工场地内的自有人员及第三人员生命财产办理的保险,且不需劳务分包人支付保险费用。

(2)运至施工场地用于劳务施工的材料和待安装设备,由承包人办理或获得保险,不需劳务分包人支付保险费用。

(3)承包人必须为租赁或提供给劳务分包人使用的施工机械设备办理保险,并支付保险费用。

（4）劳务分包人必须为从事危险作业的职工办理意外伤害保险，并为施工场地内自有人员生命财产和施工机械设备办理保险，支付保险费用。

（5）保险事故发生时，劳务分包人和承包人有责任采取必要的措施，防止或减少损失。

5.劳务报酬

（1）劳务报酬有以下几种方式：固定劳务报酬（含管理费）；约定不同工种劳务的计时单价（含管理费），按确认的工时计算；约定不同工作成果的计件单价（含管理费），按确认的工程量计算。

（2）劳务报酬，可以采用固定价格或变动价格。采用固定价格，则除合同约定或法律政策变化导致劳务价格变化以外，均为一次包死，不再调整。

（3）在合同中可以约定，下列情况下，固定劳务报酬或单价可以调整：

①以本合同约定价格为基准，市场人工价格的变化幅度超过一定百分比时，按变化前后价格的差额予以调整；

②后续法律及政策变化，导致劳务价格变化的，按变化前后价格的差额予以调整；

③双方约定的其他情形。

6.工时及工程量的确认

（1）采用固定劳务报酬方式的，施工过程中不计算工时和工程量。

（2）采用按确定的工时计算劳务报酬的，由劳务分包人每日将提供劳务人数报承包人，由承包人确认。

（3）采用按确认的工程量计算劳务报酬的，由劳务分包人按月（或旬、日）将完成的工程量报承包人，由承包人确认。对劳务分包人未经承包人认可，超出设计图纸范围和因劳务分包人原因造成返工的工程量，承包人不予计量。

7.支付劳务报酬

（1）全部工作完成，经承包人认可后14天内，劳务分包人向承包人递交完整的结算资料，双方按照本合同约定的计价方式，进行劳务报酬的最终支付。

（2）承包人收到劳务分包人递交的结算资料后14天内进行核实，给予确认或者提出修改意见。承包人确认结算资料后14天内向劳务分包人支付劳务报酬尾款。

8.禁止转包或再分包

劳务分包人不得将合同的劳务作业转包或再分包给其他人。

### 6.2.4.5　项目总承包合同的内容

1.建设工程项目总承包模式的含义和特点

业主方把建设工程项目的设计任务和施工任务进行综合委托的模式称为建设工程项目总承包或工程总承包，这是一种新式的建设任务委托模式，称为设计和施工总承包（D+B，即Design Build）。

将建设工程项目的设计任务、物资设备的采购任务和施工任务全部委托给某一个承包商的模式，称为设计、采购、施工总承包（EPC，即Engineering，Procurement，Construction）。

2.合同主要内容

建设工程项目总承包的任务,一般可包括从工程立项到交付使用的工程建设全过程,具体可包括勘察设计、设备采购、施工、试车或交付使用等内容。

3.项目总承包单位的义务和责任

(1)承包商进行并负责工程的设计。承包商应使自己、其设计人员和设计分包者具备从事设计所必需的经验与能力。

(2)业主自行采购清单所列设备及材料的采购及交运以外的所有工作为总承包工作,所有设备的安装必须达到合同工程技术标准的要求,其费用已包括在总包价格之内。

(3)承包商购买材料必须符合工程技术标准及建设实施要求,需要业主确认时,提交业主确认。

4.发包人的义务和权利

(1)负责办理项目的审批、核准或备案手续,取得项目用地的使用权,完成拆迁补偿工作,使项目具备法律规定的开工条件。

(2)履行合同中约定的合同价格调整、付款、竣工结算义务。

(3)有权根据合同约定及国家法律对安全、质量、标准、环境保护和职业健康等强制性规定,对承包人的设计、采购、施工等实施工作提出建议、修改和变更。

(4)有权根据合同约定,对因承包人原因给发包人带来的任何损失和损害提出赔偿。

(5)发包人认为必要时,有权发出书面形式的暂停通知。该类暂停给承包人造成的损失,发包人应予赔偿。

### 6.2.4.6　工程监理合同的内容

工程监理合同文件一般由工程监理投标书及中标通知书、建设工程委托监理合同协议书、合同标准条件、合同专用条件以及实施过程中双方共同签署的合同补充与修正文件五部分组成。

1.监理人义务

(1)按照合同约定或监理投标书的承诺派出监理机构及人员,完成监理范围内的监理业务,按合同约定定期向委托人报告监理工作。

(2)在履行监理合同义务期间,为委托人提供咨询意见。

(3)在合同期内和合同终止后,未征得有关方面同意,不得泄露与监理工程及其监理业务有关的保密资料。

2.监理人的权利

1)一般权利

(1)选择工程总承包人的建议权。

(2)选择工程分包人的认可权。

(3)对工程建设有关事项包括工程规划、设计标准、规划设计、生产工艺设计和使用功能要求,向委托人的建议权。

(4)对工程设计中的技术问题,按照安全和优化的原则,向设计人员提出建议。

(5)审批工程施工组织和技术方案,按照保质量、保工期和降低成本的原则,向承包人提出建议。

（6）主持工程建设有关协作单位的组织协调,重要协调事项应当事先向委托人报告。

（7）征得委托人同意,监理人有权发布开工令、停工令、复工令,但应当事先向委托人报告;如在紧急情况下未能事先报告,则应当在24 h内向委托人作出书面报告。

（8）工程上使用的材料和施工质量的检验权,对于不符合设计要求和合同约定及国家质量标准的材料、构配件、设备,有权通知承包人停止使用。

（9）工程施工进度的检查、监督权,以及工程实际竣工日期提前或超过工程施工合同规定的竣工期限的签认权。

（10）在工程施工合同约定的工程价格范围内,工程款支付的审核和签认权,以及工程结算的复核确认权和否决权;未经总监理工程师签字确认,委托人不支付工程款。

2）调解权

在委托监理的工程范围内,委托人或承包人对对方的任何意见和要求,均必须首先提交给监理机构,由监理机构研究处置意见,再同双方协商确定。

### 6.2.4.7　建筑合同管理具体内容

1.根据主要内容划分

（1）对合同履行情况进行监督检查。通过检查,发现问题及时协调解决,提高合同履约率。主要包括下面几点:

①检查合同法及有关法规贯彻执行情况。

②检查合同管理办法及有关规定的贯彻执行情况。

③检查合同签订和履行情况,减少和避免合同纠纷的发生。

（2）经常对项目经理及有关人员进行合同法及有关法律知识教育,提高合同管理人员的素质。

（3）建立健全工程项目合同管理制度。包括项目合同归口管理制度,考核制度,合同用章管理制度合同台账,统计及归档制度。

（4）对合同履行情况进行统计分析。包括工程合同份数、造价、履约率、纠纷次数、违约原因、变更次数及原因等。通过统计分析手段,发现问题,及时协调解决,提高利用合同进行生产经营的能力。

（5）组织和配合有关部门做好有关工程项目合同的鉴证、公证和调解、仲裁及诉讼活动。

2.根据项目实施的阶段划分

（1）合同订立前的管理。

（2）合同订立时的管理。

（3）合同履行中的管理。

### 6.2.4.8　建筑工程项目合同管理应遵循的程序

（1）合同评审。

（2）合同订立。

（3）合同实施计划编制。

（4）合同实施控制。

（5）合同综合评价。

（6）有关知识产权的合法使用。

### 6.2.5  建筑工程项目合同管理制度

为了更好地落实合同管理工作,建筑工程施工企业必须建立完善的项目合同管理制度。建筑工程项目合同管理制度主要包括施工企业内部合同会签制度、合同签订审查批准制度、印章制度、管理目标制度、管理质量责任制度、统计考核制度、评估制度、检查和奖励制度等内容。

#### 6.2.5.1  施工企业内部合同会签制度

由于施工企业的合同涉及施工企业各个部门的管理工作,为了保证合同签订后得以全面履行,在合同未正式签订之前,由办理合同的业务部门会同企业施工、技术、材料、劳动、机械动力和财务等部门共同研究,提出对合同条款的具体意见,进行会签。在施工企业内部实行合同会签制度,有利于调动企业各部门的积极性,发挥各部门管理职能作用,群策群力,集思广益,以保证合同履行的可行性,并促使施工企业各部门之间相互衔接和协调,确保合同的全面及实际履行。

#### 6.2.5.2  合同签订审查批准制度

为了使施工企业的合同签订后合法、有效,必须在签订前履行审查、批准手续。审查是指将准备签订的合同在部门之间会签后,送给企业主管合同的机构或法律顾问进行审查;批准是由企业主管或法定代表人签署意见,同意对外正式签订合同。通过严格的审查批准手续,可以使合同的签订建立在可靠的基础上,尽量防止合同纠纷的发生,以维护企业的合法权益。

#### 6.2.5.3  管理目标制度

合同管理目标制度是各项合同管理活动应达到的预期结果和最终目的。合同管理的目的是施工企业通过自身在合同的订立和履行过程中进行的计划、组织、指挥、监督和协调等工作,促使企业内部各部门、各环节互相衔接、密切配合,进而使人、财、物各要素得到合理组织和充分利用,保证企业经营管理活动的顺利进行,提高工程管理水平,增强市场竞争能力,从而达到高质量、高效益,满足社会需要,更好地为发展和完善建筑业市场经济服务。

#### 6.2.5.4  印章制度

施工企业合同专用章是代表企业在经营活动中对外行使权力、承担义务、签订合同的凭证。因此,企业对合同专用章的登记、保管、使用等都要有严格的规定。合同专用章应由合同管理员保管、签印,并实行专章专用。合同专用章只能在规定的业务范围内使用,不能超越范围使用;不准为空白合同文本加盖合同印章;不得为未经审查批准的合同文本加盖合同印章;严禁与合同洽谈人员勾结,利用合同专用章谋取个人私利。如出现上述情况,要追究合同专用章管理人员的责任。凡外出签订合同时,应由合同专用章管理人员携章陪同负责办理签约的人员一起前往签约。

#### 6.2.5.5  管理质量责任制度

这是施工企业的一项基本管理制度。它具体规定企业内部具有合同管理任务的部门和合同管理人员的工作范围,履行合同中应负的责任,以及拥有的职权。这一制度有利于企业内部合同管理工作分工协作,责任明确,任务落实,逐级负责,人人负责,从而调动企业合同管理人员以及合同履行中涉及的有关人员的积极性,促进施工企业合同管理工作正常开展,保证合同圆满完成。

建筑工程施工企业应当建立完善的合同管理质量责任制度,确保人员、部门、制度三落实,一方面把合同管理的质量责任落实到人,让合同管理部门的主管人员和合同管理员的工作质量与奖惩挂钩,以引起具体人员的真正重视;另一方面把合同签约、履约实绩考评落实到人,按类分派不同合同管理员全过程负责不同合同的签约和履约,以便及时发现问题、解决问题。

### 6.2.5.6 评估制度

合同管理制度是合同管理活动及其运行过程的行为规范,合同管理制度是否健全是合同管理能否奏效的关键所在。因此,建立一套有效的合同管理评估制度是十分必要的。

合同管理评估制度的主要特点有:

第一,合法性。指合同管理制度符合国家有关法律、法规的规定。

第二,规范性。指合同管理制度具有规范合同行为的作用,对合同管理行为进行评价、指导、预测,对合法行为进行保护奖励,对违法行为进行预防、警示或制裁等。

第三,实用性。合同管理制度能适应合同管理的需求,以便于操作和实施。

第四,系统性。指各类合同的管理制度是一个有机结合体,互相制约、互相协调,在工程建设合同管理中,能够发挥整体效应的作用。

第五,科学性。指合同管理制度能够正确反映合同管理的客观经济规律,能保证人们利用客观规律进行有效的合同管理。

### 6.2.5.7 统计考核制度

合同统计考核制度,是施工企业整个统计报表制度的重要组成部分。完善的合同统计考核制度,是运用科学的方法,利用统计数字,反馈合同订立和履行情况,通过对统计数字的分析,总结经验,找出教训,为企业经营决策提供重要依据。施工企业合同考核制度包括统计范围、计算方法、报表格式、填报规定、报送期限和部门等。施工企业一般是对中标率、合同谈判成功率、合同签约率和合同履约率进行统计考核。

### 6.2.5.8 检查和奖励制度

发现和解决合同履行中的问题,协调企业各部门履行合同中的关系,施工企业应建立合同签订、履行的监督检查制度。通过检查及时发现合同履行管理中的薄弱环节和矛盾,以利于提出改进意见,促进企业各部门不断改进合同履行管理工作,提高企业的经营管理水平。通过定期的检查和考核,对合同履行管理工作完成好的部门和人员给予表扬鼓励;对成绩突出,并有重大贡献的人员,给予物质奖励。对于工作差、不负责任的或经常"扯皮"的部门和人员,要给以批评教育;对玩忽职守、严重渎职或有违法行为的人员,要给予行政处分、经济制裁,情节严重触及刑律的要追究刑事责任。实行奖惩制度有利于增强企业各部门和有关人员履行合同的责任心,是保证全面履行合同的极其有力的措施。

# 学习单元 6.3　　建筑工程项目合同评审

**工作任务表**

| 能力目标 | 主讲内容 | 学生完成任务 |
| --- | --- | --- |
| 通过学习训练,使学生了解工程项目合同评审 | 着重介绍工程项目合同合法性审查、合同条款完备性审查 | 根据本单元的基本条件,在学习过程中完成工程合同的审查和评价 |

合同评审应在合同签订之前进行,主要是对招标文件和合同条件进行的审查认定、评价。通过合同评审,可以发现合同中存在的内容含糊、概念不清之处或自己未能完全理解的条款,并加以仔细研究,认真分析,采取相应的措施,以减少合同中的风险,减少合同谈判和签订中的失误,有利于合同双方合作愉快,促进建筑工程项目施工的顺利进行。

## 6.3.1　招标文件分析

### 6.3.1.1　招标文件的作用及组成

招标文件是整个建筑工程项目招标过程所遵循的基础性文件,是投标和评标的基础,也是合同的重要组成部分。一般情况下,招标人与投标人之间不进行或进行有限的面对面交流,投标人只能根据招标文件的要求编写投标文件,因此招标文件是联系、沟通招标人与投标人的桥梁。能否编制出完整、严谨的招标文件,直接影响到招标的质量,也是招标成败的关键。

1.招标文件的作用

招标文件的作用主要表现在以下三个方面:

(1)招标文件是投标人准备投标文件和参加投标的依据。

(2)招标文件是招标投标活动当事人的行为准则和评标的重要依据。

(3)招标文件是招标人和投标人签订合同的基础。

2.招标文件的组成

招标文件的内容大致分为三类:

(1)关于编写和提交投标文件的规定。载入这些内容的目的是尽量减少承包商或供应商由于不明确如何编写投标文件而处于不利地位或其投标遭到拒绝的可能。

(2)关于对投标人资格审查的标准及投标文件的评审标准和方法,这是为了提高招标过程的透明度和公平性,所以非常重要,也是不可缺少的。

(3)关于合同的主要条款,其中主要是商务性条款,有利于投标人了解中标后签订合同的主要内容,明确双方的权利和义务。其中,技术要求、投标报价要求和主要合同条款等内容是招标文件的关键内容,统称实质性要求。

3.招标文件示范文本的内容

建设部在〔2002〕256 号文《房屋建筑和市政基础设施工程施工招标文件范本》中推

荐使用的招标文件示范文本包括以下几个方面的内容：

第一章　投标须知及投标须知前附表。

第二章　合同条款。

第三章　合同文件格式。

第四章　工程建设标准。

第五章　图纸。

第六章　工程量清单。

第七章　投标文件投标函部分格式。

第八章　投标文件商务部分格式。

第九章　投标文件技术部分格式。

第十章　资格审查申请书格式。

#### 6.3.1.2　招标文件分析的内容

承包商在建筑工程项目招标过程中，得到招标文件后，通常首先进行总体检查，重点是招标文件的完备性。一般要对照招标文件目录检查文件是否齐全、是否有缺页，对照图纸目录检查图纸是否齐全。然后分三部分进行全面分析：

（1）招标条件分析。分析的对象是投标人须知，通过分析，不仅要掌握招标过程、评标的规则和各项要求，对投标报价工作作出具体安排，而且要了解投标风险，以确定投标策略。

（2）工程技术文件分析。主要是进行图纸会审、工程量复核、图纸和规范中的问题分析，从中了解承包商具体的工程范围、技术要求、质量标准。在此基础上进行施工组织，确定劳动力的安排，进行材料、设备的分析，制订实施方案，进行报价。

（3）合同文本分析。合同文本分析是一项综合性的、复杂的、技术性很强的工作，分析的对象主要是合同协议书和合同条件。它要求合同管理者必须熟悉与合同相关的法律、法规，精通合同条款，对工程环境有全面的了解，有合同管理的实际工作经验。合同文本分析主要包括以下五个方面的内容：

①承包合同的合法性分析。

②承包合同的完备性分析。

③承包合同双方责任和权益及其关系分析。

④承包合同条件之间的联系分析。

⑤承包合同实施的后果分析。

### 6.3.2　合同合法性审查

合同合法性是指合同依法成立所具有的约束力。对建筑工程项目合同合法性的审查，基本上从合同主体、形式、内容以及合同订立程序是否合法等方面进行考虑。

合同审查的思路：合同成立—合同效力—合同终止—合同法律后果。这四个审查的步骤就是一个不断发问和回答的过程，每一部分都有很多细小的问题需要解决。

实践中，构成合同无效的情况众多，需要有一定的法律知识方能判别。所以，建议承发包双方将合同审查落实到合同管理机构和专门人员，每一项目的合同文本均须经过经办人员、部门负责人、法律顾问及总经理几道审查,批注具体意见,必要时还应听取财务人员的意见,以期尽量完善合同,确保在谈判时确定己方利益能够得到最大保护。

### 6.3.3　合同条款完备性审查

根据《中华人民共和国合同法》规定,合同应包括合同当事人、合同标的、标的的数量和质量、合同价款或酬金、履行期限、地点和方式、违约责任和解决争议的方法。一份完整的合同应包括上述所有条款。由于建设工程的工程活动多,涉及面广,合同履行中不确定性因素多,从而给合同履行带来很大风险。如果合同不够完备,就可能会给当事人造成重大损失。因此,必须对合同的完备性进行审查。尤其应注意如下内容:

(1)确定合理的工期。工期过长,不利于发包方及时收回投资;工期过短,则不利于承包方对工程质量以及施工过程中建筑半成品的养护。因此,对承包方而言,应当合理计算自己能否在发包方要求的工期内完成承包任务,否则应当按照合同约定承担逾期竣工的违约责任。

(2)明确双方代表的权限。在施工承包合同中通常都明确甲方代表和乙方代表的姓名和职务,但对其作为代表的权限则往往规定不明。由于代表的行为代表了合同双方的行为,因此有必要对其权利范围以及权利限制作一定约定。

(3)明确工程造价或工程造价的计算方法。工程造价条款是工程施工合同的必备和关键条款,但通常会发生约定不明的情况,往往为日后争议与纠纷的发生埋下隐患。而处理这类纠纷,法院或仲裁机构一般委托有权审价单位鉴定造价,这势必使当事人陷入旷日持久的诉讼,更何况经审价得出的造价也因缺少可靠的计算依据而缺乏准确性,对维护当事人的合法权益极为不利。

(4)明确材料和设备的供应。由于材料、设备的采购和供应引发的纠纷非常多,故必须在合同中明确约定相关条款,包括发包方或承包商所供应或采购的材料、设备的名称、型号、规格、数量、单价、质量要求、运送到达工地的时间、验收标准、运输费用的承担、保管责任、违约责任等。

(5)明确工程竣工交付的标准。应当明确约定工程竣工交付的标准。如发包方需要提前竣工,而承包商表示同意的,则应约定由发包方另行支付赶工费用或奖励。因为赶工意味着承包商将投入更多的人力、物力、财力,劳动强度增大,损耗亦增加。

(6)明确违约责任。违约责任条款订立的目的在于促使合同双方严格履行合同义务,防止违约行为的发生。发包方拖欠工程款、承包方不能保证施工质量或不按期竣工,均会给对方以及第三方带来不可估量的损失。审查违约责任条款时,要注意以下两点:

①对违约责任的约定不应笼统化,而应区分情况作相应约定。有的合同不论违约具体情况,笼统地约定一笔违约金,这没有与因违约造成的真正损失额挂钩,从而会导致违约金过高或过低的情形,是不妥当的。应当针对不同的情形作不同的约定,如质量不符合合同约定标准应当承担的责任、因工程返修造成工期延长的责任、逾期支付工程款所应承担的责任等,衡量标准均不同。

②对双方违约责任的约定是否全面。在建筑工程施工合同中,双方的义务繁多,有的合同仅对主要的违约情况作了违约责任的约定,而忽视了违反其他非主要义务所应承担

的违约责任。但实际上,违反这类义务极可能影响整个合同的履行。

## 6.3.4　合同风险评价

建筑工程项目承包合同中一般都有风险条款和一些明显的或隐含的对承包商不利的条款,它们会造成承包商的损失,因此是进行合同风险分析的重点。

### 6.3.4.1　合同风险的特征

合同风险是指合同中的不确定性,它有两个特征:

(1)合同风险事件可能发生也可能不发生,但一经发生就会给承包商带来损失;风险的对立面是机会,它会带来收益。

在一个具体的环境中,双方签订一个内容确定的合同,实施一个规模和技术要求确定的工程,则工程风险有一定的范围,它的发生和影响有一定的规律性。

(2)合同风险是相对的,可以通过合同条文定义风险及其承担者。在工程中,如果风险成为现实,则承担者主要负责风险控制,并承担相应的损失责任。所以,对风险的定义属于双方责任划分问题,不同的表达,有不同的风险和不同的风险承担者。

### 6.3.4.2　合同风险的类型

1.合同中明确规定的承包商应承担的风险

承包商的合同风险首先与所签订的合同的类型有关。如果签订的是固定总价合同,则承包商承担全部物价和工作量变化的风险;而对成本加酬金合同,承包商则不承担任何风险;对常见的单价合同,风险则由双方共同承担。

此外,在建筑工程承包合同中一般都应有明确规定承包商应承担的风险的条款,常见的有:

(1)工程变更的补偿范围和补偿条件。例如某合同规定,工程量变更在5%的范围内承包商得不到任何补偿。那么,在这个范围内工程量可能的增加就是承包商的风险。

(2)合同价格的调整条件。如对通货膨胀、汇率变化、税收增加等,合同规定不予调整,则承包商必须承担全部风险;如果在一定范围内可以调整,则承担部分风险。

(3)工程范围不确定,特别是固定总价合同。例如,某固定总价合同规定:"承包商的工程范围包括工程量表中所列的各个分项,以及在工程量表中没有包括的,但为工程安全、经济、高效率运行所必需的附加工程和供应。"由于工程范围不确定、投标时设计图纸不完备,承包商无法精确计算工程量。而在该工程中,这方面的风险很容易给承包商造成严重损失。

(4)业主和工程师对设计、施工、材料供应的认可权和各种检查权。在国际工程中合同条件常赋予业主和工程师对承包商工程和工作的认可权和各种检查权。

(5)其他形式的风险型条款,如索赔有效期限制等。

2.合同条文不全面、不完整导致承包商损失的风险

合同条文不全面、不完整,没有将合同双方的责权利关系全面表达清楚,没有预计到合同实施过程中可能发生的各种情况,引起合同实施过程中的激烈争执,最终导致承包商的损失。例如:

(1)缺少工期拖延违约金最高限额的条款或限额太高;缺少工期提前的奖励条款;缺

少业主拖欠工程款的处罚条款。

(2)对工程量变更、通货膨胀、汇率变化等引起的合同价格的调整没有具体规定调整方法、计算公式、计算基础等；对材料价差的调整没有具体说明是否对所有的材料、是否对所有相关费用(包括基价、运输费、税收、采购保管费等)作调整，以及价差的支付时间等。

(3)合同中缺少对承包商权益的保护条款，如在工程受到外界干扰情况下的工期和费用的索赔权等。

(4)在某国际工程施工合同中遗漏工程价款的外汇额度条款，结果承包商无法获得已商定的外汇款额。

(5)由于没有具体规定，如果发生以上这些情况，业主完全可以以"合同中没有明确规定"为理由，推卸自己的合同责任，使承包商蒙受损失。

3.合同条文不清楚、不细致、不严密导致承包商蒙受损失的风险

合同条文不清楚、不细致、不严密，承包商不能清楚地理解合同内容，造成失误。这可能是由招标文件的语言表达方式、表达能力，承包商的外语水平，专业理解能力或工作不细致，以及投标期太短等因素导致的。例如：

(1)在某些工程承包合同中有如下条款："承包商为施工方便而设置的任何设施，均由他自己付款。"这种提法对承包商很不利，在工程过程中业主对承包商在施工中需要使用的某些永久性设施会以"施工方便"为借口而拒绝支付。

(2)合同中对一些问题不作具体规定。

(3)业主要求承包商提供业主的现场管理人员(包括监理工程师)的办公和生活设施，但又没有明确列出提供的具体内容和水准，承包商无法准确报价。

(4)对业主供应的材料和生产设备，合同中未明确规定详细的送达地点，没有"必须送施工和安装现场"的规定。这样很容易就场内运输，甚至场外运输责任引起争执。

(5)某合同中对付款条款规定："工程款根据工程进度和合同价格，按照当月完成的工程量支付。乙方在月底提交当月工程款账单，在经过业主上级主管审批后，业主在15天内支付。"由于没有业主上级主管的审批时间限定，所以在该工程中，业主上级利用拖延审批的办法大量拖欠工程款，而承包商无法对业主进行约束。

4.发包商提出单方面约束性的、责权利不平衡合同条款的风险

发包商为了转嫁风险提出单方面约束性的、过于苛刻的、责权利不平衡的合同条款。例如：

(1)发包商对任何潜在的问题，如工期拖延、施工缺陷、付款不及时等所引起的损失不负责。

(2)发包商对招标文件中所提供的地质资料、试验数据、工程环境资料的准确性不负责。

(3)发包商对工程实施中发生的不可预见风险不负责。

(4)发包商对由于第三方干扰造成的工期拖延不负责等。

这样就将许多属于发包商责任的风险推给了承包商。

这类风险型条款在分包合同中也特别明显。

例如：

(1)某分包合同规定："总承包商同意在分包商完成工程，经监理工程师签发证书并

在业主支付总承包商该项工程款后 X 天内,向分包商付款。"这样,如果总包其他方面工程出现问题,业主拒绝付款,则分包商尽管按分包合同完成工程,也仍得不到相应的工程款。

(2)某分包合同规定:"对总承包商因管理失误造成的违约责任,仅当这种违约造成分包商人员和物品的损害时,总承包商才给分包商以赔偿,而其他情况不予赔偿。"这样总承包商管理失误造成分包商成本和费用的增加就不在赔偿范围之内。

5.其他对承包商要求苛刻条款的风险

其他对承包商苛刻的要求,如要承包商大量垫资承包;工期要求太紧,甚至超过常规;过于苛刻的质量要求等。

### 6.3.4.3　合同风险分析的影响因素

合同风险分析的准确程度、详细程度和全面性,主要受以下几个方面因素的影响:

(1)承包商对环境状况的了解程度。要精确地分析风险必须作详细的环境调查,占有大量的第一手资料。

(2)招标文件的完备程度和承包商对招标文件分析的全面程度、详细程度和正确性。

(3)对引起风险的各种因素的合理预测及预测的准确性。

(4)投标时间的长短。

### 6.3.4.4　合同风险的防范

合同风险的防范应从递交投标文件、合同谈判阶段开始,到工程实施完成合同结束为止。

## 学习单元 6.4　建筑工程项目合同实施控制

**工作任务表**

| 能力目标 | 主讲内容 | 学生完成任务 |
| --- | --- | --- |
| 通过学习训练,使学生掌握工程项目合同实施控制 | 着重介绍合同交底、合同变更管理、索赔管理 | 根据本单元的基本条件,在学习过程中完成合同交底、合同变更和索赔的模拟训练 |

在工程实施的过程中要对合同的履行情况进行跟踪与控制,并加强工程变更管理,保证合同的顺利履行。

### 6.4.1　项目合同交底

合同和合同分析的资料是工程实施管理的依据。合同分析后,应向各层次管理者作"合同交底",即由合同管理人员在对合同的主要内容进行分析、解释和说明的基础上,通过组织项目管理人员和各个工程小组学习合同条文和合同总体分析结果,使大家熟悉合同中的主要内容、各种规定、管理程序,了解承包商的合同责任和工程范围、各种行为的法律后果等,使大家都树立起全局观念,避免在执行中出现违约行为,同时使大家的工作协调一致,保障合同任务得到更好的实施。

合同交底的目的和任务如下:

(1)对合同的主要内容达成一致理解。

(2)将各种合同事件的责任分解落实到各工程小组或分包人。

(3)将工程项目和任务分解,明确其质量和技术要求以及实施的注意要点。

(4)明确各项工作或各个工程的工期要求。

(5)明确成本目标和消耗标准。

(6)明确相关事件之间的逻辑关系。

(7)明确各个工程小组(分包人)之间的责任界限。

(8)明确完不成任务的影响和法律后果。

(9)明确合同有关方的责任和义务。

## 6.4.2 项目合同跟踪与诊断

### 6.4.2.1 施工合同跟踪

签订合同以后,合同中各项任务的执行要落实到具体项目经理或具体的项目参与人员身上,承包单位作为履行合同义务的主体,必须对合同执行者的履行情况进行跟踪、监督和控制,确保合同义务的完全履行。

施工合同跟踪有两个方面的含义:一是承包单位的合同管理职能部门对合同执行者的履行情况进行的跟踪、监督和检查;二是合同执行者本身对合同计划的执行情况进行跟踪、检查与对比。在合同实施过程中二者缺一不可。

对建筑工程项目合同实施情况进行跟踪时,主要应掌握以下几个方面。

1.合同跟踪的依据

合同以及依据合同而编制的各种计划文件;实际工程文件,如原始记录、报表、验收报告等;管理人员在现场的巡视、交谈、质量检查等。

2.合同跟踪的对象

1)承包的任务

(1)工程施工质量以及安装质量,如标高、位置、安装精度、材料质量是否符合合同要求,安装过程中设备有无损坏。

(2)工程数量,如是否按合同要求完成全部施工任务,有无合同规定以外的施工任务,有无其他附加工程。

(3)工程进度,如是否在预定期限内施工,工期有无延长,延长的原因是什么等。

(4)成本的增加和减少。

2)工程小组或分包商的工程和工作

一个工程小组或分包商可能承担许多专业相同、工艺相近的分项工程或许多合同事件,所以必须对其实施的总情况进行检查分析。

作为分包合同的发包商,总承包商必须对分包合同的实施进行有效的控制,这是总承包商合同管理的重要任务之一。分包合同控制的目的如下:

（1）控制分包商的工作,严格监督他们按分包合同完成工程责任。分包合同是总承包合同的一部分,如果分包商完不成分包合同责任,则总承包商就不能顺利完成总包合同责任。

（2）为向分包商索赔和对分包商反索赔做准备。总承包商和分包商之间利益是不一致的,双方之间常常有尖锐的利益争执。在合同实施中,双方都在进行合同管理,都在寻求向对方索赔的机会,所以双方都有索赔和反索赔的义务。

（3）对分包商的工程和工作,总承包商负有协调和管理的责任,并承担由此造成的损失。所以分包商的工程和工作必须纳入总承包工程的计划和控制中,防止因分包商工程管理失误而影响全局。

3）业主和工程师的工作

（1）业主是否及时提供各种工程实施条件,如图纸、提供场地、资料等。

（2）业主和工程师是否及时给予指令、答复和确认等。

（2）业主是否及时并足额地支付了应付的工程款项。

### 6.4.2.2 合同偏差分析

在合同实施跟踪的基础上,对合同实施偏差情况的分析。合同实施偏差的分析,主要是评价合同实施情况及其偏差,预测偏差的影响及发展的趋势,并分析偏差产生的原因,以便对该偏差采取调整措施。

1.产生偏差的原因分析

通过对不同监督和跟踪对象的计划和实际的对比分析,不仅可以得到差异,而且可以探索引起这个差异的原因。原因分析可以采用鱼刺图,因果关系分析图,成本量差、价差分析等方法定性地或定量地进行。

2.合同实施偏差的责任分析

即这些原因由谁引起,该由谁承担责任,这常常是索赔的理由。一般只要原因分析详细,有根有据,责任自然清楚。责任分析必须以合同为依据,按合同规定落实双方的责任。

3.合同实施趋向预测

分别考虑不采取调控措施和采取调控措施以及采取不同的调控措施情况下,合同的最终执行结果趋势。

（1）最终的工程状况,包括总工期的延误、总成本的超支、质量标准、所能达到的生产能力（或功能要求）等。

（2）承包商将承担什么样的后果,如被罚款、被清算,甚至被起诉,对承包商资信、企业形象、经营战略造成的影响等。

（3）最终工程经济效益（利润）水平。

### 6.4.2.3 合同实施偏差的处理措施

根据合同实施偏差分析的结果,承包商应采取相应的调整措施,调整措施有如下四类:

（1）组织措施,例如增加人员投入,重新计划或调整计划,派遣得力的管理人员。

（2）技术措施,例如变更技术方案,采用新的更高效率的施工方案。

（3）经济措施,例如增加投入,对工作人员进行经济激励等。

（4）合同措施,例如进行合同变更,签订新的附加协议、备忘录,通过索赔解决费用超支问题等。

### 6.4.3　工程变更管理

工程变更一般是指在工程施工过程中,根据合同约定对施工的程序、工程的内容、数量、质量要求及标准等作出的变更。

#### 6.4.3.1　变更的起因

（1）业主有新的意图,对建筑有新的要求,修改项目总计划,削减预算,发包人要求变化。

（2）由于设计人员、工程师、承包商事先没能很好地理解业主的意图,或设计的错误,导致的图纸修改。

（3）工程环境的变化,预定的工程条件不准确,必须改变原设计、实施方案或实施计划。

（4）由于产生新的技术和知识,有必要改变原设计、实施方案或实施计划。

（5）政府部门对工程有新的要求,如国家计划变化、环境保护要求、城市规划变动等。

（6）由于合同实施出现问题,必须调整合同目标,或修改合同条款。

（7）工程环境的变化,预定的工程条件不准确,要求实施方案或实施计划变更。

#### 6.4.3.2　工程变更的范围

根据 FIDIC 施工合同条件,工程变更的内容可能包括以下几个方面：

（1）改变合同中所包括的任何工作的数量。

（2）改变任何工作的质量和性质。

（3）改变工程任何部分的标高、基线、位置和尺寸。

（4）删减任何工作,但要交他人实施的工作除外。

（5）任何永久工程需要的任何附加工作、工程设备、材料或服务。

（6）改动工程的施工顺序或时间安排。

根据我国施工合同示范文本,工程变更包括设计变更和工程质量标准等其他实质性内容的变更,其中设计变更包括：

（1）更改工程有关部分的标高、基线、位置和尺寸。

（2）增减合同中约定的工程量。

（3）改变有关工程的施工时间和顺序。

（4）其他有关工程变更需要的附加工作。

#### 6.4.3.3　工程变更的程序

1.工程变更的提出

（1）承包商提出工程变更。

（2）业主方提出工程变更。

（3）设计方提出工程变更。

2.工程变更的批准

由承包商提出的工程变更,应交与工程师审查并批准;由设计方提出工程变更,应与业主方协商或经业主审查并批准;由业主方提出的工程变更,涉及设计修改的,应该与设计单位协商,一般由工程师代为发出。

而工程师发出合同变更通知的权力,一般由工程施工合同明确约定。

3.工程变更指令的发出及执行

为了避免耽误工作,工程师在和承包商就变更价格和工期补偿达成一致意见之前,有必要先行发布变更指示,先执行工程变更工作,然后就变更价格和工期补偿进行协商和确定。

合同变更指示的发出有两种形式:

(1)书面形式。一般情况要求工程师签发书面变更通知令。当工程师书面通知承包商工程变更后,承包商才执行变更的工程。

(2)口头形式。

根据通常的工程惯例,除非工程师明显超越合同赋予其的权限,承包商应该无条件地执行其合同变更的指示。如果工程师根据合同约定发布了进行合同变更的书面指令,则不论承包商对此是否有异议,不论合同变更的价款是否已经确定,也不论监理方或发包人答应给予付款的金额是否令承包商满意,承包商都必须无条件地执行此种指令。即使承包商有意见,也只能是一边进行变更工作,一边根据合同规定寻求索赔或仲裁解决。在争议处理期间,承包商有义务继续进行正常的工程施工和有争议的变更工程施工,否则可能会构成承包商违约。

#### 6.4.3.4　工程变更责任分析与补偿要求

根据工程变更的具体情况可以分析确定工程变更的责任和费用补偿。

(1)由于业主的要求、政府部门要求、环境变化、不可抗力、原设计错误等导致的设计修改,应由业主承担责任。由以上原因造成的施工方案的变更以及工期的延长和费用的增加,应该向业主索赔。

(2)由于承包商的施工过程、施工方案出现错误、疏忽而导致设计的修改,应该由承包商承担责任。

(3)施工方案变更要经过工程师的批准,不论这种变更是否会对业主带来好处。

由于承包商的施工过程、施工方案本身的缺陷而导致了施工方案的变更,由此所引起的费用增加和工期延长应该由承包商承担责任。

### 6.4.4　项目索赔管理

#### 6.4.4.1　索赔

索赔是当事人在合同实施过程中,根据法律、合同规定及惯例,因非己方的过错而造成的实际损失,向责任方提出给予补偿要求。索赔事件的发生,可以是由一定行为造成的,也可以是由不可抗力引起的;可以是由合同当事人一方引起的,也可以由任何第三方行为引起。索赔的性质属于经济补偿行为,而不是惩罚。在工程建设的各个阶段,都有发生索赔的可能性,但在施工阶段索赔发生最多。

#### 6.4.4.2　索赔的双面性:索赔与反索赔

承包商可以向业主提出索赔,业主也可以向承包商提出索赔。承包商向业主提出索赔称为索赔,业主向承包商提出索赔称为反索赔。一般来说,业主在向承包商提出索赔的过程中占有主动地位,可以直接从应付给承包商的工程款中扣抵,因此平时所说的索赔都是指承包商向业主提出的索赔。

### 6.4.4.3　索赔的分类

1.按涉及当事双方分类

(1)承包人(承包商)与业主(发包人)之间的索赔。

(2)承包人与分包人之间的索赔。

(3)承包人或发包人与供应人之间的索赔。

(4)承包人或发包人与保险人之间的索赔。

2.按索赔目的和要求分类

(1)工期索赔,一般指承包人向业主或分包人向承包人要求延长工期。

(2)费用索赔,即要求补偿经济损失,调整合同价格。

3.承包人向业主的索赔

在建设工程实践中,比较多的是承包人向业主提出索赔。常见的索赔如下。

1)因合同文件引起的索赔

(1)有关合同文件的组成问题引起的索赔。

(2)关于合同文件有效性引起的索赔。

(3)因图纸或工程量表中的错误而引起的索赔。

2)有关工程施工的索赔

(1)地质条件变化引起的索赔。

(2)工程中人为障碍引起的索赔。

(3)增减工程量引起的索赔。

(4)各种额外的试验和检查费用的偿付。

(5)工程质量要求的变更引起的索赔。

(6)指定分包人违约或延误造成的索赔。

(7)其他有关施工的索赔。

3)关于价款方面的索赔

(1)关于价格调整方面的索赔。

(2)关于货币贬值和严重经济失调导致的索赔。

(3)拖延支付工程款的索赔。

4)关于工期的索赔

(1)关于延长工期的索赔。

(2)由于延误产生损失的索赔。

(3)赶工费用的索赔。

5)特殊风险和人力不可抗拒灾害的索赔

6)工程暂停、终止合同的索赔

(1)施工过程中,工程师有权下令暂停全部或任何部分工程,只要这种暂停命令并非承包人违约或其他意外风险造成的,承包人不仅可以得到要求工期延长的权利,而且可以就其停工损失获得合理的额外费用补偿。

（2）终止合同和暂停工程的意义是不同的。有些是由于意外风险造成的损害十分严重而终止合同，也有些是由"错误"引起的合同终止。

7）财务费用补偿的索赔

财务费用的损失要求补偿，是指因各种原因使承包人财务开支增大而导致的贷款利息等财务费用。

4.业主向承包商的索赔

在承包商未按合同要求实施工程时，除工程师可向承包商发出批评或警告，要求承包商及时改正外，在许多情况下，工程师可以代表业主根据合同向承包商提出索赔。

1）索赔费用和利润

承包商未按合同要求实施工程，发生下列损害业主权益或违约的情况时，业主可索赔费用或利润：

（1）工程进度太慢，要求承包商赶工时，可索赔工程师的加班费。

（2）合同工期已到而工程仍未完工，可索赔误期赔偿费。

（3）质量不满足合同要求，如不按工程师指令拆除不合格工程和材料，不进行返工或不按照工程师的指示在缺陷责任期内修复缺陷，则业主可找另一家公司完成此类工作，并向承包商索赔成本及利润。

（4）质量不满足合同要求，工程被拒绝接收，在承包商自费修复后，业主可索赔重新检验费。

（5）未按合同要求办理保险，业主可前去办理并扣除或索赔相应费用。

（6）由于合同变更或其他原因造成工程施工的性质、范围或进度计划等方面发生变化，承包商未按合同要求去及时办理保险，由此造成的损失或损害可向承包商索赔。

（7）未按合同要求采取合理措施，造成运输道路、桥梁等的破坏。

（8）无故不向分包商付款。

（9）严重违背合同（如进度、质量经常不合格），工程师一再警告而没有明显改进时，业主可没收履约保函。

2）索赔工期

FIDIC合同条件规定，当承包商的工程质量不能满足要求，即某些缺陷或损害使工程、区段或某台主要生产设备不能按原定目的使用时，业主有权延长工程或某一区段的缺陷通知期。

#### 6.4.4.4 索赔成立的条件

1.索赔成立的前提条件

（1）与合同对照，事件已造成了承包人工程项目成本的额外支出，或直接工期损失。

（2）造成费用增加或工期损失的原因，按合同约定不属于承包人的行为责任或风险责任。

（3）承包人按合同规定的程序和时间提交索赔意向通知和索赔报告。

以上三个条件必须同时具备，缺一不可。

2.构成施工项目索赔条件的事件

（1）发包人违反合同给承包人造成时间、费用的损失。

（2）因工程变更造成的时间、费用损失。

（3）由于监理工程师对合同文件的歧义解释、技术资料不确切，或由于不可抗力导致施工条件的改变，造成了时间、费用的增加。

（4）发包人提出提前完成项目或缩短工期而造成承包人的费用增加。

（5）发包人延误支付期限造成承包人的损失。

（6）合同规定以外的项目进行检验，且检验合格，或非承包人的原因导致项目缺陷的修复所发生的损失或费用。

（7）非承包人的原因导致工程暂时停工。

（8）物价上涨，法规变化及其他。

### 6.4.4.5　索赔的依据

索赔的依据主要是三个方面：合同文件；法律、法规；工程建设惯例。

合同文件是索赔的最主要依据，包括：合同协议书；中标通知书；投标书及其附件；合同专用条款；合同通用条款；标准、规范及有关技术文件；图纸；工程量清单；工程报价单或预算书；合同履行中，发包人与承包人有关工程的洽商、变更等书面协议或文件。

### 6.4.4.6　索赔证据

1.索赔证据的含义

在工程项目实施过程中，会产生大量的工程信息和资料，这些信息和资料是开展索赔的重要证据。因此，在施工过程中应该自始至终做好资料积累工作，建立完善的资料记录和科学管理制度，认真系统地积累和管理合同、质量、进度以及财务收支等方面的资料。

2.可以作为证据的材料

可以作为证据使用的材料有以下七种：书证，物证，证人证言，视听材料，被告人供述和有关当事人陈述，鉴定结论，勘验、检验笔录。

3.常见的工程索赔证据

（1）各种合同文件，包括施工合同协议书及其附件、中标通知书、投标书、标准和技术规范、图纸、工程量清单、工程报价单或者预算书、有关技术资料和要求、施工过程中的补充协议等。

（2）工程各种往来函件、通知、答复等。

（3）各种会谈纪要。

（4）经过发包人或者工程师批准的承包人的施工进度计划、施工方案、施工组织设计和现场实施情况记录。

（5）工程各项会议纪要。

（6）气象报告和资料，如有关温度、风力、风雪的资料。

（7）施工现场记录，包括有关设计交底、设计变更、施工变更指令，工程材料和机械设备的采购、验收与使用等方面的凭证及材料供应清单、合格证书，工程现场水、电、道路等开通、封闭的记录，停水、停电等各种干扰事件的时间和影响记录等。

（8）工程有关照片和录像等。

（9）施工日记、备忘录等。

（10）发包人或工程师签认的签证。

（11）发包人或工程师发布各种书面指令和确认书，以及承包人的要求、请求、通知书等。

（12）各种检查验收报告和各种技术鉴定报告。

（13）工程的交接记录、图纸和各种资料交接记录。

（14）建筑材料和设备的采购、订货、运输、进场、使用方面的记录、凭证和报表等。

（15）市场行情资料，包括市场价格、官方的物价指数、工资指数、中央银行的外汇比率等公布材料。

（16）发包人提供的参考资料和现场资料。

（17）工程结算资料、财务报告、财务凭证等。

（18）各种会计核算资料。

（19）国家法律、法令、政策文件。

4.索赔证据的基本要求

索赔证据的基本要求有①真实性；②及时性；③全面性；④关联性；⑤有效性。

### 6.4.4.7 索赔的程序和方法

工程施工中承包人向发包人索赔、发包人向承包人索赔以及分包人向承包人索赔的情况都有可能发生，以下说明承包人向发包人索赔的一般程序和方法。

1.索赔意向通知

在工程实施过程中发生索赔事件以后，或者承包人发现索赔机会，首先要提出索赔意向，即在合同规定时间（一般为 28 天）内将索赔意向用书面形式及时通知发包人或者工程师，向对方表明索赔愿望、要求或者声明保留索赔权利，这是索赔工作程序的第一步。

索赔意向通知要简明扼要地说明索赔事由发生的时间、地点、简单事实情况描述和发展动态、索赔依据和理由、索赔事件的不利影响等。

2.索赔资料的准备

在索赔资料的准备阶段，主要工作有：

（1）跟踪和调查干扰事件，掌握事件产生的详细经过。

（2）分析干扰事件产生的原因，划清各方责任，确定索赔根据。

（3）损失或损害调查分析与计算，确定工期索赔和费用索赔值。

（4）收集证据，获得充分而有效的各种证据。

（5）起草索赔文件。

3.索赔文件的提交

提出索赔的一方应该在合同规定的时限内向对方提交正式的书面索赔文件。例如，FIDIC 合同条件和我国《建设工程施工合同示范文本》都规定，承包人必须在发出索赔意向通知后的 28 天内或经过工程师同意的其他合理时间内向工程师提交一份详细的索赔文件和有关资料。如果干扰事件对工程的影响持续时间长，承包人则应按工程师要求的合理间隔（一般为 28 天），提交中间索赔报告，并在干扰事件影响结束后的 28 天内提交一份最终索赔报告。否则将失去该事件请求补偿的索赔权利。

索赔文件的主要内容包括以下几个方面：

（1）总述部分。概要论述索赔事项发生的日期和过程；承包人为该索赔事项付出的努力和附加开支；承包人的具体索赔要求。

（2）论证部分。论证部分是索赔报告的关键部分，其目的是说明自己有索赔权，是索赔能否成立的关键。

（3）索赔款项（和/或工期）计算部分。如果说索赔报告论证部分的任务是确定索赔权能否成立，则款项计算是为确定能得多少款项。前者定性，后者定量。

（4）证据部分。要注意引用的每个证据的效力或可信程度，对重要的证据资料最好附以文字说明，或附以确认文件。

**4.索赔文件的审核**

对于承包人向发包人的索赔请求，索赔文件首先应该交由工程师审核。工程师根据发包人的委托或授权，对承包人索赔的审核工作主要分为判定索赔事件是否成立和核查承包人的索赔计算是否正确、合理两个方面，并可在授权范围内做出判断：初步确定补偿额度，或者要求补充证据，或者要求修改索赔报告等。对索赔的初步处理意见要提交发包人。

**5.发包人审查**

对于工程师的初步处理意见，发包人需要进行审查和批准，然后工程师才可以签发有关证书。如果索赔额度超过了工程师权限范围，应由工程师将审查的索赔报告报请发包人审批，并与承包人谈判解决。

**6.协商**

对于工程师的初步处理意见，发包人和承包人可能都不接受或者其中的一方不接受，三方可就索赔的解决进行协商，其中可能包括复杂的谈判过程，经过多次协商才能达成一致意见。如果经过努力无法就索赔事宜达成一致意见，则发包人和承包人可根据合同约定选择采用仲裁或者诉讼方式解决。

**7.反索赔的基本内容**

反索赔的工作内容可以包括两个方面：一是防止对方提出索赔；二是反击或反驳对方的索赔要求。要成功地防止对方提出索赔，应采取积极防御的策略。首先是自己严格履行合同规定的各项义务，防止自己违约，并通过加强合同管理，使对方找不到索赔的理由和根据，使自己处于不能被索赔的地位。其次，如果在工程实施过程中发生了干扰事件，则应立即着手研究和分析合同依据，收集证据，为提出索赔和反索赔做好两手准备。

如果对方提出了索赔要求或索赔报告，则自己一方应采取各种措施来反击或反驳对方的索赔要求。常用的措施有：

（1）抓对方的失误，直接向对方提出索赔，以对抗或平衡对方的索赔要求，以求在最终解决索赔时互相让步或者互不支付。

（2）针对对方的索赔报告，进行仔细、认真的研究和分析，找出理由和证据，证明对方索赔要求或索赔报告不符合实际情况和合同规定、没有合同依据或事实证据、索赔值计算不合理或不准确等问题，反击对方的不合理索赔要求，推卸或减轻自己的责任，使自己不受或少受损失。

8.对索赔报告的反击或反驳要点

对对方索赔报告的反击或反驳,一般可以从以下几个方面进行:

(1)索赔要求或报告的时限性。审查对方是否在干扰事件发生后的索赔时限内及时提出索赔要求或报告。

(2)索赔事件的真实性。

(3)干扰事件的原因、责任分析。如果干扰事件确实存在,则要通过对事件的调查分析,确定原因和责任。如果事件责任属于索赔者自己,则索赔不能成立;如果合同双方都有责任,则应按各自的责任大小分担损失。

(4)索赔理由分析。分析对方的索赔要求是否与合同条款或有关法规一致,所受损失是否由于非对方负责的原因造成。

(5)索赔证据分析。分析对方所提供的证据是否真实、有效、合法,是否能证明索赔要求成立。证据不足、不全、不当、没有法律证明效力或没有证据,索赔不能成立。

(6)索赔值审核。如果经过上述的各种分析、评价,仍不能从根本上否定对方的索赔要求,则必须对索赔报告中的索赔值进行认真细致的审核,审核的重点是索赔值的计算方法是否合情合理,各种取费是否合理适度、有无重复计算,计算结果是否准确等。

### 6.4.4.8 索赔费用的计算

1.索赔费用的组成

索赔费用的主要组成部分,同工程款的计价内容相似。按我国现行规定(参见建标〔2003〕206号《建筑安装工程费用项目组成》),建安工程合同价包括直接费、间接费、利润和税金。我国的这种规定同国际上通行的做法还不完全一致。从原则上说,承包商有索赔权利的工程成本增加,都是可以索赔的费用。但是,对于不同原因引起的索赔,承包商可索赔的具体费用内容是不完全一样的。哪些内容可索赔,要按照各项费用的特点、条件进行分析论证。

1)人工费

人工费包括施工人员的基本工资、工资性质的津贴、加班费、奖金以及法定的安全福利等费用。对于索赔费用中的人工费部分而言,人工费是指完成合同之外的额外工作所花费的人工费用、由于非承包商责任的工效降低所增加的人工费用、超过法定工作时间加班劳动费用、法定人工费增长以及非承包商责任工程延期导致的人员窝工费和工资上涨费等。

2)材料费

材料费的索赔包括:由于索赔事项材料实际用量超过计划用量而增加的材料费、由于客观原因材料价格大幅度上涨、由于非承包商责任工程延期导致的材料价格上涨和超期储存费用。材料费中应包括运输费、仓储费以及合理的损耗费用。如果由于承包商管理不善,造成材料损坏失效,则不能列入索赔计价。承包商应该建立健全物资管理制度,记录建筑材料的进货日期和价格,建立领料耗用制度,以便索赔时能准确地分离出索赔事项所引起的材料额外耗用量。为了证明材料单价的上涨,承包商应提供可靠的订货单、采购单,或官方公布的材料价格调整指数。

3) 施工机械使用费

施工机械使用费的索赔包括由于完成额外工作增加的机械使用费、非承包商责任工效降低增加的机械使用费、由于业主或监理工程师原因导致机械停工的窝工费。窝工费的计算,如系租赁设备,一般按实际租金和调进调出费的分摊计算;如系承包商自有设备,一般按台班折旧费计算,而不能按台班费计算,因台班费中包括了设备使用费。

4) 分包费用

分包费用索赔指的是分包商的索赔费,一般也包括人工、材料、机械使用费的索赔。分包商的索赔应如数列入总承包商的索赔款总额以内。

5) 现场管理费

索赔款中的现场管理费是指承包商完成额外工程、索赔事项工作以及工期延长期间的现场管理费,包括管理人员工资、办公、通信、交通费等。

6) 利息

在索赔款额的计算中,经常包括利息。利息的索赔通常发生于下列情况:拖期付款的利息;错误扣款的利息。至于具体利率应是多少,在实践中可采用不同的标准,主要有这样几种规定:按当时的银行贷款利率;按当时的银行透支利率;按合同双方协议的利率;按中央银行贴现率加 3 个百分点。

7) 总部(企业)管理费

索赔款中的总部管理费主要指的是工程延期期间所增加的管理费,包括总部职工工资、办公大楼、办公用品、财务管理、通信设施以及总部领导人员赴工地检查指导工作等开支。这项索赔款的计算,目前没有统一的方法。在国际工程施工索赔中总部管理费的计算有以下几种:

(1)按照投标书中总部管理费的比例(3%~8%)计算:

总部管理费=合同中总部管理费比率(%)×(直接费索赔款额+现场管理费索赔款额等)

(2)按照公司总部统一规定的管理费比率计算:

总部管理费=公司管理费比率(%)×(直接费索赔款额+现场管理费索赔款额等)

(3)以工程延期的总天数为基础,计算总部管理费的索赔额,计算步骤如下:

对某一工程提取的管理费=同期内公司的总管理费×(该工程的合同额/同期内公司的总合同额)

该工程的每日管理费=该工程向总部上缴的管理费/合同实施天数

索赔的总部管理费=该工程的每日管理费×工程延期的天数

8) 利润

一般来说,由于工程范围的变更、文件有缺陷或技术性错误、业主未能提供现场等引起的索赔,承包商可以列入利润。但对于工程暂停的索赔,由于利润通常是包括在每项实施工程内容的价格之内的,而延长工期并未影响削减某些项目的实施,也未导致利润减少。所以,一般监理工程师很难同意在工程暂停的费用索赔中加进利润损失。索赔利润的款额计算通常是与原报价单中的利润百分率保持一致。

2. 索赔费用的计算方法

索赔费用的计算方法有实际费用法、总费用法和修正的总费用法。

1）实际费用法

实际费用法是计算工程索赔时最常用的一种方法。这种方法的计算原则是以承包商为某项索赔工作所支付的实际开支为根据,向业主要求费用补偿。

用实际费用法计算时,在直接费的额外费用部分的基础上加上应得的间接费和利润,即是承包商应得的索赔金额。由于实际费用法所依据的是实际发生的成本记录或单据,所以在施工过程中,系统而准确地积累记录资料是非常重要的。

2）总费用法

总费用法就是当发生多次索赔事件以后,重新计算该工程的实际总费用,实际总费用减去投标报价时的估算总费用,即为索赔金额,即

$$索赔金额＝实际总费用－投标报价估算总费用$$

不少人对采用该方法计算索赔费用持批评态度,因为实际发生的总费用中可能包括了承包商的原因,如施工组织不善而增加的费用;同时投标报价估算的总费用也可能为了中标而过低。所以,这种方法只有在难以采用实际费用法时才应用。

3）修正的总费用法

修正的总费用法是对总费用法的改进,即在总费用计算的原则上去掉一些不合理的因素,使其更合理。修正的内容如下:

(1)将计算索赔款的时段局限于受到外界影响的时间,而不是整个施工期。

(2)只计算受影响时段内某项工作所受影响的损失,而不是计算该时段内所有施工工作所受的损失。

(3)与该项工作无关的费用不列入总费用中。

(4)对投标报价费用重新进行核算:按受影响时段内该项工作的实际单价进行核算,乘以实际完成的该项工作的工程量,得出调整后的报价费用。

按修正后的总费用计算索赔金额的公式如下:

$$索赔金额＝某项工作调整后的实际总费用－该项工作的报价费用$$

修正的总费用法与总费用法相比,有了实质性的改进,它的准确程度已接近于实际费用法。

### 6.4.4.9　工期索赔的计算

1.工期延误

工期延误是指工程施工过程中任何一项或多项工作实际完成日期迟于计划规定的完成日期,从而可能导致整个合同工期的延长。工程延误对合同双方一般都会造成损失。业主因工程延误不能及时交付使用,投入生产,就不能按计划实现投资效果,失去盈利机会,损失市场利润;承包商因工期延误会增加工程成本,生产效率降低,企业信誉受到影响,最终还可能导致合同规定的误期损害赔偿的处罚。

2.工期延误的分类

1）按照延误事件之间的关联性划分

(1)单一延误。在某一延误事件从发生到终止的时间间隔内,没有其他延误事件的发生,该延误事件引起的延误称为单一延误。

(2)共同延误。当两个或两个以上的延误事件从发生到终止的时间完全相同时,这些

事件引起的延误称为共同延误。共同延误的补偿分析比单一延误要复杂一些。当业主引起的延误或双方不可控制因素引起的延误与承包商引起的延误共同发生时,即可索赔延误与不可索赔延误同时发生时,可索赔延误就将变成不可索赔延误,这是工程索赔的惯例之一。

(3)交叉延误。当两个或两个以上的延误事件从发生到终止只有部分时间重合时,称为交叉延误。由于工程项目是一个较为复杂的系统工程,影响因素众多,常常会出现多种原因引起的延误交叉在一起的情况,这种交叉延误的补偿分析更加复杂。

比较交叉延误和共同延误,不难看出,共同延误是交叉延误的一种特例。

2)按照工期延误的原因划分

(1)因业主和工程师原因引起的延误。

(2)因承包商原因引起的延误。

(3)不可控制因素引起的延误。

3)按照索赔要求和结果划分

按照承包商可能得到的要求和索赔结果划分,工程延误可以分为可索赔延误和不可索赔延误。

(1)可索赔延误。可索赔延误是指非承包商原因引起的工程延误,包括业主或工程师的原因和双方不可控制的因素引起的索赔。根据补偿的内容不同,可以进一步划分为三种情况:①只可索赔工期的延误;②只可索赔费用的延误;③可索赔工期和费用的延误。

(2)不可索赔延误。不可索赔延误是指因承包商原因引起的延误,承包商不应向业主提出索赔,而且应该采取措施赶工,否则应向业主支付误期损害赔偿。

3.工期索赔的具体依据

(1)合同约定或双方认可的施工总进度规划。

(2)合同双方认可的详细进度计划。

(3)合同双方认可的对工期的修改文件。

(4)施工日志、气象资料。

(5)业主或工程师的变更指令。

(6)影响工期的干扰事件。

(7)受干扰后的实际工程进度等。

4.工期索赔的条件

因以下原因造成工期延误,经工程师确认,工期相应顺延:

(1)发包人未能按专用条款的约定提供图纸及开工条件。

(2)发包人未能按约定日期支付工程预付款、进度款,致使施工不能正常进行。

(3)工程师未按合同约定提供所需指令、批准等,致使施工不能正常进行。

(4)设计变更和工程量增加。

(5)一周内非承包商原因导致停水、停电、停气造成停工累计超过8 h。

(6)不可抗力。

(7)专用条款中约定或工程师同意工期顺延的其他情况。

5.工期索赔的分析

工期索赔的分析包括延误原因分析、延误责任的界定、网络计划(CPM)分析、工期索赔的计算等。

运用网络计划(CPM)方法分析延误事件是否发生在关键线路上,以决定延误是否可以索赔。在工期索赔中,一般只考虑对关键线路上的延误或者非关键线路因延误而变为关键线路时才给予顺延工期。

6.工期索赔的计算方法

1)直接法

如果某干扰事件直接发生在关键线路上,造成总工期的延误,可以直接将该干扰事件的实际干扰时间(延误时间)作为工期索赔值。

2)比例分析法

如果某干扰事件仅仅影响某单项工程、单位工程或分部分项工程的工期,要分析其对总工期的影响,可以采用比例分析法。

采用比例分析法时,可以按工程量比例进行分析。例如某工程基础施工中出现了意外情况,导致工程量由原来的 2 800 $m^3$ 增加到 3 500 $m^3$,原定工期是 40 天,则承包商可以提出的工期索赔值=原工期×新增工程量/原工程量=40×(3 500−2 800)/2 800=10(天)。

本例中,如果合同规定工程量增减 10% 为承包商应承担的风险,则工期索赔值=40×(3 500−2 800×110%)/2 800=6(天)。

此外,也可按造价的比例进行分析。例如某工程合同价为 1 200 万元,总工期为 24 个月,施工过程中业主增加额外工程费 200 万元,则承包商提出的工期索赔值=原合同工期×附加或增加工程造价/原合同价=24×200/1 200=4 个月。

3)网络分析法

通过分析干扰事件发生前和发生后网络计划的计算工期之差来计算工期索赔值,可以用于各种干扰事件和多种干扰事件共同作用所引起的工期索赔。

# 学习单元 6.5　建筑工程项目合同的计价方式

**工作任务表**

| 能力目标 | 主讲内容 | 学生完成任务 |
|---|---|---|
| 通过学习训练,使学生了解合同的计价方式 | 着重介绍合同的三种计价方式 | 根据本单元的基本条件,在学习过程中完成工程竣工结算的模拟训练 |

建设工程施工承包合同的计价方式主要有总价合同、单价合同、成本加酬金合同三种。

## 6.5.1　单价合同的运用

当施工发包的工程内容和工程量一时尚不能十分明确、具体地予以规定时,则可以采用单价合同形式,即根据计划工程内容和估算工程量,在合同中明确每项工程内容的单位价格(如每米、每平方米或者每立方米的价格),实际支付时则根据每一个子项的实际完成工程量乘以该子项的合同单价计算该项工作的应付工程款。

单价合同的特点是单价优先,当投标报价中单价和总价的计算结果不一致时,以单价为准调整总价。由于单价合同允许随工程量变化而调整工程总价,业主和承包商都不存在工程量方面的风险,因此对合同双方都比较公平。另外,在招标前,发包单位无须对工程范围作出完整的、详尽的规定,从而可以缩短招标准备时间,投标人也只需对所列工程内容报出自己的单价,从而缩短投标时间。

采用单价合同对业主的不足之处是,业主需要安排专门力量来核实已经完成的工程量,需要在施工过程中花费不少精力,协调工作量大。另外,用于计算应付工程款的实际工程量可能超过预测的工程量,即实际投资容易超过计划投资,对投资控制不利。

单价合同又分为固定单价合同和变动单价合同。

固定单价合同条件下,无论发生哪些影响价格的因素都不对单价进行调整,因而对承包商而言就存在一定的风险。当采用变动单价合同时,合同双方可以约定一个估计的工程量,当实际工程量发生较大变化时可以对单价进行调整,同时还应该约定如何对单价进行调整;当通货膨胀达到一定水平或者国家政策发生变化时,可以对哪些工程内容的单价进行调整以及如何调整等。因此,承包商的风险就相对较小。

固定单价合同适用于工期较短、工程量变化幅度不会太大的项目。

### 6.5.2　总价合同的运用

#### 6.5.2.1　总价合同的含义

总价合同,是指根据合同规定的工程施工内容和有关条件,业主付给承包商一个明确的总价。总价合同也称总价包干合同,当施工内容和外部条件没有发生变化时,业主付给承包商的价款总额就不会发生变化。

总价合同又分固定总价合同和变动总价合同两种。

#### 6.5.2.2　固定总价合同

固定总价合同的价格计算是以图纸及规定、规范为基础,工程任务和内容明确,业主的要求和条件清楚,合同总价固定不变,即不再因为环境的变化和工程量的增减而变化。在这类合同中,承包商承担了全部的工作量和价格的风险。因此,承包商在报价时应对一切费用的价格变动因素以及不可预见因素都做了充分的估计,并将其包含在合同价格之中。

对业主而言,在合同签订时就可以基本确定了项目的总投资额,对投资控制有利;在双方都无法预测的风险条件下和可能有工程变更的情况下,承包商承担了较大的风险,业主的风险较小。但是,工程变更和不可预见的困难也常常引起合同双方的纠纷或者诉讼,最终导致其他费用的增加。

当然,在固定总价合同中还可以约定,当发生重大工程变更、累计工程变更超过一定幅度时或者其他特殊条件下可以对合同价格进行调整。因此,需要定义重大工程变更的含义、累计工程变更的幅度以及什么样的特殊条件才能调整合同价格,以及如何调整合同价格等。

采用固定总价合同,双方结算比较简单,但是由于承包商承担了较大的风险,因此报价中不可避免地要增加一笔较高的不可预见风险费。承包商的风险主要有两个方面:一是价格风险;二是工作量风险;价格风险有报价计算错误、漏报项目、物价和人工费上涨等多工作量风险有工程量计算错误、工程范围不确定、工程变更或者由于设计深度不够所造成的误差等。

　　固定总价合同的适用情况如下:

　　(1)工程量小、工期短,估计在施工过程中环境因素变化小,工程条件稳定并合理。

　　(2)工程设计详细,图纸完整、清楚,工程任务和范围明确。

　　(3)工程结构和技术简单,风险小。

　　(4)投标期相对宽裕,承包商可以有充足的时间详细考察现场、复核工程量,分析招标文件,拟订施工计划。

### 6.5.2.3　变动总价合同

　　变动总价合同又称为可调总价合同,合同价格是以图纸及规定、规范为基础,按照时价进行计算,得到包括全部工程任务和内容的暂定合同价格。它是一种相对固定的价格,在合同执行过程中,由于通货膨胀等原因而使所使用的工、料成本增加时,可以按照合同约定对合同总价进行相应的调整。当然,一般由于设计变更、工程量变化和其他工程条件变化所引起的费用变化也可以进行调整。因此,通货膨胀等不可预见因素的风险由业主承担,对承包商而言,其风险相对较小,但对业主而言,不利于其进行投资控制,投资增加的风险就增大了。

　　根据《建设工程施主合同(示范文本)》,合同双方可约定,在以下条件下可对合同价款进行调整:

　　(1)法律、行政法规和国家有关政策变化影响合同价款。

　　(2)工程造价管理部门公布的价格调整。

　　(3)一周内非承包人原因致使停水、停电、停气造成的停工累计超过8 h。

　　(4)双方约定的其他因素。

　　在工程施工承包招标时,施工期限一年左右的项目一般实行固定总价合同,通常不考虑价格调整问题,以签订合同时的单价和总价为准,物价上涨的风险由承包商承担。对于建设周期超过一年半以上的项目,则应考虑下列因素引起的价格变化问题:

　　(1)人工费及材料费用的上涨。

　　(2)其他影响工程造价的因素,如运输费、燃料费、电费等价格的变化。

　　(3)外汇汇率的不稳定。

　　(4)国家或省、市法律法规的变化引起的工程费用的上涨。

### 6.5.2.4　总价合同的特点及应用

　　显然,采用总价合同时,对承发包工程的内容及其各种条件都应基本清楚、明确,否则承发包双方都有蒙受损失的风险。因此,一般是在施工图设计完成,施工任务和范围比较明确,业主的目标、要求和条件都清楚的情况下才采用总价合同。对业主来说,由于设计时间长,因而开工时间较晚,开工后的变更容易带来索赔,而且在设计过程中也难以采纳承包商的建议。

总价合同的特点如下：

（1）发包单位可以在报价竞争状态下确定项目的总造价，可以较早确定或者预测工程成本。

（2）业主的风险较小，承包人将承担较多的风险。

（3）评标时易于迅速确定最低报价的投标人。

（4）在施工进度上能极大地调动承包人的积极性。

（5）发包单位能更容易、更有把握地对项目进行控制。

（6）必须完整而明确地规定承包人的工作。

（7）必须将设计和施工方面的变化控制在最小限度内。

总价合同是总价优先，承包商报总价，双方商讨并确定合同总价，最终也按总价结算。

## 6.5.3　成本加酬金合同的运用

### 6.5.3.1　成本加酬金合同的含义

成本加酬金合同也称为成本补偿合同，这是与固定总价合同正好相反的合同，工程施工的最终合同价格将按照工程的实际成本再加上一定的酬金进行计算。在合同签订时，工程实际成本往往不能确定，只能确定酬金的取值比例或者计算原则。

采用这种合同，承包商不承担任何价格变化或工程量变化的风险，这些风险主要由业主承担，对业主的投资控制很不利。而承包商则往往缺乏控制成本的积极性，不仅不愿意控制成本，甚至还会期望提高成本以提高自己的经济效益，因此这种合同容易被那些不道德或不称职的承包商滥用，从而损害工程的整体效益。应该尽可能避免采用这种合同形式。

### 6.5.3.2　成本加酬金合同的特点和适用条件

成本加酬金合同通常用于如下情况：

（1）工程特别复杂，工程技术、结构方案不能预先确定，或者尽管可以确定工程技术和结构方案，但是不可能进行竞争性的招标活动并以总价合同或单价合同的形式确定承包商，如研究开发性质的工程项目。

（2）时间特别紧迫，如抢险、救灾工程，来不及进行详细的计划和商谈。

对于业主而言，这种合同形式也有一定优点，如：

（1）可以通过分段施工缩短工期，而不必等待所有施工图完成才开始招标和施工。

（2）可以减少承包商的对立情绪，承包商对工程变更和不可预见条件的反应会比较积极和快捷。

（3）可以利用承包商的施工技术专家，帮助改进或弥补设计中的不足。

（4）业主可以根据自身力量和需要，较深入地介入和控制工程施工与管理。

（5）可以通过确定最大保证价格约束工程成本不超过某一限额，从而转移一部分风险。

对承包商来说，这种合同比固定总价的风险低，利润比较有保证，因而比较有积极性。其缺点是合同的不确定性，由于设计未完成，无法准确确定合同的工程内容、工程量以及合同的终止时间，有时难以对工程计划进行合理安排。

#### 6.5.3.3　成本加酬金合同的形式及应用

成本加酬金合同有许多种形式,如成本加固定费用合同、成本加固定比例费用合同、成本加奖金合同、最大成本加费用合同。

在施工承包合同中采用成本加酬金计价方式时,业主和承包商应该注意以下问题:

(1)必须有明确的支付酬金条款,包括酬金支付时间、金额百分比。如发生变更或其他变化,酬金支付如何调整。

(2)应该列出工程费用清单,保留有关工程实际成本记录证明等证据,以便业主审核和结算。

## 学习单元 6.6　案　例

### 工作任务表

| 能力目标 | 主讲内容 | 学生完成任务 |
|---|---|---|
| 通过学习训练,使学生了解费用索赔的计算 | 着重介绍工程项目合同费用计算方法,通过案例分析掌握索赔注意事项 | 根据本单元的基本条件,在学习过程中完成工程合同的费用计算和索赔计算 |

【案例 6-1】

1.背景

某公司为总承包一级企业(简称甲方),承包一个综合办公楼工程,该工程地下两层,地下工程支护方案甲方委托给具有设计资质的某设计院承担(简称丙方,经业主同意),地下工程施工给具有施工资质的某施工队完成(简称乙方)。丙方完成支护方案施工图后,直接接了乙方进行施工。在乙方挖土施工时,监理工程师发现基坑边发现裂缝,及时以书面报告通知甲方项目经理,要求立即撤离现场所有人员。甲方项目经理以施工工期要求为由,没有落实监理工程师的要求。当通知接到 2 h 后,基坑倒塌,造成 5 人死亡,19人重伤,直接经济损失 60 万元。后经调查,勘察资料不准确,造成设计人员取值错误是引起这起事故的主要原因,故乙方将丙方告上法院,要求丙方承担所有的经济损失。

2.问题

(1)该项目的分包是否符合法律程序?

(2)丙方将施工图纸直接给乙方是否正确?

(3)乙方将丙方告上法院是否符合程序?

(4)该事故为几级事故?

(5)乙方应采取哪些法律程序?

3.分析

(1)该项目甲方将支护方案设计交由丙方承担,丙方具有相应资质,并经业主同意,该分包合法。甲方将地下工程交由乙方承担不合法。因为基坑为主体工程,不能分包,不符合建筑法的要求。

（2）丙方把施工图给乙方不正确。因为丙方是与甲方签订设计合同，且基坑支护方案必须经施工单位技术负责人（总包单位）、总监理工程师的签字后实施。

（3）乙方将丙方告上法院不符合程序。因为乙方是与甲方签订施工合同，且甲方项目经理没有执行监理工程师的通知是造成人员伤亡的主要原因。

（4）该事故属重大伤亡事故。因为一次伤亡5人（大于3人小于10人），经济损失大于10万元。按工程事故分类属重大事故。

（5）乙方应按法律程序将甲方、丙方、勘察方一并告上法庭。因为伤亡事故因甲方项目经理没执行监理工程师的通知，也没有进行调查分析，深基坑倒塌是设计强度不够造成的，故属丙方责任，但勘察方与丙方承担相应的责任。

【案例6-2】

1.背景

某工程项目通过招标、投标、评标后确定A单位为中标单位。招标人于4月6日向A单位发出了中标通知书，在该项目的后续合同管理中出现了如下事件。

事件1：通过谈判，双方于5月8日签订施工合同。

事件2：合同签订两天后，发包方就所签合同的单价清单中的两个偏差单价，向承包人提出以补充协议的形式对该单价进行调整。

事件3：在合同履行中，承包方发现合同协议书中单价清单包括的内容与投标书有矛盾，于是要求发包方按投标书的内容调整。

事件4：由于A单位在本项目的合同履行中破产了，确实无法履行施工合同，A单位提出解除施工合同。

2.问题

事件1：签订合同的做法是否合法？为什么？

事件2：发包方提出再签订补充协议以调整合同单价是否合适？为什么？

事件3：承包方要求按投标书的内容调整的做法是否合理？结合合同文件的组成说明理由。

事件4：A单位提出解除施工合同合法吗？列举四种解除施工合同的情况。

3.分析

事件1：签订合同的做法不合法。

按照招标投标法规定，招标人和中标人应当自中标通知书发出之日起30日内，按招标文件和中标人的投标文件订立书面合同。而本例超过了30日才签订。

事件2：不合适。

按规定，签订合同后，招标人和中标人不得再另行订立背离合同实质性内容的其他协议。而合同单价为合同的实质性内容，因此对合同单价再以补充协议的形式进行调整不合适。

事件3：不合理。

按照我国《建设工程施工合同（示范文本）》规定，施工合同文件的组成及解释顺序如下：

(1)施工合同协议书。

(2)中标通知书。

(3)投标书及其附件。

(4)施工合同专用条款。

(5)施工合同通用条款。

(6)标准、规范及有关技术文件。

(7)图纸。

(8)工程量清单。

(9)工程报价单或预算书。

(10)双方有关工程的洽商、变更等书面协议或文件。上述合同文件应能够互相解释,互相说明。当合同文件出现不一致时按上列顺序解释。

从上例知,施工合同协议书优先级最高。当它与投标书有矛盾时,即施工合同协议书与投标书出现不一致时,应以优先级高的施工合同协议书为主解释。

事件4:由于A单位已破产,按规定,按照一定的程序,可以解除施工合同。

按照一定的程序,可解除合同的情况还有:

(1)当事人双方经过协商同意,并且不因此损害国家和公共利益。

(2)订立合同时所依据的国家计划被修改或取消。

(3)当事人一方由于关闭、转产、破产而确定无法履行施工合同。

(4)由于不可抗力或由于一方当事人虽无过失但无法防止的外因,致使施工合同无法履行。

(5)由于一方违约,使施工合同履行成为不必要。

【案例6-3】

1.背景

某施工单位根据领取的某50 000 m² 单层厂房工程项目招标文件和全套施工图纸,采用低报价策略编制了投标文件,并获得了中标。该施工单位于2003年5月10日与建设单位(业主)签订了该工程项目的固定价格施工合同。合同工期为12个月。工程招标文件参考资料中提供的使用回填土距工地7 m。但是开工后,检查该土质量不符合要求,施工单位只得从另一距工地21 m的土源采购。由于供土距离的增大必然引起费用的增加,施工单位经过仔细计算后,在业主指令下达的第三天,向业主提交了每立方米土提高人民币7元的索赔要求。工程进行了一个月后,因业主资金短缺,无法如期支付工程款,口头要求施工单位暂停施工一个月。施工单位亦口头答应。恢复施工后不久,在一个关键工作面上又发生了几种不同原因造成的临时停工:7月20~25日施工单位设备出现了从未有过的故障;8月10~12日施工现场出现罕见的特大暴雨,造成了8月13~14日该地区供电中断。针对上述两次停工,承包商(施工单位)向业主提出要求顺延工期共45天。

2.问题

(1)该工程用固定价格合同是否合适?

(2)该合同的变更形式是否妥当?为什么?

(3)施工单位的索赔要求成立的条件是什么?

（4）上述条件中施工单位提出的索赔要求是否合理？说明原因。

3.分析

因为固定价格合同适用于工程量大且能够较准确计算、工期较短、技术不太复杂、风险不太大的项目。该工程符合这些条件，故采用固定价格合同是合适的。

该合同变更形式是不妥的。根据《中华人民共和国合同法》和《建设工程施工合同（示范文本）》的有关规定，建设合同应当采用适当的书面形式，合同变更亦采用适当的书面形式。

若在应急情况下，采用口头形式，但事后应以书面形式予以确认。否则，在合同双方对合同内容有争议时，往往口头形式难以举证，而以书面约定的内容为准。

施工单位要求索赔成立应具备四个条件：

（1）与合同相比，已造成了实际的额外费用或工期损失。

（2）造成费用增加或工期延误不属施工方原因。

（3）造成费用增加或工期延误不是由施工单位承担。

（4）施工单位在规定时间内提交了增加费用和延期报告。

因购土的地点发生变化提出索赔是不合理的，原因是：

（1）施工单位应对自己报价的准确性与完备性负责。

（2）作为有经验的施工单位，可以通过现场踏勘确认招标文件参考资料中提供用土的质量是否合格，若施工单位没有做此事，风险应由施工单位承担。

因几种不同原因造成的停工要求不合理，业主单位批准可延期4天。

因业主紧缺资金要求停工1个月，而提出的工期索赔是合理的。原因是业主未能及时支付进度款，施工单位可向业主提出工期索赔和经济损失索赔。

故施工单位可以提出的工期索赔为34天。

【案例6-4】

1.背景

某公司承揽了一个外商投资和管理的工程项目。合同按FIDIC条款签署。由于外商没有按照合同的约定及时提供图纸，给工程承包造成了很大的损失。

2.问题

（1）工程承包方应如何维护自己的权益？

（2）如维护这些权益，应做哪些基础工作？

（3）如该合同是总价包干合同，向外商索赔的切入点是什么？

（4）如果外商在工程过程中提出了超出公司规定的技术标准要求，承包方应采取哪些及时有效的措施？

3.分析

（1）按照合同和国际惯例进行索赔。

（2）首先，承包商要做好现场签证工作。对自己的实际损失要进行评估并做出预标，然后向外商提出索赔报告，并进行谈判。

（3）谁违约，谁负责，是国际准则。

（4）选择接受其要求，并提出相应的索赔。如果贸然拒绝外商的要求，他们又可能会误认为你不愿意为客户提供服务。

【案例6-5】

1.背景

某钢厂拟建设一条宽中(厚)板热轧生产线,由于该产品市场热销,钢厂希望打破常规,加快建设速度。另外,钢厂希望能对工程款实施有效的控制。钢厂决定在初步设计审查通过后,立即开始施工招标,边设计,边施工。招标采用工程量清单报价模式,向投标商提供参考工程量清单,并要求措施费、管理费、各种款费全部并入综合单价内,合同采用固定总价模式,以便控制施工费用。

A公司中标施工总承包该项目。其报价依据钢厂提供的参考工程量清单编制了综合单价和施工总价,并与钢厂签订了固定总价合同。

A公司在施工过程中发现,正式施工图的基础埋深由初步设计的-6 m变成了-9 m;主要工程量比招标参考工程量增加了10%～30%;主要施工材料(如钢材、电缆、水泥)的材料单价大幅度上涨,仅钢材价格就从3 800元/t上涨至4 800元/t。由于上述原因,A公司预计该项目将亏损1 000万元以上。

2.问题

(1)该钢厂的招标是否符合招标条件?为什么?

(2)该钢厂所用的工程量清单报价模式是否符合国家工程量清单计价规范?为什么?

(3)由于合同已约定相应的市场风险和技术风险,因此下列几种情况导致的合同价款变化是否应予调整:

①基础埋深变化而新增的特殊施工措施费。

②正式施工图工程量超出招标参考工程量而增加的工程费用。

③因工程材料涨价而产生的价差。

3.分析

(1)不符合招标条件,因钢厂缺乏招标所需的设计图纸及技术资料。

(2)不符合国家工程量清单计价规范。因为措施费用、总承包服务费等应单列,不应计入综合单价。

(3)该项费用钢厂应予认可。根据合同法平等、自愿的原则,实际施工图的技术参数与初步设计编制的报价对正式施工图而言,已不是A公司的真实意愿。

钢厂应补给超量部分的工程费用。根据合同法公平、诚实信用原则,钢厂提供的参考工程量与实际工程量有很大的差异,尽管不是主观上的故意行为,但仍属过失行为,根据诚实信用原则,钢厂应承担相应的超量工程费用。

材料涨价是一种市场风险,A公司有预见和承受市场风险的心理准备,但异常的涨价已超出了正常的预见范围和承受能力。尽管这不属于不可抗力的范围,但其实质损害与不可抗力相似。因此,价差应由A公司与钢厂通过协商方式共同承担。

【案例6-6】

1.背景

某设备安装公司负责一轧钢厂的设备管道安装工作,工程进行到一半时,发包方为使车间更好地与厂区配合使用,提出变更新增部分附属结构的工程施工。结果导致其工期比合同商定的晚 10 天,发包方以此为由拒付新增工程变更的相关费用。

2.问题

(1)发包方可以提出新增工程变更吗？

(2)工程变更可以由哪些部门提出？

(3)简述变更价款的确定原则。

(4)发包方拒付新增工程变更价款的做法有无道理？为什么？

3.分析

(1)发包方可以提出新增工程变更,但要办理新增工程的签证手续,或发施工联络单并由甲方有关部门确认。

(2)工程变更由建设单位、承包方、监理工程师提出都可以,根据现场实际情况提出变更,设计部门进行确认签证。

(3)关于变更中发生的费用,可参照合同中的价格。如合同中有类似变更情况的价格,可以作为基础进行参考。如合同中没有类似适用的价格,可由承包方提出适当变更价,由监理工程师批准或与甲方造价部门进行协商执行。

(4)发包方拒付新增变更工程款不合理。因甲方对今后的生产需要提出变更,新增了工作量就必须按工期进行顺延,且在顺延工期中完成变更工作量,甲方就应支付变更部分的价款。若工程变更中没有对工期顺延进行明确规定,则应由甲乙双方协商处理或提交仲裁或起诉。

## 【案例 6-7】

1.背景

某施工单位在其资质范围内承接了一项工程的总承包工作,在与业主单位的商务谈判中,业主单位对工程的工期、质量、产品的技术性能、产量均做出了明确的约束,施工单位在合同评审和洽谈过程中同意了业主单位的要求,并签订了正式总价合同。在施工过程中,业主不断指使设计单位提高设备等级要求和自动化控制水平,致使施工单位不得不增加了设备的采购成本和施工成本。当施工单位要求监理、业主单位对其设备品质要求的变化而增加工程费用时,监理、业主单位以合同条款为总价包干为由,拒绝增加费用,施工单位只好凭设备采购合同向有关机构申请仲裁。

2.问题

(1)施工单位凭设备采购合同向有关机构申请仲裁能够得到支持吗？为什么？

(2)遇到这种情况时,施工单位应注意什么？

(3)施工单位应吸取什么教训？

(4)施工单位能够进行此类总承包工程吗？

3.分析

(1)施工单位凭设备采购合同向有关机构申请仲裁不能得到支持,因为设备采购合同是施工单位与设备制造、供应厂家的约定,与业主的合同没有直接的法律关系。

(2)遇到这种情况时,施工单位应依照通常合同中都有的关于执行过程中发生争议时的协商仲裁的原则,及时与相关方进行协商沟通。根据合同评审时对达到合同中的工期质量、产品的技术性能、产量时所发生的采购设备成本、施工成本与实际发生时采购设备成本、施工成本,从经济、性能、品质及设备的使用寿命上进行比较,通情达理的监理、业主单位都是尊重事实的。

(3)施工单位通过这件事情,应该对合同评审和洽谈过程进行反思。对于合同条款中可能产生歧义的内容应该通过评审,在商谈过程中争取取得一致意见,对设备、材料、自动化控制水平应做出明确的规格、型号、等级要求,免除以后实施过程中双方的分歧;在实施过程中,如果出现了分歧,还是应该依据合同条款中关于争议处理的原则,及时协商沟通,争取达成一致,避免影响工作的正常进行。

(4)要审查施工单位的营业执照和资质证书的内容,如符合要求,就能够进行总承包工程。

### 【案例6-8】

**1.背景**

某基坑开挖工程,合同挖方量为 7 000 $m^3$,直接费单价 5.2 元/$m^3$,综合费率为直接费的 20%。按经甲方批准的施工方案及进度计划,乙方租用一台 1 $m^3$ 的反铲挖掘机(租赁费 550 元/台班)开挖,6 月 11 日开工,6 月 20 日完工。施工中发生下列事件:

事件1:因反铲挖掘机大修,晚进场 1 日,造成人员窝工 10 工日。

事件2:遇未预见的软土层,接工程师 6 月 15 日停工指令,进行地质复查,配合用工 15 工日。

事件3:6 月 19 日接工程师次日复工指令及开挖加深 1.5 m 的设计变更通知,增加挖方量 1 400 $m^3$。

事件4:6 月 20~22 日遇百年不遇的暴雨,开挖暂停,造成人员窝工 30 工日。

事件5:6 月 23 日修复暴雨损坏的正式道路用工 30 工日,6 月 24 日恢复挖掘,至 6 月 30 日完工。

**2.问题**

逐项分析上列事件,乙方是否可向甲方索赔?为什么?如可索赔,各可索赔工期几天?可索赔费用多少?(假设人工单价 25 元/工日,管理费为 30%)

**3.分析**

事件1:不可索赔,属甲方责任。

事件2:可索赔,遇未预见的地质条件,由甲方承担;可索赔工期 5 日(15~19 日),窝工费 15×25×(1+30%)= 487.5(元);机械费 550×5= 2 750(元)。

事件3:可索赔,因为是工程师指令变更设计。工程费 1 400×5.2×(1+20%)= 8 736(元)。

事件4:可索赔工期,因大暴雨停工,属不可抗力,工期顺延;不可索赔窝工费。

事件5:可索赔,修复因不可抗力造成的工程损失,由甲方承担;可索赔工期 1 日,人工费 30×25×(1+30%)= 975(元);机械费 550×1= 550(元)。

### 【案例6-9】

**1.背景**

某钢铁生产企业计划新建一座焦炉,经考察邀请五家有资质的施工单位参加焦炉工程的投标,经过相关招标投标程序,确定一家施工单位中标,中标价为 4 300 万元。签订施工合同时,业主要求施工单位在中标价基础上让利 200 万元,尽管施工单位极不情愿,但考虑到建筑市场竞争激烈,不得不同意业主的要求。在项目的施工过程中,因多种因素影响,工期拖延 8 个月以上,其中因甲方所供设备不能按期供应,累计拖延工期 5 个月;因总承包单位与分包单位之间协调不力,累计拖延工期 3 个月。由于施工单位产生较多亏损,乙方除向甲方提出正常索赔外,同时还要求甲方将中标价与合同价的差额部分 200 万元重新补偿给乙方,以弥补亏损,甲方予以拒绝。

2.问题

(1)工程经过公开招标或邀请招标,确定中标单位和中标价后,甲方要求在中标价基础上再让利 200 万元,是否违反有关规定?

(2)我国《建设工程施工合同(示范文本)》中规定施工合同文件的组成及解释顺序是什么?

(3)甲方拒绝乙方提出的补偿 200 万元的要求是否合法?

(4)本案例中乙方可以要求甲方补偿工期是多少?

3.分析

(1)该行为违反招标投标法有关规定,乙方可予以拒绝。

(2)我国《建设工程施工合同(示范文本)》中规定施工合同文件的组成及解释顺序如下:

①施工合同协议书。

②中标通知书。

③投标书及其附件。

④施工合同专用条款。

⑤施工合同通用条款。

⑥标准、规范及有关技术文件。

⑦图纸。

⑧工程量清单。

⑨报价单或预算书。

(3)由于合同签订时甲乙双方已就合同价格达成协议,《建设工程施工合同(示范文本)》中规定施工合同文件的组成解释顺序,合同双方应首先遵守合同协议书的规定,故甲方拒绝乙方提出的补偿 200 万元的要求符合规定。

(4)5 个月。

【案例 6-10】

1.背景

某冶建工程公司承建某钢厂冷轧薄板车间一大型钢筋混凝土设备基础工程。合同约定工程价款为 680 万元,工期为 90 天。若因施工单位原因造成工期延误,每延误一天对施工单位罚款 8 000 元,并承担相关费用;每提前一天,奖励施工单位 10 000 元。由于业主和其他原因造成工期延误,每延误一天,补偿施工单位 8 000 元,并承担相关费用。此工程施工单位按时提交了施工组织设计,并得到了监理工程师的批准,于 6 月 8 日正式开工,该基础分三段组织流水作业,并经过95天施工,设备基础完工,并通过验收。

事件1:在第一段设备基础土方开挖中,在原始资料未标明有枯井的地方发现一口枯井。施工单位应业主要求按设计变更进行了处理,工期延误6日,发生费用4.4万元。

事件2:在第二段设备基础土方开挖后,由于降雨,造成边坡塌方,当场死亡3人,重伤1人,工期延误4天,直接经济损失26万元。

事件3:在第三段设备基础施工完毕后发现个别预埋螺栓偏位,混凝土表面出现微裂缝,经监理工程师同意后及时进行了处理,工期延误1天,发生费用8 000元。

2.问题

(1)以上事件发生后,施工单位是否可以向业主提出索赔要求?为什么?

(2)事件2中,发生的事故可定为哪种等级安全事故?依据是什么?安全事故处理的程序是什么?

(3)该工程结算时施工单位应得到的合理价款为多少?

3.分析

(1)施工单位就事件1可以向业主提出工期和费用索赔。其他事件应由施工单位承担,不应提出索赔。因为事件1中根据合同约定,已造成工期延误及费用增加,同时工期损失及费用增加不属于施工单位的行为责任,不属于施工单位承担的风险,所以施工单位可以提出工期及费用索赔。而其他事件是由于施工单位的责任造成的工期延误及费用增加。

(2)事件2可定为三级重大事故。依据是按照建设部《工程建设重大事故和调查程序规定》第三条,具备下列条件之一者为三级重大事故:死亡3人以上、9人以下;重伤20人以上直接经济损失30万元以上,不满100万元。

(3)安全事故处理的程序为:

安全事故发生后,事故现场有关人员应当立即报告本单位负责人。

单位负责人接到事故报告后,应当迅速采取有效措施,组织抢救,防止事故扩大,减少人员伤亡和财产损失,并按照国家有关规定立即如实报告当地负有安全监督管理职责的部门,不得隐瞒不报、谎报或者拖延不报,不得故意破坏事故现场、毁灭有关证据。

负有安全生产监督管理职责的部门接到事故报告后,应当立即按照国家有关规定上报事故情况。

地方人民政府和负有安全生产监督管理职责的部门的负责人接到重大生产安全事故报告后,应当立即赶到事故现场,组织事故抢救。

任何单位和个人都应当支持、配合事故抢救,并提供一切便利条件。

事故调查处理应当按照实事求是、尊重科学的原则,及时、准确地查清事故原因,查明事故性质和责任,总结事故教训,提出整改措施,并对事故责任者提出处理意见。

经调查确定为责任事故的,除应当查明事故单位的责任并依法予以追究外,还应当查明对安全生产的有关事项负有审查批准和监督职责的行政部门的责任,对有失职、渎职行为的,依法追究法律责任。

(4)该工程结算时施工单位应得到的合理价款应为:

工程价款:680万元;

事件 1 工期费用补偿 6×8 000＝4.8(万元);变更费用 4.4 万元,合计 9.2 万元;

工期提前一天奖励 1×10 000＝10 000(元)。

事件 2、3 工期延误罚款 5×8 000＝40 000(元)。

合理价款为 686.2 万元。

## 【案例 6-11】

1.背景

某冶炼项目工程,招标文件写明合同条款采用我国《建设工程施工合同(示范文本)》,招标人在与中标人进行谈判时要求将如下 6 项内容写入合同:按地方政府要求,工期由 22 个月缩短为 20 个月;考虑设计单位的现实现状,招标文件要求施工单位具有相应设计能力,当钢结构图纸不能按计划交付时,施工单位要协助设计单位完成该部分图纸,不能因此影响工期,中标人投标时对此做了承诺;工程质量标准,创鲁班奖;进度款按月支付,工程总量按工程量清单为准;本工程是政府重点工程,由当地政府担保,乙方不得因甲方资金暂时不到位而停工和拖延工期;此地每年都有台风,台风影响不视为不可抗力。

2.问题

上述要求是否合理? 各应如何处置?

3.分析

(1)我国《招标投标法》规定:招标人和中标人应当按照招标文件和中标人的投标文件订立书面合同。招标文件要求工期是 22 个月,除非双方协商一致同意改为 20 个月,否则应按工期 22 个月订立合同。

(2)示范文本规定,发包人应按专用条款约定的日期和套数,向承包人提供图纸,但中标人投标时对招标文件中的此项要求做了承诺,按《招标投标法》规定,此项内容应写入合同。

(3)示范文本规定,工程质量应当达到约定的质量标准,质量标准的评定以国家或质量检验评定标准为依据。不应将创"鲁班奖"作为工程质量标准写入合同。

(4)工程总量应以实际施工采用的图纸为准,按图纸计算的工程量与工程量清单不一致时,按示范文本合同文件的优先解释顺序,图纸优先于工程量清单。

(5)应按示范文本的规定订立合同,政府不可作担保。

(6)虽此地每年都有台风,但订合同时不能准确预见台风发生的日期和强度,台风影响应视为不可抗力写入合同。

## 【案例 6-12】

一段公路改建工程,包括土方挖填和弃土处理,工程合同额为 4 979 068 美元,工期 2 年。在施工过程中,发现开挖路基的弃土量超出原标书中所列的数量,而且由于弃土量的增加,原定的弃土场(距开挖点 2 km)已不够用,选定的新弃土场运距为 9.5 km,因此承包商向工程师提出了索赔要求。

超挖土方量为 9 968 m³,超过原定挖方弃土量的 4.9%,承包商要求:①提高这部分土方的开挖单价,即从投标报价中的 2.5 美元/m³ 增至 6.5 美元/m³;②对土方开挖量增加和弃土运距增加,要求工程师发出变更指示。

工程师认为:①挖方弃土量较工程量表仅增加 4.9%,不能改变挖方单价,也不必发出变更指示;②至于弃土运距增加,由2 km增至9.5 km,可公平调整运输费要求承包商提出新的运输单价。

承包商提出的运输单价如下:

(1)直接费。运距增加9.5-2.0=7.5(km),往返15 km,需时0.75 h。汽车每次装土4.0 m³,每小时运费28美元。每立方米弃土运输费用为0.75×28/4.0=5.25(美元/m³)。

(2)间接费。现场管理费和利润8%,0.42美元/m³,上级管理费4%,0.227美元/m³。弃土运输单价为5.897美元/m³,总运费=5.897×9 968=58 781(美元)。

以上新增运输费58 781美元,为工程师和业主所接受,并同意列入下一个月的工程款结算中,此项索赔事件顺利解决。

(3)费用索赔的总费用方法。

总费用方法是用承包商在施工过程中发生的总费用减去承包商的投标价格来计算项目的费用索赔值。该方法要求承包商必须出示足够的证据,证明其全部费用是合理的,否则业主将不接受承包商提出的索赔款额,而承包商要想证明全部费用是合理的支出,则并非易事。因此,该方法不宜过多采用,只有在无法按分项方法计算索赔费用时,才可使用。

采用总费用法时应注意以下问题:

①由于非承包商的原因,使施工过程受到严重干扰,造成多个索赔事件混杂在一起,导致承包商难以准确地进行分项记录和收集证据资料,也无法分项计算出承包商产生的损失。

②承包商投标报价是合理的。所谓合理是指承包商投标价计算合理,其价格应接近业主计算的报价,并非是采取低价中标的策略,导致标价过低。

③承包商发生的实际费用证明是合理的。对承包商发生的每一项费用进行审核,证明费用的支出是实施项目工程所必须的。承包商对费用增加不负任何责任。

总费用索赔方法在实际应用中,又衍生出一些改进的总费用索赔法。其总的想法是承包商易于证明其索赔款额(提交索赔证明资料),同时,便于业主和工程师进行核实、确定索赔费用。故出现以下方法:

①按多个索赔事件发生时段,分别计算每时段的索赔费用,再汇总出总费用。

②按单一索赔事件计算索赔的总费用。

由于时段的限制或单一事件的限制,上述两种方法索赔的总费用额较小,在处理索赔时,业主也较易接受,同时承包商也能尽快得到索赔款。

# 学习任务 7　建筑工程项目信息管理

## 【学习目标】

通过学习能够掌握工程项目管理信息系统运行的过程,以此来分析诸如进度计划、成本计划、合同等的信息流程图,从而了解工程目前的实施情况;了解工程项目管理信息系统的结构和功能,支持项目管理人员进行项目规划以及在项目实施中控制目标的实现;了解几种建设工程项目管理软件的运用,能快速掌握工程项目管理软件的使用。

## 学习单元 7.1　概　述

**工作任务表**

| 能力目标 | 主讲内容 | 学生完成任务 |
|---|---|---|
| 通过学习训练,使学生了解工程项目信息、信息管理 | 着重介绍工程项目信息特征、类别,信息管理的目的 | 根据本单元的基本条件,在学习过程中完成工程项目信息、信息管理等相关知识的理解。 |

在项目管理的几大任务当中,信息管理是相当重要的一方面,但是普遍没有引起重视,在许多项目的管理中是相当薄弱的。许多国际工程中,由于信息管理工作不规范、不到位、不重视所引起的损失是相当惊人的,因此到国外参加过工程建设甚至在国内与国际工程公司合作过的公司对此都非常重视。

### 7.1.1　信息的概念及特征

#### 7.1.1.1　信息(Information)的概念

世界上对信息的定义有数百种。管理信息系统中常用的信息可以定义为:信息是经过加工后的数据,信息对接收者有用,它服务于决策,对接收者的决策和行为产生影响。这里的数据是指广义上的数据,包括文字、数值、语言、图表、图像等表达形式,数据有原始数据和加工整理后的数据之分。无论是原始数据还是加工整理后的数据,经过人的解释后,才能称为信息。数据是信息的载体,信息是数据的内涵。二者关系如图 7.1-1 所示。

#### 7.1.1.2　信息的特征

1.真实性

信息要反映事物或现象的本质及其内在联系,不符合事实的信息不仅没有价值,而且可能有害,不能成为管理信息。真实性是工程项目管理中信息收集时最应当注意的。

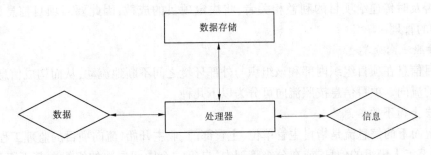

**图 7.1-1 数据与信息的关系**

**2.系统性**

任何信息都是信息源中有机整体的一部分,具有系统性和整体性。在工程项目管理工作中,费用信息、进度信息、质量信息、合同管理信息以及其他信息等,彼此之间构成一个有机的整体。

**3.层次性**

相对于管理层次,信息也是分层次的:高层管理者需要战略信息,中层管理者需要策略信息,基层作业者需要执行信息。

**4.可压缩性**

可压缩性是说信息能够被浓缩,对信息进行集中、综合和概括,而不会丢失信息的本质。

**5.共享性**

信息能够分享,这是不同于物质的显著特征,从而使之成为一种特殊资源。

**6.增值性**

信息在应用过程中会体现出其重要的价值来。

**7.不完全性**

由于信息收集、处理手段的局限性,对信息资源的开发和识别有时难以做到全面。对信息的收集、转换和利用不可避免地有主观因素存在,这就体现其不完全性的一面。

**7.1.1.3 工程项目信息的构成**

由于工程项目管理工作涉及多部门、多环节、多专业、多渠道,信息量大、来源广泛、形式多样,主要由下列信息构成:

(1)文字信息。包括图样及说明书、工作条例及规定、项目组织设计、情况报告、原始记录、报表、信件等信息。

(2)语言信息。包括口头分配任务、指示、汇报、工作检查、介绍情况、谈判交涉、建议、批评、工作讨论和研究、会议等信息。

(3)新技术信息。包括电话、电报、传真、计算机、电视、录像、录音、电子邮件、光盘、听写器、广播器等信息。

工程项目管理者应当捕捉各种信息并加工处理和运用各种信息。

**7.1.1.4 项目信息的分类**

实施项目管理,需要与目标跟踪和控制有关的信息。收集的项目信息是否准确、项目信息能否及时传递给项目的利益相关者,将决定项目的成败,因此要对项目信息进行系统、科学的管理。

**1.按照流向分类**

项目信息在项目组织内部和该组织与外部环境之间不断地流动,从而构成信息流,有着不同的流向。项目信息按照流向可分为以下几种。

1)自上而下的信息流

自上而下的信息流是指自主管单位、主管部门、业主开始,流向项目的监理工程师、检查员,乃至工人班组的信息,或在分级管理中,自每一个中间层次的组织向其下级逐级流动的信息,即信息源在上,接收信息者是其下属。这些信息主要指项目的目标、工作条例、命令、办法及规定、业务指导意见等。

2)自下而上的信息流

自下而上的信息流是指由下级向上级(一般是逐级向上)流动的信息。信息源在下,接收信息者在上。主要指项目实施工作中有关目标的完成量、进度、成本、质量、安全、消耗、效率、工作人员的工作情况等。此外,还包括上级部门所关注的意见和建议等。

3)横向间的信息流

横向间的信息流是指在项目的建设过程中,同一层次的工作部门或工作人员之间相互提供和接收的信息。这种信息一般是由于分工不同而各自产生的,但为了共同的目标又需要相互协作、互通有无或相互补充,以及在特殊、紧急情况下,为了节省信息流动时间而需要横向提供的信息。

4)以顾问室或经理办公室等综合部门为中心的项目信息

顾问室或经理办公室等综合部门为建筑工程项目经理决策提供辅助资料,同时又是有关项目利害关系的信息的提供者。

5)项目管理班子与环境之间进行交流的项目信息

项目管理班子与自己的领导、建设部门、设计单位、供应单位、银行、咨询单位、质量监督单位、国家有关管理部门都需要进行信息交流。一方面是为了满足自身管理的需要,另一方面也是为了满足与项目外部环境协作的要求,或按照国家规定相互提供信息。因此,建筑工程项目经理对这种信息应给予充分的重视,因为它们涉及项目单位的信誉、项目竞争、守法和经济效益等多方面的原则问题。

**2.按照信息来源分类**

从项目信息来源看,项目信息又可分为下面两种。

1)外生信息

外生信息即产生于项目管理班子之外的信息,可分为指令性或指导性信息、市场信息和技术。

2)内生信息

内生信息即产生于项目管理过程中的信息,包括基层信息、管理信息和决策信息。其中,基层信息是项目基层工作人员所需要的以及由他们产生的信息,这类信息需要对原始数据进行整理和汇总;决策信息是高层管理者所需要并产生的信息,如决策、计划、指令等。

### 3.从项目管理的角度分类

从项目管理的角度,工程项目信息可分为以下几类。

**1)费用控制信息**

费用控制信息包括:费用规划信息,投资计划,估算、概算、预算资料,资金使用计划,各阶段费用计划,以及费用定额、指标等;实际费用信息,如已支出的各类费用,各种付款账单,工程计量数据,工程变更情况,现场签证,以及物价指数,人工、材料、设备、机械台班的市场价格信息等;费用计划与实际值比较分析信息;费用的历史经验数据,现行数据,预测数据等。

**2)进度控制信息**

进度控制信息包括项目总进度规划、总进度计划、分进度目标、各阶段进度计划、单体工程计划、操作性计划、物资采购计划等,以及工程实际进度统计信息,项目施工日志,计划进度与实际进度比较信息,工期定额、指标等。

**3)质量控制信息**

质量控制信息如项目的功能、使用要求,有关标准及规范,质量目标和标准,设计文件、资料、说明,质量检查、测试数据,验收记录,质量问题处理报告,各类备忘录、技术单,材料、设备质量证明等。

**4)合同管理信息**

如一些相关的法规,招投标文件,项目参与各方情况信息,各类工程合同,合同执行情况信息,合同变更、签证记录,工程索赔事项情况等。

**5)项目其他信息**

项目其他信息包括有关政策、制度规定等文件,政府及上级有关部门批文,市政公共设施资料,工程来往函件,工程会议信息如设计工作会议、施工协调会、工程例会等的会议纪要,各类项目报告等。

## 7.1.2 工程项目的信息管理

### 7.1.2.1 工程项目信息管理概述

工程项目信息管理是指在项目的各个阶段,对所产生的、面向项目管理业务的信息收集、传递、加工、存储、维护和使用等信息规划和组织工作的总称。信息管理的目的就是要通过信息传输的组织和控制为项目建设的增值服务。为了使项目管理人员能及时、准确地获得进行项目规划、项目控制和管理决策所需的信息,达到信息管理的目的,就要把握信息管理的各个环节,并要做到:了解和掌握信息的来源,对信息进行分类;掌握和正确运用信息管理的手段(如计算机);掌握信息流程的不同环节,建立信息管理系统。

项目管理过程总是伴随着信息处理过程。对于大型建设工程项目,随着项目的启动、规划、实施等项目生命周期的展开,项目的文件、报告、合同、照片、图样、录像等各种介质信息会不断产生,项目信息管理的效率和成本直接影响其他项目管理工作的效率、质量和成本。因此,如何有效、有序、有组织地对项目全过程的各类介质信息资源进行管理,是现代项目管理的重要环节。以计算机为基础的现代信息处理技术在项目管理中的应用,又为大型项目信息管理系统的规划、设计和实施提供了全新的信息管理理念、技术支撑平台和全面解决方案。

### 7.1.2.2　工程项目信息管理的主要内容

工程项目信息管理系统有两种类型:人工管理信息系统和计算机管理信息系统。工程项目信息管理的主要内容有项目信息收集、传递、加工、存储、维护与使用等。

1.信息的收集

收集信息先要识别信息,确定信息需求。而信息的需求要由项目管理的目标出发,从客观情况调查入手,加上主观思路规定数据的范围。

项目信息的收集,应按信息规划,建立信息收集渠道的结构,即明确各类项目信息的收集部门、收集者为何人,从何处收集,采用何种收集方法,所收集信息的规格、形式,何时进行收集等。信息的收集最重要的是必须保证所需信息的准确、完整、可靠和及时。

2.信息的传递

传递信息同样也应建立信息传递渠道的结构,明确各类信息应传输至何地点,传递给何人,何时传输,采用何种方式传输等。应按信息规划规定的传递渠道,将项目信息在项目管理的有关各方、各个部门之间及时传递。信息传递者应保持原始信息的完整、清楚,使接收者能准确地理解所接收的信息。

3.信息的加工

数据经加工后成为预信息或统计信息,再经处理、解释后才成为信息。只有占有必要的信息,才能做出正确决策。项目管理信息的加工和处理应明确哪个部门、由何人负责并明确各类信息加工、整理、处理和解释的要求,加工、整理的方式,信息报告的格式,信息报告的周期等。不同管理层次的信息加工者应提供不同要求和不同浓缩程度的信息。工程项目的管理人员可分为高级、中级和一般管理人员,不同等级的管理人员所处的管理层面不同,他们实施项目管理的工作、任务、职责也不相同,因而所需的信息也不相同。在项目管理的班子中,由下而上的信息应逐层浓缩,而由上而下的信息应逐层细化。

4.信息的储存

信息储存的目的是将信息保存起来以备处理和使用。信息的储存应明确由哪个部门、由谁操作,储存在什么介质上,怎样分类,如何有规律地进行存储。要存什么信息、存多长时间、采用的信息存储方式主要应由项目管理的目标确定。

5.信息的维护与使用

信息的维护是保证项目信息处于准确、及时、安全和保密的合理状态,能够为管理决策提供有用的帮助。

### 7.1.2.3　工程项目信息管理的组织规划

对于周期短、规模小的项目,工程项目信息管理没有必要在项目运作的业务流程中单独构成一个独立的管理环节。但是对于周期较长、规模较大的项目,信息管理对于项目的成功将起到重要的作用。工程项目信息管理组织机构的规划原则主要有:

(1)设立专门的信息管理机构。

对于大型工程项目,在项目的组织和资源规划中必须设立专门的信息管理部门与机构,如项目信息中心或项目信息办公室。如果受人员编制的限制,可以把信息管理部门与档案管理部门等合并设置,但必须保证至少 2 名信息管理员的专职编制。

（2）成立建设领导小组。

为统一规划和部署项目信息化工作，应成立以项目总经理为核心的工程项目信息管理系统建设领导小组。设立项目信息总监或项目总信息师，项目信息化领导小组办公室设在项目总信息师办公室。条件具备时，项目信息总监最好由项目总经理亲自兼任，也可以由项目总工程师兼任，但必须制订与总经理办公室的职能和程序相独立的项目信息管理岗位职责和信息采集、加工、传递、处理和存储管理程序。

（3）设立部门级项目信息员。

在项目的计划、财务、合同、物资、档案、质量、办公室等职能部门设立部门级项目信息员。项目信息员受部门领导和总信息师双重领导，从而建成上通下达的工程项目信息资源管理组织体系。

（4）信息管理系统的建设费用。

目前，大型工程项目的信息管理系统的建设费用在每个行业的项目划分和投资估算中没有专门列编，许多建设单位从总预备费或办公管理费中列支计算机网络、数据库、项目管理软件等的采购费用。

## 7.1.3　计算机辅助工程项目管理

当今，工程项目的规模和要求出现了许多根本性的变化，工程项目面临一系列的问题和机会，项目管理工作日趋复杂。对工程项目实施全面规划和动态控制，需要处理大量的信息，处理的时间要短，速度既要快，又要准确，这样才能及时提供相关的项目决策信息，满足项目管理的需要。在工程项目建设过程中产生的大量数据单靠人工方法进行整理和计算是远远不能满足项目管理要求的，许多信息处理工作靠手工方式是不能胜任的。因此，提高工程项目管理水平，应用计算机辅助进行项目管理已成为项目管理发展的必然趋势。计算机辅助管理是工程项目管理有效和必需的手段。

应用计算机辅助项目管理有着非常重要和现实的意义，它可以极大地提高管理工作的效率，大大地提高工程项目管理水平，体现在以下几个方面：

（1）快速、高效地处理数据。

计算机能够快速、高效地处理项目产生的大量数据，提高信息处理的速度，准确提供项目管理所需的最新信息，辅助项目管理人员及时、正确地做出决策，从而实现对项目目标的控制。

（2）存储大量的数据。

计算机能够存储大量的信息和数据，采用计算机辅助信息管理，可以集中存储与项目有关的各种信息，并能随时取出被存储的数据，使信息共享，为项目管理提供有效使用服务。

（3）提供多种报告、报表。

计算机能够方便地形成各种形式、不同需求的项目报告、报表，提供不同等级的管理信息。

（4）提高工作效率。

利用计算机网络，可以提高数据传递的速度和效率，充分利用信息资源，可以提高管理工作效率。

高水平的项目管理,离不开先进、科学的管理手段。在项目管理中应用计算机作为手段,可以辅助发现存在的问题,帮助编制项目规划;辅助进行控制决策,帮助实时跟踪检查。计算机辅助工程项目管理是有效实施项目管理的重要保证。

# ■ 学习单元 7.2　建筑工程项目信息系统

**工作任务表**

| 能力目标 | 主讲内容 | 学生完成任务 |
| --- | --- | --- |
| 通过学习训练,使学生了解工程项目信息系统 | 着重介绍信息系统原则、总体规划、设计开发 | 根据本单元的基本条件,在学习过程中完成信息系统设计开发的模拟训练 |

## 7.2.1　工程项目管理信息系统的含义

工程项目管理信息系统也称项目规划和控制信息系统,它是针对工程项目的计算机应用软件系统,通过及时地提供工程项目的有关信息,支持项目管理人员进行项目规划以及在项目实施中控制项目目标,即费用目标、进度目标和质量目标。

工程项目管理团队需要信息,用来连续地监控、评估和控制项目中所使用的资源。同样,更高级别的管理层必须时刻知道项目的状况,以实现其战略责任。而项目状况需要高级管理人员或项目所有者的积极参与时则会有一些滞后。

为实现资源共享、提高数据处理的效率和质量,应建立计算机辅助管理的系统。软件系统是按照总体规划、标准和程序,根据需要,经一个个子系统的开发来实现的。

工程项目管理信息系统是一个由几个功能子系统的关联而合成的一体化的信息系统,它的特点是:提供统一格式的信息,简化各种项目数据的统计和收集工作,使信息成本降低;及时全面地提供不同需要、不同浓缩度的项目信息,从而可以迅速做出分析解释,及时产生正确的控制;完整系统地保存大量的项目信息,能方便、快速地查询和综合,为项目管理决策提供信息支持;利用模型方法处理信息,预测未来,科学地进行决策。

## 7.2.2　建立工程项目管理信息系统的原则

### 7.2.2.1　整体性原则

工程项目管理信息系统是为项目管理服务的,因此工程项目管理信息系统的建立要服从整体的利益,要把工程项目管理信息系统作为项目的一个子系统。

### 7.2.2.2　实用性原则

一个工程项目管理信息系统对应一个项目,因此首先要实用,不要脱离项目实际。比如项目的规模、项目管理人员的素质、项目所处环境的复杂性、项目数据获取的难易程度、项目的重要性等都将决定工程项目管理信息系统的规模和功能结构。

#### 7.2.2.3　开放性原则

考虑到与其他环境系统进行数据交换问题,在系统设计时还应考虑到系统的可扩充性。

#### 7.2.2.4　标准化原则

应十分注意规范化,它关系到系统的实用性、可扩充性、开放性、可维护性,关系到系统的生命力。

#### 7.2.2.5　安全可靠原则

系统用到的数据量大,必须从技术管理上保证系统安全可靠。

#### 7.2.2.6　时效性原则

项目的一次性特点决定了工程项目管理信息系统生命的有限性,其研制时间自然受到相应的限制。

### 7.2.3　工程项目管理信息系统

#### 7.2.3.1　项目管理信息系统简介

项目管理信息系统(PMIS,Project Management Information System)是基于计算机的项目管理的信息系统,主要用于项目的目标控制。

项目管理信息系统以计算机的手段,进行项目管理有关数据的收集、记录、存储、过滤和把数据处理的结果提供给项目管理班子的成员。它是项目进展的跟踪和控制系统,也是信息流的跟踪系统。

在20世纪70年代末期和80年代初期国际上已有项目管理信息系统的商品软件,项目管理信息系统现已被广泛地用于业主方和施工方的项目管理。应用项目管理信息系统的主要意义是:

(1)实现项目管理数据的集中存储。

(2)有利于项目管理数据的检索和查询。

(3)提高项目管理数据处理的效率。

(4)确保项目管理数据处理的准确性。

(5)可方便地形成各种项目管理需要的报表。

#### 7.2.3.2　工程项目管理信息系统的结构和功能

一个完整的工程项目管理信息系统一般主要是由费用控制子系统、进度控制子系统、质量控制子系统、合同管理子系统和公共数据库组成的,其结构图见图7.2-1。

系统中的各子系统与公共数据库相连并进行数据传递和交换,使项目管理的各种职能任务共享相同的数据,减少数据的冗余,保证数据的兼容性和一致性。集中统一规划的数据库是工程项目管理信息系统成熟的重要标志。数据库具有自己功能完善的数据库管理系统,它对一个系统中数据的组织、数据的传输、数据的存取等进行统一集中的管理,使数据为多种用途服务。工程项目管理信息系统的总体概念可用图7.2-2来表示。

1.费用控制子系统

费用控制子系统主要包括以下功能:计划费用数据处理;实际费用数据处理;计划/实

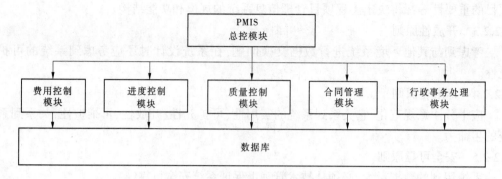

图 7.2-1　项目管理信息系统结构图

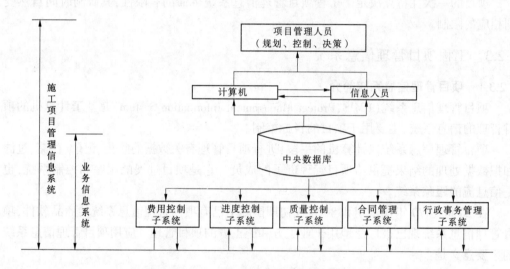

图 7.2-2　项目管理信息系统示意图

际费用比较分析;费用分配分析;资金投入控制;报告、报表生成。

2.进度控制子系统

进度控制子系统主要包括以下功能:编制项目进度计划;绘制进度计划的网络图、横道图;项目实际进度的统计分析;计划/实际进度比较分析;进度变化趋势预测;计划进度的调整;项目进度各类数据查询。

3.质量控制子系统

质量控制子系统主要包括以下功能:项目建设的质量要求和标准的数据处理;材料、设备验收记录、查询;工程质量验收记录、查询;质量统计分析、评定的数据处理;质量事故处理记录;质量报告、报表生成。

4.合同管理子系统

合同管理子系统主要包括以下功能:合同结构模式的提供和选用;各类标准合同文本的提供和选择;合同文件、资料的登录、修改、查询和统计;合同执行情况的跟踪和处理过程的管理;合同实施报告、报表生成;建设法规、经济法规查询。

一个完整、完善、成熟的工程项目管理信息系统具有强大的功能,能够有利于进行项目管理。但是,工程项目管理信息系统同样也是一个人机系统,信息处理的过程是由人和计算机共同进行的。建立充分发挥计算机作用的信息系统,问题往往并不在于计算机,而在于工程项目管理的基础管理工作,在于将什么数据、信息输入计算机,把什么样的信息处理交给计算机更合适。

## 7.2.4 工程项目管理信息系统的总体规划

由于工程项目管理信息系统是一个大系统,复杂程度高、投资大、开发周期长,因而在建立初期必须以整个系统为分析对象,确定这个系统的总目标和主要功能。也就是从总体上来把握系统的目标功能框架,提出实施的解决方案,继而研究论证这个总体方案的可行性,这样就给今后系统分析、系统设计和系统实施打下良好的基础。

总体规划阶段主要包括以下工作:按照项目的具体要求,进行初步调查、分析以确定系统的目标;制订出实施的策略与具体方案;进行系统的可靠性研究并编写可靠性报告。

### 7.2.4.1 确定新系统目标

新系统目标是新系统建立后所要求达到的运行指标。如同新产品设计初期需要提出设计性能一样,新系统开发初期也要提出目标。为了确定系统的目标与功能,先要进行初步的调查研究,旨在从总体上了解情况。初步调查的主要内容有:

(1)整体组织的概况。包括规模、历史、系统目标、人力、物力、设备和技术条件、管理体制等。

(2)组织对外调查。调查内容包括与哪些外部实体有联系,哪些环境条件对本组织有影响。

(3)现行系统的概况。包括功能、人力、技术条件、工作效率、可靠性等。

(4)各方面人员对现行系统的情况及新系统持怎样的态度。

(5)新系统的条件。包括管理基础、原始数据的完整和准确程度、计算机方面的设备和人员情况,开发新系统的经费来源等。

### 7.2.4.2 工程项目管理信息系统的实施策略与方案

工程项目管理信息系统的正确建设策略和措施如下:

(1)以项目信息用户网站作为工程项目管理信息系统的战略目标。

(2)建立不同项目生命周期信息系统之间的数据流程和接口是工程项目管理信息系统规划的核心任务和目标。

(3)工程项目管理信息系统的规划设计要作为工程项目概念阶段方案拟订的必备内容。

(4)以时间、造价(概预算)、合同、财务管理为主线和重心构建工程项目管理信息系统。

(5)建立进度项目划分、费用项目划分和质量项目划分三者之间编码的统一或对应关系是工程项目管理信息系统开发的重点和难点。

### 7.2.4.3 可行性分析与研究

管理信息系统可行性是指在当前条件下,本信息系统是否具备必要的资源条件及其他条件。可行性包括可能性和必要性两个方面。开发的可能性就是指开发的条件是否具备,而必要性是指客观是否需要。可行性研究可从以下三个方面考虑:

**1.技术方面**

根据新系统目标衡量所需要的技术是否具备,如硬件、软件和其他应用技术,以及从事这些工作的技术人员数量及水平。

**2.经济方面**

估计新系统开发所需要的投资费用和将来的运行费用,并与估计新系统收益进行比较,看是否可行。

**3.运行(组织管理)方面**

评价新系统运行的可能性及运行后所引起的各方面变化(组织机构、管理方式、工作环境等),以及将对社会及人的因素产生的影响。

## 7.2.5  工程项目管理信息系统的设计开发

工程项目管理信息系统的开发研制是一项非常复杂的工作,它的开发周期长、耗资巨大,投入高、风险大。尤其它是以工程项目的管理系统为环境,所涉及的相关专业很多,且专业需求程度高,项目管理专业人士在研制过程中起着重要的作用。软件的开发和研制与所有的项目一样,需要正确的思想和步骤,必须采用科学合理的开发技术和方法。软件工程原理、方法和技术近年来在建筑信息管理系统的建立中越来越受到人们的普遍重视和日益广泛的应用。

工程项目管理信息系统的建立应包括系统分析、系统设计和系统实施。

### 7.2.5.1  系统分析

通过系统分析,确定工程项目管理信息系统的目标,掌握整个系统的内容。因此,首先要进行工程项目管理信息系统建立的需求分析,即对系统的现状进行调查,有哪些部门,每个部门有哪些信息,产生哪些文件和资料数据,并在此基础上列出目录;研究建立工程项目管理信息系统所需要的资金、资源、技术条件和时间,确定如何分期、分批、分阶段实现该系统。其次,调查建立系统的信息量和信息流,确定各部门需要保存的文件、输出和传递的数据格式,分析用户的要求,确定纳入管理信息系统的哪些内容可以用计算机处理,哪些可以由人工计算,绘制信息系统的数据流程图。再次,确定计算机的技术要求,提出对计算机硬件和软件的要求,然后进行方案优选,同时还要注意未来数据量的扩展余地。

### 7.2.5.2  系统设计

利用系统分析的结果进行系统设计,建立系统流程图,提出程序的详细技术资料,为程序设计做准备。系统设计分两阶段进行:先进行概要设计,内容包括输入、输出文件格式的设计,代码设计,信息分类,子系统模块和文件设计,确定流程图,提出方案的优缺点,判断方案是否可行,并提出方案所需要的物质条件;然后进行详细设计,将前一阶段成果具体化,包括输入、输出格式的详细设计,流程图的详细设计,程序说明书的编写等。

### 7.2.5.3  系统实施

系统实施的内容如下:

**1.程序设计**

先根据系统设计明确程序设计要求,如用何种语言、文件组织、数据处理等;然后确定计算机操作程序,绘制程序框图;再编写程序,检查并写出操作说明书。

**2.程序调试和系统调试**

程序调试是对单个程序进行语法和逻辑检查,是为了消除程序和文件的错误。系统调试分两步进行,首先对各模块进行调试,确保其正确性;再进行总调试,即将主程序和功能模块联结起来调试,这是为了检查系统是否存在逻辑错误和缺陷。

**3.系统评价**

为了检查系统运行结果是否达到系统设计提出的预期目的,需要进行系统管理效果评价,包括工作效率、管理和业务质量、工作精度、信息完整性和正确性等评价;还要对系统经济性进行评价,包括系统的一次性投资额、经营费用、成本和生产费用的节约额等。

**4.系统维护**

为了使程序和数据能够适应环境和业务的变化,需要对系统进行维护,包括改写程序、更新数据、增减代码、设备维修等。

**5.项目管理**

把工程项目管理信息系统作为一个"项目"进行管理,要组织一套操作管理人员,拟订工作计划,并进行实施的控制和检查。

# 学习单元 7.3　工程项目管理软件简介

**工作任务表**

| 能力目标 | 主讲内容 | 学生完成任务 |
|---|---|---|
| 通过学习训练,使学生了解工程项目管理软件 | 着重介绍国内外流行的项目管理软件的功能 | 根据本单元的基本条件,在学习过程中完成对国内外流行软件的训练 |

项目管理技术的发展与计算机技术的发展密不可分。随着科学技术的进步,大量的计算机及其软件涌现出来,成为项目管理方法和手段的重要组成部分。它们可以用于各种商业活动,提供便于操作的图形界面,帮助用户制订任务、管理资源、进行成本预算、跟踪项目进度等。

## 7.3.1　项目管理软件具备的功能

目前,市场上至少有上百种项目管理软件工具。这些软件各具特色,各有所长。这里首先介绍大多数项目管理软件具备的主要功能。

(1)制订计划、资源管理及排定任务日程。

用户对每项任务排定起始日期、预计工期、明确各任务的先后顺序以及可使用的资源。软件根据任务信息和资源信息排定项目日程,并随任务和资源的修改而调整日程。

（2）成本预算和控制。

通过输入任务、工期,并把资源的使用成本、所用材料的造价、人员工资等一次性分配到各任务包,即可得到该项目的完整成本预算。在项目实施过程中,可随时对单个资源或整个项目的实际成本及预算成本进行分析、比较。

（3）监督和跟踪项目。

大多数软件都可以跟踪多种活动。如任务的完成情况、费用、消耗的资源、工作分配等。通常的做法是用户定义一个基准计划,在实际执行过程中,根据输入当前资源的使用状况或工程的完成情况,自动产生多种报表和图表,如资源使用状况表、任务分配状况表、进度图表等。还可以对自定义时间段进行跟踪。

（4）报表生成。

与人工相比,项目管理软件的一个突出功能是能在许多数据资料的基础上,快速、简便地生成多种报表和图表,如甘特图（横道图）、网络图、资源图表、日历等。

（5）方便的资料交换手段。

许多项目管理软件允许用户从其他应用程序中获取资料,这些应用程序包括 Excel、Access、Lotus 或各种 ODBC 兼容数据库。一些项目管理软件还可以通过电子邮件发送项目信息,项目人员通过电子邮件获取信息,如最新的项目计划、当前任务完成情况以及各种工作报表。

（6）处理多个项目和子项目。

有些项目很大而且很复杂,将其作为一个大文件进行浏览和操作可能难度很大。而将其分解成子项目后,可以分别查看每个子项目,更便于管理。另外,建筑工程项目经理或成员有可能同时参加多个项目的工作,需要在多个项目中分配工作时间。通常,项目管理软件将不同的项目存放在不同的文件中,这些文件相互链接。也可以用一个大文件存储多个项目,便于组织、查看和使用相关数据。

（7）排序和筛选。

大多数项目管理软件都提供排序和筛选功能。通过排序,用户可以按所需顺序浏览信息,如按字母顺序显示任务和资源信息。通过筛选,用户可以指定需要显示的信息,而将其他信息隐藏起来。

（8）模拟分析。

"假设分析"是项目管理软件提供的一个非常实用的功能,用户可以利用该功能探讨各种情况的结果。假设某任务延长一周,则系统就能计算出该延时对整个项目的影响。这样,建筑工程项目经理可以根据各种情况的不同结果进行优化,更好地控制项目的发展。

项目管理的计算机应用,目前除各种单项功能软件外,正向集成的方向发展,下面将分别介绍一些在国内外比较流行和常用的工程项目管理软件。

## 7.3.2　国外流行的项目管理软件

### 7.3.2.1　Primavera Project Planner（P3）

P3 工程项目管理软件是美国 Primavera 公司的产品,是国际上最为流行的项目管理软件之一,已成为项目管理软件标准。美国 Primavera 公司成立于1983年,是专门从事项目管理软件开发与服务的公司。该公司成立伊始,便推出了 P3。

P3 是世界上顶级的项目管理软件,其精髓是广义网络计划技术与目标管理的有机结合,P3 代表了现代项目管理方法和计算机最新技术,它也是全球用户最多的项目进度控制软件,市场份额高达81%。该软件适用于任何工程类项目,尤其对大型复杂项目和多项目并行管理,更能发挥其独特的优越性。

P3 在中国设立分公司,将 P3 汉化后在中国销售使用。目前,国内绝大部分大型工程都在使用 P3,如三峡工程、秦山核电三期、外高桥电厂二期、京沪高速公路、上海通用汽车厂、摩托罗拉天津工厂等大型工厂、齐鲁45万 t 乙烯、广州地铁、深圳地铁等工程都在使用 P3。

P3 工程项目管理软件的主要功能有:

(1)在多用户环境中管理多个项目。P3 可以有效管理这样的项目:项目团队遍布全球各地,多学科团队,高密度集、期限短的项目,共享有限资源的公司关键项目。它也可以通过多用户来支持项目文档安全模拟,这意味着要不断更新信息。

(2)有效地控制大而复杂的项目。P3 用于处理大型规模、复杂的、多面性的项目。为了使数千个活动按进度执行,P3 提供了无数的资源和无数的目标计划。

(3)平衡资源。可以对实际资源消耗曲线及工程延期情况进行模拟。

(4)利用网络进行信息交换。可以使各个部门之间进行局部或 Internet 网络的信息交换,便于用户了解项目进展。

(5)资源共享。可以同 ODBC、Windows 进行数据交换,这样可以支持数据采集、存储和风险分析。

(6)自动调整。P3 处理单个项目的最大工序数达到10万道,资源数不受限制,每道工序上可使用的资源数也不受限制。P3 可以自动解决资源不足的问题。

(7)优化目标。P3 还可以对计划进行优化,并作为目标进行保存,随时可以调出来与当前的进度和资源使用情况进行比较,这样可以清楚了解哪些作业超前、滞后,或按计划进行。

(8)工作分解功能。P3 可以根据项目的工作分解结构进行分解,也可以将组织机构逐级分解,形成最基层的组织单元,并将每一工作单元落实到相应的组织单元去完成。

(9)对工作进行处理。P3 可以根据工程的属性对工作进行筛选、分组、排序和汇总。

(10)数据接口功能。P3 可以输出传统的 dBase 数据库、Lotus 文件和 ASCII 文件,也可以接收 dBase、Lotus 格式的数据,还可以通过 ODBC 与 Windows 程序进行数据交换。

### 7.3.2.2 MicroSoft Project

MicroSoft Project(或 MSP)软件是由 MicroSoft 公司开发的项目管理系统,它是应用最普遍的项目管理软件。它运用项目管理原理,建立了一套控制项目的时间、资源和成本的系统。MicroSoft 公司先后于1998年、2000年、2003年和2006年发布其更新版本的 MicroSoft Project 软件。更新版本的 MicroSoft Project 软件更加注重软件功能的提升包括在项目中进行日程安排、与资源协作、跟踪进度和交流等,可适应各种规模的项目。此外,该软件界面图形直观、简洁易懂,还可以在该系统使用 VBA(Visual Basic for Application),

通过 Excel、Access 或各种 ODBC 数据库、CSV 和制表符分隔的文本文件兼容数据库存取项目文件等。

MSP 软件主要功能包括范围管理、时间管理、成本管理、人力资源管理、风险管理、质量管理、沟通管理、采购管理、综合管理等多个方面。

**1. 范围管理**

MSP 软件为用户提供了方便地对项目进行分解的功能,并可以在任何层次上进行各种信息的汇总。

**2. 时间管理**

时间管理使用的最主要技术是关键线路法。MSP 软件中的进度计划管理功能最强。它提供了多种方法在已经分解的工作任务之间建立相关性,按 CPM(关键线路法)的计算规则计算每个任务和项目的开始、完成时间,每个任务的时差,自动计算并识别出关键线路,还提供了其他多种时间管理的方法,如甘特图、网络图、日历图等,并且能够实现项目的动态跟踪。

**3. 费用管理**

MSP 软件使用"自底向上费用估算"技术使得项目费用的估算更为准确。同时它还可以与其他技术结合,生成 S 形曲线,用净值评价技术对项目进展进行评价。

**4. 人力资源管理**

MSP 软件提供了人力资源管理的技术,包括责任矩阵、资源需求直方图、资源均衡等,不仅能管理人力资源,也可以管理项目中所需要的其他资源,如设备、材料、资金等。还可以迅速做好资源的合理分配,进行资源的工作量、成本、工时信息的统计,分析资源的使用效率。

**5. 沟通管理**

MSP 软件同样提供了沟通管理中的信息设计和沟通渠道。所提供的丰富视图、报告,为项目管理的不同层次类别的相关者提供了所需的信息,MicroSoft Project Server 和电子邮件,则为沟通提供了畅快的渠道,建筑工程项目经理可以通过这两个渠道分配任务,更新任务信息,询问或上报任务完成情况,并能够自动更新。

**6. 整合管理**

项目管理的整合管理就是对于整个项目的范围、时间、费用、资源等进行综合管理和协调,MSP 软件恰是一个良好的工具。

综上所述,MSP 软件包含了项目管理多方面的技术和方法。使用这个工具有助于工程项目经理很好地管理整个企业的资源、进行项目合作以及分析项目信息。而 MicroSoft Project Server 为项目管理提供了一个可扩展、可自定义的解决方案,它具有强大的报告、方案分析和资源管理功能。

MSP 软件可以处理的任务节点数量超过 100 万个,可以处理的资源数也超过 100 万个,可以同时处理群体项目的数量达到 1 000 个,足以满足大型复杂项目管理的需求。

MSP 软件作为一款通用的项目管理软件,适用于国民经济的各个领域。包括市政、水利、民用建筑、钢铁冶金、石油、煤炭、铁路、公路、IT 项目、航空航天及科学研究等各个领域。施工企业可以使用它编制施工计划,建设单位可以使用它安排项目投资分配和进度控制,项目监理可以使用它进行进度控制。此外,还可以用于项目投标、项目动态跟踪、争议判定与索赔等众多领域。

### 7.3.3　国内项目管理软件

我国自 20 世纪 80 年代就开始使用项目管理软件。在这个阶段出现了许多软件,一部分是在上新项目时开发的软件,一部分是从国外引进的软件。但由于国内外的情况差异,国内人员对国外的软件缺乏理解。到 20 世纪 90 年代,国内的项目管理人员才开始理解国外软件的思路,并引进国际先进的管理软件。目前,国内使用的项目管理软件主要用于编制进度计划,通过进度和资源结合使用,分析资源强度和资源的使用安排是否满足要求以及按照现场施工的情况来编制进度和资源计划等工作。

随着计算机技术的飞速发展和应用范围的不断扩展,国内大量各种版本和应用范围各异的项目管理软件也如雨后春笋般地被开发出来,有通用型也有专业型,适用于不同的硬件环境。下面主要介绍几种比较流行的软件。

#### 7.3.3.1　智能项目管理软件

智能项目管理软件是深圳清华斯维尔软件科技有限公司研制开发的项目管理软件。该系统将网络计划技术、网络优化技术应用于建设工程项目的进度管理中,以国内建设行业普遍采用的双代号时标网络图作为项目进度管理及控制的主要工具。在此基础上,通过连接建设行业各地区的不同种类的定额库与工料机数据库,实现对资源与成本的精确计算、分析与控制,使用户不仅能从宏观上控制工期与成本,而且能从微观上协调人力、设备与材料的具体使用,并以此作为调整与优化进度计划,实现利润最大化的依据。

智能项目管理软件的主要特点是:

(1)软件设计符合国内项目管理的行业特点与操作惯例,严格遵循《工程网络计划技术规程》(JGJ/T 121—1999)的行业规范,以及《网络计划技术》的三个国家标准,并将计算机信息技术在网络计划的全过程中进行应用。

(2)操作流程符合项目管理的国际标准流程,首先通过项目的范围管理,在横道图界面中建立任务大纲结构,从而实现项目计划的分级控制与管理。在此基础上分析并定义工作间的逻辑关系,并通过定额库、工料机数据库等进行项目资源的合理分配,最终完成项目网络模型的构筑。系统将实时计算项目的各类网络时间参数,并对项目资源、成本进行精确分析,以此作为网络计划优化与项目追踪管理的依据。

(3)除支持常规的标准横道图建模方式外,为方便用户操作也提供了双代号网络图、单代号网络图等多种建模方式,同时能够模拟工程技术人员手绘网络图的过程,提供拟人化智能操作方式,实现快速、高效绘制网络图的功能。

(4)支持搭接网络计划技术。工作任务间的逻辑关系可以有多种:完成-开始关系、完成-完成关系、开始-开始关系、开始-完成关系,同时可以处理工作任务的延迟、搭接等情况,从而全面反映工程现场实际工作的特性。

(5)图表类型丰富实用、制造快速精美,满足工程项目投标与施工控制的各类需求。用户可以任选图形或表格界面录入项目的各类任务信息数据,系统自动生成施工横道图、单代号网络图、双代号时标网络图、资源管理曲线等各类工程项目管理图表,输出图表美观、规范,能够满足建设企业工程投标的各类需求,增强企业投标竞争实力。

(6)兼容 MSP 软件,可快捷、安全地从 MSP 软件中导入项目数据,可迅速生成国内普遍采用的进度控制管理图表——双代号时标网络图,并可完成工程项目套用工程定额库等操作,实现对工程项目资源、成本的精确计算、分析与控制等功能,使其更能满足建设行业项目管理的实际需求,从而实现国际项目管理软件的本地化与专业化功能。

(7)满足单机、网络用户的项目管理需求,适应大、中、小型施工企业的实际应用。系统既可支持单机用户的使用,又可充分利用企业的局域网资源,实现企业多部门、多用户协同工作。

另外,该软件还包括新建工程项目系统数据库、横道图、网络图、资源管理、进度追踪与管理、报表功能、模板功能等,还有大量项目管理案例分析,比如新产品开发项目、工程设计项目、多层商业楼工程项目、高速公路工程项目、环线快速公路工程项目、特殊事件项目案例、小区工程项目案例、高层建筑工程案例等案例分析。

### 7.3.3.2 梦龙项目管理软件

梦龙项目管理软件是梦龙科技有限公司开发的新系统,梦龙 Linkworks 协同工作平台主要包含了施工企业办公自动化子系统、工程项目管理子系统、经营管理方面子系统三大模块。具有以下特点:

(1)高级的安全机制。系统内所有的单元都采用了梦龙科技有限公司的自防病毒技术,保证网络安全。对数据进行加密传输,绝对安全可靠。

(2)采用高效的压缩算法,实现高速的数据传输。

(3)提供 Server 运行方式,软件管理系统可在服务器后台运行。

(4)含先进的软件管理单元,可以对各种应用软件进行有机管理。

(5)具有良好的开放性,允许用户在它的基础上进行二次开发。

(6)用物理链接层、软件通信层与应用层构成先进的三层软件体系结构。

(7)可实现多级多层链接与分布管理,适用于大、中、小不同类型的企业。

另外,梦龙公司还有以下软件:标书快速制作与管理、工程概预算、投标文档管理、智能网络计划编制、施工平面图快速制作、企业形象多媒体制作、智能项目管理动态控制、机具设备管理、材料管理系统、安全管理系统、工程项目投资控制系统、合同管理与动态控制、图样管理系统、综合信息系统、文档管理、合同管理、即时信息服务、财务管理、人力资源管理、工作管理等多种管理软件。梦龙智能项目管理系统,已经应用在业运会工程、世界最大的水电项目——三峡工程、大型军事演习、中石化股份公司西南成品油管线项目等许多重点项目中。

### 7.3.3.3 同洲工程项目计划管理系统

同洲项目管理软件是面向大中型工程的项目计划管理软件,由大连同洲电脑有限责任公司研制。它汲取同类管理软件的精华,兼顾国内外施工企业的施工管理模式,依据国家标准,帮助用户摆脱重复烦琐的手工编制计划的劳动,合理科学地安排计划,实时动态地控制工程进度。本系统具有以下特点:

(1)网络计划编制功能。只需在工作信息表内录入作业及相互间的逻辑关系,系统便能智能地生成各种网络图。单、双代号网络图中可直接在图形上添加、修改或删除作业,建立各作业间的逻辑关系;智能化自动生成各工作间关系网络结构,自动布图,能准确处理各种搭接网络关系、中断和强制时限,具有倒排功能,胜任各种复杂的网络计划;能够依据工程量情况推算作业持续时间的准确性;具有智能纠错功能,自动检查回路和冗余关系;独特方便的流水网络功能;三级网络及子工程结构可处理各种复杂工程,便于网络的互连与扩展;时间计算可精确至小时,使项目计划适于不同实际情况;多种时间显示方式;图形可视化动态调整,浮动式菜单操作,快捷方便;具有横道图、单代号网络图、双代号时标网络图(等距、不等距时标)、双代号无时标网络图、资源强度及费用强度曲线(可与横道图、双代号网络图同屏显示)以及各种资源的统计报表;所见即所得的打印输出功能,打印机、绘图仪型号、纸型、线型、边距、字体、颜色等任意设定;联机帮助功能。

(2)网络计划动态调整功能。依据实际工作工程量的完成情况,自动输出实际进度前锋线,动态跟踪进度;预测后续计划,便于调整进度;分析某一作业的超前或滞后对整个项目计划的进度影响情况;通过计划与实施的对比,输出横道图,实时控制进度;追踪进度计划,生成中期计划,为下期任务量的派发作准备。

(3)资源优化功能。独具特色的资源有限优化和均衡优化功能;资源强度曲线及消耗报表输出功能;资源预警功能,资源冲突时可调整计划;能够生成资源使用报表和资源工作报表,对资源在具体时间段内的使用情况,进行费用统计汇总;对资源工作报表为具体时间段内的资源使用情况,进行资源统计汇总。报表数据可形成文本文件,与 Excel 接口;从概预算软件中,直接读取定额来为工序分配资源,减化资源的录入量,提高资源考核的准确度。

(4)费用管理功能。统计分析计划的直接费用、间接费用、预算费用和其他相关费用情况;绘制费用强度曲线及相应的报表输出功能;统计分析出工程项目的最终费用情况,为整个工程的成本控制提供依据。

(5)日历管理及系统安全机制。根据需要能够方便地指定工程日历的工作日和休息日,自动换算日历时间;具有系统保密、口令设置及导引功能。

(6)分类剪裁输出功能。根据实际考察的需要,可按工程项目的不同性质,如关键作业、在建项目、某时间段内工作或某施工公司担任的项目等进行考察,便于计划的上传下达,更便于掌握工程的进展情况。

(7)可扩展性。提供数据库和正文文件接口,适合二次开发和系统互连;系统文件格式丰富,可生成 DBF 和 XIS 两种数据格式,便于用户使用;可读取概预算软件生成的数据,为工序挂接定额,分配定额及资源消耗量,从而达到简化项目管理软件的目的;可与该公司开发的系列软件进行无缝连接、互相调用,提供完善的项目管理解决方案。

# 参考文献

[1] 中华人民共和国建设部,中华人民共和国国家质量监督检验检疫总局.建设工程项目管理规范: GB/T 50326—2006[S].北京:中国建筑工业出版社,2006.

[2] 《建设工程项目管理规范》编写委员会.建设工程项目管理规范实施手册[M].2 版.北京:中国建筑工业出版社,2006.

[3] 中华人民共和国国家质量监督检验检疫总局,中国国家标准化管理委员会.质量管理体系　项目质量管理指南:GB/T 19016—2005/ISO10006:2003[S].北京:中国标准出版社,2005.

[4] 徐猛勇,刘先春.建筑工程项目管理[M].北京:中国水利水电出版社,2011.

[5] 刘小平.建筑工程项目管理[M].北京:高等教育出版社,2002.

[6] 成虎.建筑工程合同管理与索赔[M].南京:东南大学出版社,2000.

[7] 全国一级建造师执业资格考试用书编写委员会.建设工程项目管理[M].北京:中国建筑工业出版社,2011.

[8] 注册咨询工程师(投资)考试教材编写委员会.工程项目组织与管理[M].北京:中国计划出版社,2003.